Wissenschaft und Technik in theoretischer Reflexion

Gesellschaft für
Wissenschaftsforschung

GEWIF
BERLIN

Heinrich Parthey
Günter Spur (Hrsg.)

Wissenschaft und Technik in theoretischer Reflexion

Wissenschaftsforschung Jahrbuch 2006

Mit Beiträgen von:
Gerhard Banse · Klaus Fischer
Klaus Fuchs Kittowski · Siegfried Greif
Karlheinz Lüdtke · Heinrich Parthey
Günter Spur · Rüdiger Wink

PETER LANG
Frankfurt am Main · Berlin · Bern · Bruxelles · New York · Oxford · Wien

Bibliografische Information der Deutschen Nationalbibliothek
Die Deutsche Nationalbibliothek verzeichnet diese Publikation in der Deutschen Nationalbibliografie; detaillierte bibliografische Daten sind im Internet über <http://www.d-nb.de> abrufbar.

ISBN-10: 3-631-55523-7
ISBN-13: 978-3-631-55523-1

www.peterlang.de

Inhaltsverzeichnis

Vorwort

Theoretische Reflexionen über Wissenschaft und Technik erfolgten historisch in unterschiedlichen Dimensionen: Wissenschaftliche Arbeit wird seit ihrer Geburt in der Antike theoretisch reflektiert, hingegen Ingenieurarbeit erst im ersten Drittel des 18. Jahrhunderts. Sehr vereinfacht ließe sich Technologie als Technikkunde deuten. Eine Allgemeine Technologie hätte die methodischen Grundlagen und das theoretische Netzwerk für die Technikwissenschaften zu liefern. Sie basiert auf Erkenntnissen der Naturwissenschaften und ist in die Entwicklung der Gesellschaftswissenschaften eingebunden. Technikwissenschaftliche Forschung wird einerseits zunehmend durch differenzierende Spezialisierung, andererseits aber auch durch steigenden Bedarf an natur-, wirtschafts- und sozialwissenschaftlicher Integration sowie durch kooperative Organisationsformen charakterisiert. Sie ist ihrem Wesen nach interdisziplinär ausgerichtet.

In diesem Sinne gilt die von Max Planck bereits in den dreißiger Jahren des 20. Jahrhunderts geäußerte Auffassung über die Wissenschaft: „Ihre Trennung nach verschiedenen Fächern ist ja nicht in der Natur der Sache begründet, sondern entspringt nur der Begrenztheit des menschlichen Fassungsvermögens, welches zwangsläufig zu einer Arbeitsteilung führt."[1] Mit dem Aufkommen wissenschaftsbasierter Industriezweige im letzten Drittel des 19. Jahrhunderts wurde das Zusammenwirken von Wissenschaft und Technik in neuer Weise gestaltet. Theoretische Probleme des wissenschaftlich-technischen Forschritts zu formulieren und zu bearbeiten sind ein wichtiges Anliegen der Wissenschaftsforschung, dem sich die Gesellschaft für Wissenschaftsforschung im Rahmen ihrer Jahrestagung am 24. und 25. März 2006 im Produktionstechnischen Zentrum der Technischen Universität Berlin erneut zugewandt hat. Die Beiträge dieses Jahrbuchs sollen dazu beitragen, einen weiteren Einblick in die theoretische Reflexion über Wissenschaft und Technik zu geben.

Berlin, im November 2006

Heinrich Parthey Günter Spur

1 Planck, M., Ursprung und Auswirkung wissenschaftlicher Ideen (Vortrag gehalten am 17. Februar 1933 im Verein Deutscher Ingenieure, Berlin). – In: Planck, M., Wege zur physikalischen Erkenntnis. Reden und Aufsätze. Leipzig: S. Hirzel 1944. S. 243.

HEINRICH PARTHEY

Forschungssituation und Forschungsinstitut – Analyse ihrer Formen und Beziehungen

Wissenschaft entwickelt sich sowohl in Formen des theoretischen Denkens zum weiteren Erkenntnisfortschritt als auch in Formen von Tätigkeiten zur Gewinnung, Vermittlung und Anwendung wissenschaftlicher Erkenntnisse und in Formen ihrer sozialen Institutionalisierung. Danach kann die Frage nach der Entwicklungsform der Wissenschaft auf zwei Ebenen gestellt werden: erstens, Wissenschaft als kognitives System unter dem Produktaspekt; zweitens, Wissenschaft als System spezifischer gesellschaftlicher Tätigkeiten, in denen Denken nur ein Teilbestand derselben ist, und deren Institutionalisierung.

Auf der erstgenannten Ebene entwickelt sich Wissenschaft in Form von Hypothesen. Auf der zweitgenannten Ebene lassen sich Forschungssituationen als Zusammenhänge zwischen Problem und Methode belegen,[1] von denen stets mehr denkbar sind als mittels verfügbarer Forschungstechnik tatsächlich bearbeitet werden können. In der Forschung tätige Wissenschaftler versuchen stets neue Zusammenhänge zwischen Problem, Methode und Forschungstechnik in Form von Forschungssituationen herbeizuführen, die weitere Erkenntnisse ermöglichen als es frühere Forschungssituationen gestatteten, in denen die neuen Probleme zwar aufgetreten aber nicht bearbeitbar waren.[2] Unter diesem Gesichtspunkt wird im Folgenden der Frage nachgegangen, inwieweit unterschiedliche Formen von Forschungssituationen auch unterschiedliche Formen ihrer Institutionalisierungen in der Entwicklung der Wissenschaft bedingen.[3]

Theoretische Überlegungen dieser Art hinterfragen aber auch bestimmte Meinungen darüber, dass zum Beispiel deutsche Universitäten und Forschungsinstitute zwar

1 Parthey, H., Das Problem und Merkmale seiner Formulierung in der Forschung. – In: Problem und Methode in der Forschung. Hrsg. v. Heinrich Parthey. Berlin: Akademie-Verlag 1978. S. 11 – 36; Ludwig, G., Die Grundstrukturen einer physikalischen Theorie. Berlin – Heidelberg – New York 1978; Moulines, C. U., Theory-Nets and the Evolution of Theories: The Example of Newtonian Mechanics. – In: Synthese (Dortrecht – Boston). 41(1979), S. 417 – 439; Moser, F., Forschen wir richtig? Gedanken zur Forschungssituation, Methodologie und Effizienz. – In: Chimia (Basel). 36(1982)10, S. 387 – 396.

2 Parthey, H., Problemsituation und Forschungssituation in der Entwicklung der Wissenschaft. – In: Deutsche Zeitschrift für Philosophie (Berlin). 29(1981)2, S. 172 – 182; Parthey, H., Interdisziplinäre Forschungssituation als Entwicklungsform der Wissenschaft. – In: Wissenschaft – Das Problem ihrer Entwicklung. Band 2. Hrsg. v. Günter Kröber. Berlin: Akademie-Verlag 1988. S. 224 – 244.

3 Parthey, H., Institutionalisierung von Forschungssituationen in der Entwicklung der Wissenschaft. – In: Über Wissenschaftsentwicklung. Ideen – Fakten – Konzeptionen. Halle: Martin-Luther-Universität Halle-Wittenberg 1987 (Arbeitsblätter zur Wissenschaftsgeschichte, Heft 18). S. 27 – 41.

Abbildung 1: *Forschungssituation, Institution und Forschungsleistung*

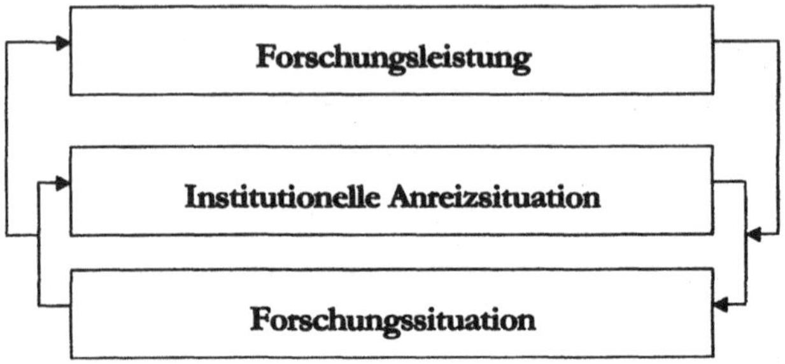

im Vergleich mit einigen amerikanischen und englischen Spitzeninstitutionen nicht mithalten, „insgesamt aber im internationalen Vergleich gut abschneiden, wie es sich im Wettbewerb um Forschungsmittel der Europäischen Union ebenso zeigt wie in der starken internationalen Nachfrage nach deutschen Nachwuchswissenschaftlern."[4] Unserer Auffassung nach sollte davon ausgegangen werden, dass wissenschaftlich Interessierte immer in die Regionen der Welt gegangen sind, gehen und gehen werden, in denen sie die zum Bearbeiten ihrer Erkenntnisprobleme am besten geeigneten Forschungssituationen vorfinden und mitgestalten können. Im Anschluss an eine vor zehn Jahren von Michael Storper vorgelegte Studie[5] geht auch heute Nico Stehr[6] davon aus, dass obwohl multinationale Konzerne fast überall präsent sind, „haben diese Veränderungen nicht zu einer Angleichung wirtschaftlicher Bedingungen oder einer Gleichverteilung in der Produktion von wissensintensiven Gütern und Dienstleitungen geführt. Hochtechnische und wissenschaftlich-basierte Produktionsstätten sind weiter in Regionen und Ländern konzentriert, die eine herausragende Infrastruktur des Wissens und der Technik besitzen."[7] Die Gestaltung von Forschungssituationen hat in den letzten Jahrzehnten zu Anforderungen an die Finanzierbarkeit der Wissenschaft geführt, die es nahe legen, „in bezug auf die Verfügbarkeit von Ressourcen für die wissenschaftliche Arbeit eine Situation vorauszusehen, in der sich nichts mehr bewegt."[8] Eine Chance, die dem entgegenwirken

4 Kocka, J., Eingebildete Kranke. – In: Der Tagesspiegel (Berlin) vom 9. Dezember 2005, Nr. 19040, S. 36.

5 Storper, M., Institutions of the knowledge – based economy. – In: Organisation for Economic Co-operation and Development, Employment and Growth in the Knowledge – Based Economy. Paris: OECD 1996. S. 255 – 283.

6 Stehr, N., Grenzenlose Wissenswelten? – In: Internationalisierung von Wissen. Multidisziplinäre Beiträge zu neuen Praxen des Wissenstransfers. Hrsg. v. Getraud Koch. ST. Ingbert: Röhrig Universitätsverlag 2006. S. 27 – 58.

7 Ebenda, S. 45.

8 Rescher, N., Wissenschaftlicher Fortschritt. Eine Studie über die Ökonomie der Forschung. Berlin-New York: de Gruyter 1982. S. 76.

könnte, wäre eine Refinanzierung der Aufwendungen für Forschung und Entwicklung in einer Region durch Innovationen, wenn unter Innovation nur die neue Technik verstanden wird, die – am Weltmarkt erstmalig eingeführt – einen über die Fertigungsaufwendungen hinausgehenden Extragewinn mindestens in einer solchen Höhe realisieren lässt, das alle vor der Fertigung liegenden Aufwendungen für das Zustandekommen der neuen Technik der Region zurückerstattet werden, in der die Aufwendungen für Wissenschaft, Forschung und Entwicklung erfolgten.[9] Bekanntlich entstehen mehr Chancen für neue Arbeitsplätze und mehr Beschäftigung bei der Produktion von Spitzentechnik als bei der von höherwertiger Technik.[10] Auch entstehen neue Arbeitsplätze mit Hochlohn fast ausschließlich in wissenschaftsbasierter Produktion von Spitzentechnik. Hierin liegt auch die Chance, dass Deutschland das bleibt, was es seit Entstehung wissenschaftsbasierter Industrien war, ein Hochlohnland. Theoretische Reflexionen über die Wissenschaft sollten deshalb vor allem die Beziehungen zwischen Forschungssituation und institutionelle Anreizsituation analysieren (vgl. Abbildung 1), aus denen regional bedingt hohe Forschungsleistungen hervorgehen. So gesehen stellten Forscher aus Deutschland in der ersten Hälfte des 20. Jahrhunderts ein Drittel aller wissenschaftlichen Nobelpreisträger. In der zweiten Hälfte des 20. Jahrhunderts erhielten Forscher aus den Vereinigten Staaten von Amerika zwei Drittel der wissenschaftlichen Nobelpreise.

1. *Methodologische Struktur der Forschungssituation*

Ende der siebziger Jahre des vergangenen Jahrhunderts unternahm Wolfgang Stegmüller den Versuch, in Auseinandersetzung mit Thomas Kuhn,[11] den Begriff der normalen Wissenschaft mit Hilfe des Begriffs des Verfügens über eine Theorie zu präzisieren.[12] Der von uns verwendete Begriff der Verfügbarkeit an wissens- und gerätemäßigen Voraussetzungen zur Problembearbeitung (einschließlich der Software als vergegenständlichte Methodologie) ist wesentlich umfassender als der des Verfügens über Theorie, schließt er doch auch die praktische Machbarkeit in der Forschung ein.[13]

Zwei Jahrzehnte später liegt für Jürgen Mittelstraß die Zukunft der Wissenschaft weniger in dem, „was sie in Theorie- und Methodenform weiß, sondern darin. was sie in konkreten Forschungssituationen, befasst mit 'erfundenen' oder sich aufdrän-

9 Siehe: Parthey, H., Formen von Institutionen der Wissenschaft und ihre Finanzierbarkeit durch Innovationen. – In: Wissenschaft und Innovation: Jahrbuch Wissenschaftsforschung 2001. Hrsg. v. Heinrich Parthey u. Günter Spur. Berlin: Gesellschaft für Wissenschaftsforschung 2002. S. 9 – 39.

10 Ebenda, S. 37.

11 Kuhn, Th., Die Struktur wissenschaftlicher Revolutionen. Frankfurt a. M.: Suhrkamp 1976.

12 Stegmüller, W., Rationale Rekonstruktion von Wissenschaft und ihrem Wandel. Stuttgart 1979.

13 Parthey, H., Problemsituation und Forschungssituation in der Entwicklung der Wissenschaft, a. a. O..

genden Problemen, die mehr und mehr einen disziplinären Zuschnitt verlieren."[14] „Unsere Vorstellung von Wissenschaft greift also" für Jürgen Mittelstraß in den achtziger Jahren des vergangenen Jahrhunderts "zu kurz, wenn sie nur deren theoretischen, 'propositionale' Seite erfaßt. Forschungsgegenstände, Methoden, Theorien und Forschungszwecke, die zur historischen und wissenschaftssystematischen Identität von Disziplinen gehören, verbinden sich im Medium konkreter Handlungszusammenhänge, eben dem, was Forschung in erster Linie ist."[15]

Unter einer Forschungssituation verstehen wir solche Zusammenhänge zwischen Problemfeldern und Methodengefüge, die es dem Wissenschaftler gestatten, die Problemfelder mittels tatsächlicher Verfügbarkeit an Wissen und Forschungstechnik methodisch zu bearbeiten. Diesem Verständnis der methodologischen Struktur von Forschungssituationen folgend, sind neben den zwei Gebilden Problemfeld und Methodengefüge und den Relationen zwischen ihnen außerdem zwei weitere Elemente zu beachten: zum einen die tatsächliche Verfügbarkeit ideeller und materieller Mittel zur Problembearbeitung und zum anderen die Bedeutsamkeit von Forschungsproblemen nach dem Beitrag ihrer möglichen Lösung sowohl für den Erkenntnisfortschritt als auch für die Lösung von gesellschaftlichen Praxisproblemen (vgl. Abbildung 2). Denn sollen Forschungssituationen mit einem neuartigen Zusammenhang zwischen Problem und Methode sowie Gerät (Soft- und Hardware) herbeigeführt werden, dann können sich von den denkbaren Forschungsmöglichkeiten auch nur die realisieren, für die von der Gesellschaft die entsprechenden Mittel und Kräfte bereitgestellt werden. Entscheidungen darüber sind jedoch von der aufgezeigten Problemrelevanz abhängig.

Die Bedeutsamkeit, d. h. die Bewertung der Probleme nach dem Beitrag ihrer möglichen Lösung sowohl für den Erkenntnisfortschritt als auch für die Lösung von gesellschaftlichen Praxisproblemen, reguliert letztlich die tatsächliche Verfügbarkeit an wissens- und gerätemäßigen Voraussetzungen zur Problembearbeitung.

2. *Formen von Forschungssituationen*

Wird zur Charakterisierung von Forschungssituationen die Beziehung zwischen einem Problemfeld und einer Gesamtheit von Voraussetzungen zur Problembearbeitung herangezogen, dann können verschiedene Forschungssituationen mindestens nach den Grad der Erkenntnis- und Gesellschaftsrelevanz der jeweiligen Problemstellung sowie nach dem Grad der tatsächlichen Verfügbarkeit von Voraussetzungen

14 Mittelstraß, J., Natur und Geist. Von dualistischen, kulturellen und transdisziplinären Formen der Wissenschaft. – In: Wissenschaftsmilieus. Wissenschaftskontroversen und soziokulturelle Konflikte. Hrsg. v. Joseph Huber u. G. Thurn. Berlin: Edition Sigma 1993. S. 69 – 84.

15 Mittelstraß, J., Interdisziplinarität oder Transdisziplinarität? – In: Utopie Wissenschaft. Ein Symposium an der Universität Hannover über die Chancen des Wissenschaftsbetriebs der Zukunft (21./22. November 1991). Hrsg. v. Lutz Hieber. München /Wien: Profil Verlag 1993. S. 17 – 31.

Abbildung 2: *Methodologische Struktur der Forschungssituation*

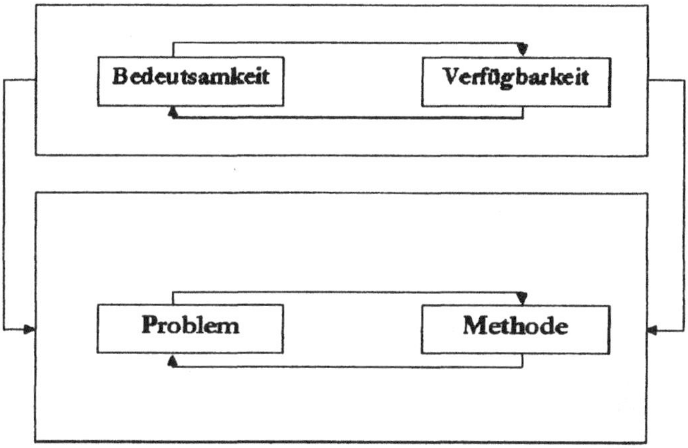

zur Bearbeitung des jeweiligen Problems aber vor allem auch nach ihrer wissenschaftlichen als auch nach ihrer gesellschaftlichen Integrität unterschieden werden.[16] Im Verständnis moderner Wissenschaft ist zu beachten, dass die Studierende in Universitäten und Hochschulen in einer Einheit von disziplinärer Lehr- und disziplinärer Forschungssituation ausgebildet werden und entsprechende Abschlüsse erwerben, wohingegen die Problementwicklung der Gesellschaft jedoch in keiner Weise den Problemen und Methoden der historisch bedingten Fachdisziplinen der Wissenschaft folgt, sondern vor allem in disziplinübergreifenden Problemfeldern erfolgt. In diesem Sinne gilt die von Max Planck bereits in den dreißiger Jahren des 20. Jahrhunderts geäußerte Auffassung über die Wissenschaft: „Ihre Trennung nach verschiedenen Fächern ist ja nicht in der Natur der Sache begründet, sondern entspringt nur der Begrenztheit des menschlichen Fassungsvermögens, welches zwangsläufig zu einer Arbeitsteilung führt."[17] So wurde vor allem mit dem Aufkommen wissenschaftsbasierter Industriezweige verstärkt Interdisziplinarität der Forschung praktiziert und auch zunehmend theoretisch reflektiert.[18]

16 Parthey, H., Struktur wissenschaftlicher und gesellschaftlicher Integrität von Forschungssituationen. – In: Gesellschaftliche Integrität der Forschung: Wissenschaftsforschung Jahrbuch 2005. Hrsg. v. Klaus Fischer u. Heinrich Parthey. Berlin: Gesellschaft für Wissenschaftsforschung 2006. S. 71 – 94.

17 Planck, M., Ursprung und Auswirkung wissenschaftlicher Ideen (Vortrag gehalten am 17. Februar 1933 im Verein Deutscher Ingenieure, Berlin). – In: Planck, M., Wege zur physikalischen Erkenntnis. Reden und Aufsätze. Leipzig: S. Hirzel 1944. S. 243.

18 Vgl. u. a. Interdisziplinarität in der Forschung. Analysen und Fallstudien. Hrsg. v. Heinrich Parthey u. Klaus Schreiber. Berlin: Akademie-Verlag 1983; Interdisziplinarität. Praxis – Herausforderung – Ideologie. Hrsg. v. Jürgen Kocka. Frankfurt am Main: Suhrkamp 1987.

2.1. *Disziplinäre Forschungssituationen*

Wissenschaftsdisziplinen unterscheiden sich durch ihre Art und Weise, nach weiteren Erkenntnissen zu fragen, Probleme zu stellen und Methoden zu ihrer Bearbeitung zu bevorzugen, die auf Grund disziplinärer Forschungssituationen als bewährt angesehen werden.

In diesem Sinne ist eine Forschungssituation disziplinär, wenn sowohl Problem als auch Methode in bezug auf dieselbe Theorie formuliert bzw. begründet werden können. In allen anderen Fällen liegen disziplinübergreifende – in Kurzform als interdisziplinär bezeichnete – Forschungssituationen vor, die insgesamt wissenschaftlich schwerlich beherrschbar sind, letztlich erst wieder dann, wenn Problem und Methode durch Bezug auf erweiterte bzw. neu aufgestellte Theorien in genannter disziplinärer Forschungssituation formuliert und begründet werden können. Dies möchten wir mit Disziplinierung der Interdisziplinarität bzw. disziplinierte Theoriebezogenheit bezeichnen – auch einem Merkmal der wissenschaftlichen Integrität von Forschungssituationen.[19]

2.2. *Interdisziplinäre Forschungsituationen*

Unsere Auffassung von Interdisziplinarität – auf die sich auch Berichte[20] über neuerliche Workshops zum Thema Interdisziplinarität beziehen[21] – orientiert sich an neuartigen Verbindungen von Problem und Methode in der Forschung. Eigene empirische Untersuchungen der Interdisziplinarität[22] weisen – in ähnlicher Weise wie Jürgen Mittelstraß betont[23] – darauf hin, dass Interdisziplinarität im Kopf von Wissenschaftlerpersönlichkeiten mit Fragen, Problemen und Methoden, die niemand zuvor als Problem gestellt oder auch als Zusammenhang von Problem und Methode in der Forschung bearbeitet hat, dann beginnt, wenn Neues zu erfahren mit dem Risiko verbunden ist, die im oben genannten Sinne disziplinäre Forschungssituation zu verlassen.

Bereits vor drei Jahrzehnten wurde in einer umfangreichen empirischen Untersuchung der UNESCO über die Effektivität von Forschungsgruppen unter anderem

19 Parthey, H., Kriterien und Indikatoren interdisziplinären Arbeitens. – In: Ökologie und Interdisziplinarität – eine Beziehung mit Zukunft? Wissenschaftsforschung zur Verbesserung der fachübergreifenden Zusammenarbeit. Hrsg. v. Ph. W. Balsinger, R. Defila u. A. Di Giulio. Basel-Boston-Berlin: Birkhäuser 1996. S. 99 – 112.

20 Daschkeit, A., Workshop: Interdisziplinäre Wissenssynthesen – Konzepte, Modellbildung, Handlungspraxis. – In: Technologiefolgenabschätzung – Theorie und Praxis. 14(2005)3, S. 140 – 145.

21 Ebenda, S. 143.

22 Parthey, H., Forschungssituation interdisziplinärer Arbeit in Forschergruppen. – In: Interdisziplinarität in der Forschung. Analysen und Fallstudien. Hrsg. v. Heinrich Parthey u. Klaus Schreiber. Berlin: Akademie-Verlag 1983. S. 13 – 46.

23 Mittelstraß, J., Die Stunde der Interdisziplinarität. – In: Interdisziplinarität: Praxis – Herausforderung – Ideologie. Hrsg. v. Jürgen Kocka. Frankfurt am Main: Suhrkamp 1987. S. 157.

gefragt: „In carrying out your research projects, do you borrow some methods, theories or other specific elements developed in other fields, not normally used in your research."[24] Die ersten Interpretationen versuchten die Vergleichbarkeit der 1.200 untersuchten Gruppen über die Klassifikation nach Disziplinen und interdisziplinärer Orientierung in der Forschung herzustellen. Zur gleichen Zeit wurde angenommen, dass der spezifische Umfang der Kooperationsbeziehungen und damit der Koautorschaft als Surrogatmaß für die Produktivität interdisziplinär arbeitender Forschungsgruppen verstanden werden kann[25], was auch Untersuchungen über Schweizer Universitäten[26] und über den Zusammenhang von Koautorschaft mit Anwendungsorientierung, Interdisziplinarität und Konzentration in wissenschaftlichen Institutionen in England nach 1981 zeigen.[27]

Die von uns in den Untersuchungen von 56 Forschergruppen der Biowissenschaft in den Jahren 1979 – 1981 benutzten Indikatoren für Interdisziplinarität gehen davon aus, dass letztlich für die Interdisziplinarität in Forschergruppen entscheidend ist, ob mindestens ein Gruppenmitglied interdisziplinär arbeitet, und zwar unabhängig davon, ob die Gruppenmitglieder nur einer oder mehreren Disziplinen zugeordnet sind.[28] Unser empirischer Befund besagt, dass nicht die Zusammensetzung einer Gruppe aus Vertretern verschiedener Wissenschaftsdisziplinen sondern nur der Gruppenanteil von Wissenschaftlern, die Interdisziplinarität von Problem und Methode praktizieren, mit Koautorschaft signifikant korreliert, und zwar gleichläufig.[29] Demnach löst sich in der „Big Science" „der scheinbare Widerspruch von wachsender Interdisziplinarität und Spezialisierung durch die zunehmende Kooperation der Wissenschaftler."[30] Und dies kommt auch in ihrer Publikationstätigkeit zum Ausdruck. Wir vermuten im höher werdenden Anteil der Koautorschaft und im entspre-

24 Andrews, F. M. (Ed.), Scientific Productivity. The Effectiveness of Research Groups in Six Countries, Cambridge Mass.: Cambridge University Press, London-New York-Melbourne-Paris: UNESCO 1979. S. 445.

25 Steck, R., Organisationsformen und Kooperationsverhalten interdisziplinärer Forschergruppen im internationalen Vergleich. – In: Internationale Dimensionen in der Wissenschaft. Hrsg. v. F. R. Pfetsch. Erlangen: Institut für Gesellschaft und Wissenschaft an der Universität Erlangen-Nürnberg 1979. S. 95.

26 Mudroch, V., 1992, The Future of Interdisciplinarity: the case of Swiss universities. – In: Studies in Higher Education (London). 17(1992)2, S. 43 – 54.

27 Hicks, D. M. / Katz, J. S., 1996, Where is science going? – In: Science, Technology and Human Values (London). 21(1996) 4, S. 379 – 406.

28 Parthey, H., Forschungssituation interdisziplinärer Arbeit in Forschergruppen., a. a. O..

29 Parthey, H., Relationship of Interdisciplinarity to Cooperative Behavior. – In: International Research Management. Ed. by P. H. Birnbaum-More et al. New York-Oxford: Oxford University Press 1990. S. 141 – 145; Parthey, H., Kriterien und Indikatoren interdisziplinären Arbeitens, a. a. O..

30 Umstätter, W., Bibliothekswissenschaft als Teil der Wissenschaftswissenschaft – unter dem Aspekt der Interdisziplinarität. – In: Interdisziplinarität – Herausforderung an die Wissenschaftlerinnen und Wissenschaftler. Festschrift zum 60. Geburtstag von Heinrich Parthey. Hrsg. v. Walther Umstätter u. Karl-Friedrich Wessel. Bielefeld: Kleine Verlag 1999. S. 149.

chend geringer werdenden Anteil der Einzelautorschaft an den jährlichen Publikationsraten der Wissenschaftler im Laufe des 20. Jahrhunderts einen Indikator für das Aufkommen und Sichdurchsetzen von „Big Science". Hoch im Kurs steht deshalb auch heute ein fächerübergreifendes Wissen: So gibt es zur Zeit über dreißig verschiedene ingenieurwissenschaftliche Teildisziplinen – von der Architektur über Elektrotechnik und Maschinenbau bis hinzu Vermessungswesen und Werkstofftechnik –, aber immer mehr Produkte funktionieren nur dank ausgefeilter Elektronik. Daraus ergeben sich auch neue Anforderungen an die an der Entwicklung und Herstellung Beteiligten: Interdisziplinäres Wissen und Können in Mechanik, Elektronik und Informations- und Kommunikationstechnik werden immer wichtiger. Dem trägt der in Deutschland noch recht junge Studiengang Mechatronik Rechnung, der neben den klassischen Ingenieurdisziplinen vor allem moderne Informationstechnologien in den Vordergrund rückt.

3. *Institutionalisierung von Forschungssituationen*

Beschreibung und Erklärung wissenschaftlicher Institutionen kann sich daran orientieren, dass es grundsätzlich einen Bedarf an einem sozialen Freiraum für die Schaffung und Entfaltung von Forschungssituationen gibt, ohne den Wissenschaft nicht existieren kann, wie es ihre Geschichte zeigt.

Was den Beginn der Wissenschaft betrifft, so finden sich in den Verteidigungsreden des Sokrates, die sein Schüler Platon im Jahre 399 v. u. Z. niederschrieb, Angaben darüber, dass ihm Jugendliche folgten, "freiwillig, und freuen sich zu hören, wie die Menschen untersucht werden; oft auch tun sie mir nach und versuchen selbst Andere zu untersuchen, und finden dann, glaube ich, eine große Menge solcher Menschen, welche zwar glauben etwas zu wissen, wissen aber wenig oder nichts. Deshalb zürnen die von ihnen Untersuchten mir und sagen, Sokrates ist doch ein ganz ruchloser Mensch und verderbt die Jünglinge."[31] Damals war Sokrates angeklagt worden, die demokratische Ordnung durch Verbreitung jugendverführender Lehren zu stören. Er war in den Fragen von Recht, Macht und Wahrheit in Konflikt mit dem Maß der herrschenden Gesellschaft gekommen – und musste diesen Konflikt mit dem Todesurteil und dem Schierlingsbecher büßen. Der Prozess gegen Sokrates war eine Verfolgung von Problematisieren, von Rede- und Gedankenfreiheit. Sokrates war ein Aufklärer und sein Gegenstand der Mensch, den er mit Disputierkunst zur Selbstbesinnung führen wollte. Das Wissen über das Nichtwissen gehört zu dem von ihm geübten methodischen Prinzip seiner „geistigen Hebammendienste" (Mäeutik), die er seine Gesprächspartnern bei der Wahrheitsfindung leisten wollte. Und wie Sokrates damit den einzelnen irritierte, wenn er die tatsächliche Unwissenheit hinter dem eingebildeten Wissen bloßlegte, so verärgerte er Hüter von

31 Platon, Des Sokrates Verteidigung. – In: Platons Werke (von F. Schleiermacher). Band I.2. Berlin: Akademie-Verlag 1985. S. 137.

Gesetz und Ordnung, wenn er, ohne Gegner von Demokratie zusein, doch dauernd die Kluft zwischen idealen Anspruch und tatsächlicher Leistung transparent machte. So schien er das verkörperte schlechte Gewissen der Athener. Nun aber ist Problematisieren bei den antiken Philosophen, wie Platon[32] und Aristoteles[33]ein wichtiger Begriff der Wissenschaft, wo er ein Wissen über ein Nichtwissen bezeichnet und der ideelle Ausgangspunkt der Gewinnung von weiteren Wissen ist. Platon war beim Prozess gegen Sokrates anwesend, aber er scheint Athen noch vor der Hinrichtung fluchtartig verlassen zu haben. „Vielleicht befürchtete er, daß man auch gegen ihn etwas unternehmen würde. Seine Biographie im Oxford Classical Dictionary berichtet, er habe „mit anderen Sokratikern" zunächst Zuflucht im nahen Megara gefunden. Er blieb zwölf Jahre außer Landes und reiste bis nach Ägypten."[34] In solch überraschender Art und Weise eines tiefgehenden Konflikts zwischen Gesellschaft und der entstehenden Wissenschaft stellt sich nicht nur für Platon die Frage nach einem Freiraum für wissenschaftliche Tätigkeit: das von Sokrates benutzte öffentliche Forum konnte es nach dem Prozess gegen ihn und seiner Hinrichtung nicht sein. So begann für Wissenschaftler eine je nach Gesellschaftsentwicklung geforderte Suche nach einem Freiraum für ihre wissenschaftliche Tätigkeit, den sie in Form eigener Institutionen vorzustellen, zu verhandeln und zu schaffen hatten, was bis heute auf steigendem Niveau der methodischen Wissensproduktion geblieben ist und weiterhin auch bleiben wird.

Der wissenschaftlich Tätige bedarf der Institution, weil nur dadurch der notwendige Freiraum für die Forschung abgesichert werden kann. Dieser Freiraum wird durch entsprechende Fonds, wie Personaletat und Sachmitteletat, und mit einem institutseigenen System von Information, Kommunikation und Bibliothek geschaffen. Um attraktiv zu sein, muss die wissenschaftliche Institution dem Forscher einen entsprechenden Status in der Gesellschaft sichern und selbst so flexibel sein, dass sie der Dynamik des modernen Wissenschaftsbetriebes gewachsen ist (vgl. Abbildung 3).

Obwohl die Entstehung von Institutionen allgemein aus der Nachfrage der Menschen nach individueller Orientierung und sozialer Ordnung erklärt wird, verweisen institutionentheoretische Überlegungen aber auch darauf, dass Institutionen in der Nachfrage der Menschen nach individueller Orientierung und sozialer Ordnung nur in dem Maße akzeptiert und unterstützt werden, als sie auch deren Interessen nicht entgegenstehen.[35] In diesem Sinn interessieren vor allem Auswirkungen der Wissenschaftsdynamik auf die Situation akademischer Berufe und dabei insbesondere das Verhältnis zwischen der disziplinären Universitätsausbildung und der Gesellschaftsrelevanz disziplinübergreifender Problemfelder.

32 Platon, Dialog Politikos, 291 St. Leipzig 1914. S. 81.

33 Aristoteles, Metaphysik. 982 b 17; 995 a 24-995b4. Berlin: Akademie-Verlag 1960. S. 21, 54.

34 Stone, I. F., Der Prozess gegen Sokrates. Wien: Paul Zsolnay Verlag 1990. S. 188 – 189.

35 Esser, H., Soziologie. Spezielle Grundlagen, Band 5: Institutionen. Frankfurt am Main: Campus Verlag 2000. S, 42.

Abbildung 3: *Funktionale Elemente wissenschaftlicher Institutionen.*

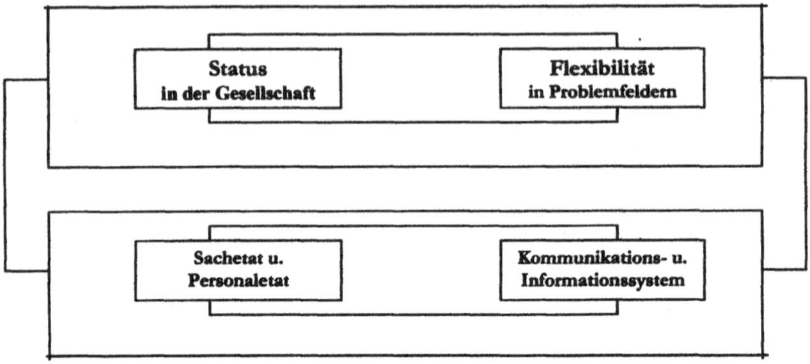

Mit Beginn der Großforschung zur Mitte des 20. Jahrhunderts finden sich zeitgemäße Überlegungen zur Institutionalisierung von Forschungssituationen vor allem bei Talcott Parsons, der in seiner Untersuchung über die akademischen Berufe und die Sozialstruktur[36] darauf hin wies, dass „wenn man die wissenschaftliche Forschung vom Bezugsrahmen des Handelns her betrachtet, so ist sie – wie alles menschliche Handeln – an bestimmte normative Maßstäbe orientiert. Einer der obersten Maßstäbe für die Wissenschaft ist die „objektive Wahrheit". Was auch immer zu diesem methodologische schwierigen Begriff gesagt werden kann."[37] Schließlich fasst Talcott Parsons die Bedeutung der akademischen Berufe für die Sozialstruktur folgendermaßen zusammen: „Der institutionelle Rahmen, in dem viele der wichtigsten sozialen Funktionen ausgeübt werden, – zu nennen sind hier vor allem die Entwicklung der Natur- und Geisteswissenschaften und deren praktische Anwendung in Medizin, Technik, Jurisprudenz und in den Lehrberufen – ist vom Typus der akademischen Berufe. Er beruht auf einer institutionellen Struktur, deren Erhaltung nicht automatisch durch den Glauben an die Bedeutung dieser Funktionen gewährleistet wird, sondern ein komplexes Gleichgewicht verschiedener sozialer Kräfte zur Voraussetzung hat."[38] In der Mitte des 20. Jahrhunderts untersuchte Talcott Parsons einige Ursachen der Aggressivität in der Sozialstruktur westlicher Industriegesellschaften[39] unter anderen „den wichtigsten institutionellen „Niederschlag" eines dynamischen Grundprozesses, den Max Weber als „Rationalisierungsprozeß" bezeich-

36 Parsons, T., The Professions and Social Structure. – In: Social Forces. 17(1939), S. 457 – 467. Dtsch: Die akademischen Berufe und die Sozialstruktur. – In: Parsons, T., Beiträge zur soziologischen Theorie. Neuwied am Rhein – Berlin: Luchterhand Verlag 1964. S. 160 – 179.

37 Ebenda, S.163 – 164.

38 Ebenda, S. 179.

39 Parsons, T., Certain Primary Sources and Patterns of Agression in the Social Structure of the Western World. – In: Psychiatry. 10(1947), S. 167 – 181. Dtsch: Über wesentliche Ursachen und Formen der Aggressivität in der Sozialstruktur westlicher Industriegesellschaften. – In: Parsons, T., Beiträge zur soziologischen Theorie. A. a. O. S. 223 – 255.

net hat. „ ... Kern und grundsätzlicher Prototyp des Rationalisierungsprozesses ist der Fortschritt der Wissenschaft und der ihr verwanden Elemente des rationalen Denkens. Die Wissenschaft ist ihrem Wesen nach dynamisch: wird sie nicht durch äußere Einflüsse gehindert, so wird sie sich ständig weiterentwickeln. ... So wird sich durch diesen dynamischen Faktor ein fortgesetzter Prozeß des Wandels eingeleitet, der sowohl die primären, das Leben einer Gesellschaft integrierenden Symbolsysteme, als auch die Struktur der Situationen betrifft, in denen ein großer Teil der Bevölkerung seine Tätigkeiten ausüben muß."[40] Ein sinnfälliger Ausdruck dafür findet sich unter anderen in der rasanten Zunahme der Bildungsabschlüsse im letzten Jahrzehnt (vgl. Tabelle 1). In diesem Trend (betonte Max Einhäupl als Vorsitzender des Wissenschaftsrates) hat sich seit 1975 „die Zahl der Ungelernten und Angelernten halbiert, der Akademikeranteil an den Erwerbstätigen aber verdreifacht" und es gibt „niemanden, der eine Trendwende behaupten würde. Was wir jetzt bei der Erstausbildung der jungen Generation verpassen, werden wir durch Nachqualifikation nicht wieder gutmachen können. Daher muß der Anteil der Studienanfänger nicht nur konstant gehalten, sondern noch erhöht werden."[41] Wie Tabelle 1 zeigt, ist der prozentuale Anteil von Abiturienten in den jeweiligen Altersgruppen von etwa sechs Prozent in den 50er Jahren auf etwa fünfunddreißig Prozent in unserer Zeit gestiegen. Eine entsprechende Steigerung in den Hochschulabschlüssen lässt in Deutsch-

Tabelle 1: *Bevölkerung in Deutschland nach Altergruppen und Bildungsabschlüsse*

(Quelle: Statistisches Jahrbuch 1993 der Bunderepublik Deutschland. Wiesbaden: Statistisches Bundesamt 1993, S. 415 u. Statistisches Jahrbuch 2005 der Bunderepublik Deutschland. Wiesbaden: Statistisches Bundesamt 2005, S. 128 – 129.

Alter	Bevölkerung 1991	Hochschulreife(%)	Hochschulabschluss(%)	Bevölkerung 2004	Hochschulreife(%)	Hocschulabschluss(%)
20-25	5965 Ts	23,3	1,3	4715 Ts	34,8	1,7
25-30	6660 Ts	22,6	8,1	4448 Ts	36,7	11,4
30-35	6099 Ts	20,5	12,6	5226 Ts	31,7	15,6
35-40	5594 Ts	18,8	13,9	6697 Ts	28,3	14,6
40-45	5277 Ts	15,6	12,4	6852Ts	25,7	13,7
45-50	5067 Ts	13,7	11,3	6025 Ts	23,6	14,1
50-55	6313 Ts	10,5	7,2	5671 Ts	20,6	13,6
55-60	4911 Ts	8,4	7,3	4680 Ts	17,4	11,8
60-65	4546 Ts	8,4	6,5	5762 Ts	14,2	9,6
<65	12 Mil.	6,0	3,9	16 Mil.	9,3	5,6

40 Ebenda, S. 245 - 246.

41 Einhäupl, K. M., Wie viele Studenten wir brauchen. – In: Der Tagesspiegel (Berlin) vom 23. November 2005, Nr. 19025, S. 27.

land noch auf sich warten, obwohl sie in anderen europäischen Ländern bereits eingetreten ist.[42] In seinem auf der Jahrestagung 2005 der Gesellschaft für Wissenschaftsforschung vorgetragenen Forschungsansatz über die technische Vernunft[43] fordert Günter Spur: „Die hochinnovative Produktionstechnik der Zukunft stellt uns vor eine neue Dimension von Verantwortung. Sie erfordert die Kompetenz einer technischen Vernunft als Regulativ des industriellen Fortschritts unter Einschluss arbeitstechnischer Kriterien: Schafft Arbeit für die Menschen. Wir schauen auf die politisch Verantwortlichen und können sie nur bedauern, wenn auf sie der Blick von solchen Bevölkerungsgruppen gerichtet ist, deren Missgeschick sie deshalb zur Dauerarbeitslosigkeit verurteilt hat, weil sie nicht die geeignete Berufsausbildung erfahren konnten. Neben einer Verstärkung der Finanzmittel für Wissenschaft und Forschung besteht ein dringender Nachholbedarf bei der Anpassung unseres Bildungssystems an die Wettbewerbssituation des Weltmarkts. Im wahrsten Sinne des Wortes: Technische Bildung tut Not!“[44] Untersuchungen von Manfred Wölfling[45] haben diesbezüglich ergeben (auf der Jahrestagung 1999 der Gesellschaft für Wissenschaftsforschung vorgetragen): „dass Arbeitskräfte nur dann eine Chance auf gute Jobs und Bezahlung haben werden, wenn sie in modernen Branchen (Information und Kommunikation, Gentechnik, Biotechnologie, Medizintechnik, Dienstleistungen u. a.) einsetzbar sind. Das ist aber nur dann möglich, wenn sie hochqualifiziert und zugleich flexibel sind. Hierzu ist eine Bildung erforderlich, die die zukünftigen Erfordernisse in der Wirtschaft um Jahre im voraus erkennen muss. Offen bleibt die Frage, was mit den Arbeitnehmern geschieht, die diese hochgesteckten Anforderungen nicht erfüllen können.“[46] Jede Prognose von Studentenzahlen orientiert sich vor allem an den Studienanfängerzahlen, die sich aus den Schulabsolventenzahlen und zum anderen aus der so genannten Übergangsquote ergeben. Die Prognose der Schulabsolventen ist eindeutig und zuverlässig. Die Übergangsquote – zur Zeit 75 Prozent – unterliegt verschiedenen Einflüssen. Natürlich kann die Quote sinken, beispielsweise durch fehlende Studienplätze. 1998 lag die Zahl der Studienanfänger bei 270.000, 2004 bei 360.000. Die Kultusministerkonferenz prognostiziert maximal 437.000 Studienanfänger im Jahr 2011.

42 Schleicher, A., Leiter der Abteilung „Indikatoren und Analysen“ der OECD-Direktion Bildung: Bildung auf einen Blick. 12. September 2006.

43 Spur, G., Über die technische Vernunft – ein Forschungsansatz. – In: Gesellschaftliche Integrität der Forschung: Wissenschaftsforschung Jahrbuch 2005. Hrsg. v. Klaus Fischer u. Heinrich Parthey. Berlin: Gesellschaft für Wissenschaftsforschung 2006. S. 49 – 59.

44 Ebenda, S. 155.

45 Wölfling, M., Innovationen und Vollbeschäftigung: – In: Wissenschaft und Innovation: Wissenschaftsforschung Jahrbuch 1999. Hrsg. v. Siegfried Greif u. Manfred Wölfling. Berlin: Gesellschaft für Wissenschaftsforschung 2003. S. 141 – 148.

46 Ebenda, S. 148.

4. *Formen wissenschaftlicher Institutionen*

4.1. *Platons Akademie bei Athen, Aristoteles Gymnasium in Athen und staatliches Forschungszentrum in Alexandria*

Offensichtlich beginnt die Geschichte wissenschaftlicher Institutionen damit, dass Platon seine Schüler seit etwa 388 v. u. Z. in einem Hain des Akademos bei Athen um sich sammelte. Damit war die Platonsche Akademie auch die erste wissenschaftliche Institution. Mit 18 Jahren trat Aristoteles in diese Akademie ein, wo er neunzehn Jahre lang, bis zu Platons Tod tätig war. Danach wurde er vom makedonischen König Philipp II. als Hauslehrer für seinen Sohn Alexander berufen.

Alexander war zu dieser Zeit 13 Jahre alt, bald nach Philipps Tod kehrt Aristoteles nach Athen zurück und gründet dort eine eigene Schule Lykeion für den Unterricht von Jugendlichen als zweite wissenschaftliche Institution.

Als dritte wissenschaftliche Institution entstand im 3. Jahrhundert v. u. Z. ein staatliches Studienzentrum der gesamten hellenistischen Welt in Alexandria, das aus der Forschungsstätte des Museion[47] sowie der größten Bibliothek der Antike bestand. Hier wirkten unter anderem Euklid zwischen 320 und 260 v. u. Z. und Ptolemaios von 127 bis 141 u. Z., der im Observatorium die in seinem Werk „Almagest" verwendeten Beobachtungen durchführte. Alexandria war ein Mittelpunkt wissenschaftlichen Lebens für eine über 700jährige Geschichte bis etwa zu Beginn des 5. Jahrhundert u. Z. In den folgenden Jahrhunderten ohne nenneswerte wissenschaftliche Institutionen wurde kaum, zeitweise gar nicht wissenschaftlich publiziert, d. h. es lassen sich für mehrere Jahrhunderte fast keine Wissenschaftler nachweisen.

4.2. *Universitäre Ausbildung wissenschaftsbasierter Berufe seit dem Mittelalter*

Wenn auch die in der Antike zur Sicherung des Problematisierens und methodischen Problemlösens entstandenen Institutionen – wie die Platonische Akademie, das Aristotelische Lykeon als städtisches Gymnasium und das alexandrinische Museon als staatliche Forschungsstätte – trotz ihrer Forschungsleistungen die Jahrhunderte nicht überdauert haben, so entstand seit dem 12. Jahrhundert mit der Universität eine neue tragfähige wissenschaftliche Institution durch das zunehmende Interesse an der Ausbildung wissenschaftsbasierter Berufe (anfangs vor allem für Ärzte und Juristen).[48] Die Universität hat sich fortan mit der Ausbildung auch weiterer neu entstehender wissenschaftsbasierter Berufe beschäftigt, und ist damit zu einer grundlegenden Institution der Wissenschaft in aller Welt geworden ist.[49] In Ergänzung dazu entstanden ebenfalls mit weltweiten Erfolg seit dem 15. Jahrhundert (in Anlehnung

47 Parthey, G., Das Alexandrinische Museum. Berlin: Nicolaische Buchhandlung 1838.

48 Geschichte der Universität in Europa. Band I: Mittelalter. Hrsg. v. Walter Rüegg. München: Verlag C. H. Beck 1993.

an die Platonische Akademie) moderne Akademien als Forschungseinrichtungen ohne universitäre Lehrverpflichtung.[50]

4.3. *Außeruniversitäre Forschungsinstitute seit dem Aufkommen wissenschaftsbasierter Wirtschaft*

Im 19. Jahrhundert war die institutionelle Form der Wissenschaft noch weitgehend die der Akademie und die der Universität in der von Wilhelm von Humboldt angestrebten Einheit von Lehre und Forschung, wobei sein großer Wissenschaftsplan neben der Akademie der Wissenschaften und der Universität selbständige Forschungsinstitute als integrierende Teile des wissenschaftlichen Gesamtorganismus verlangte.[51] Mit dem Entstehen wissenschaftsbasierter Industrien wie der Elektroindustrie, die es ohne die wissenschaftlichen Theorien über die strömende Elektrizität und den Elektromagnetismus sowie die Entdeckung des dynamoelektrischen Prinzips (1866 durch Werner von Siemens) vorher nicht – auch nicht als Gewerbe – hätte geben können,[52] und der Umwandlung traditioneller Gewerbe in wissenschafts-basieter Industriezweige wie der chemischen Industrie[53] im letzten Drittel des 19. Jahrhunderts mehrten sich Gründungen wissenschaftlicher Einrichtungen außerhalb von Universitäten, um große chemische Forschungslaboratorien, die von der chemischen Industrie eingerichtet wurden, und staatliche Laboratorien für die physikalische Grundlagenforschung, die zur Verbesserung der wissenschaftlichen Grundlagen der Präzisionsmessung und Materialprüfung beitragen sollten. Ein Beispiel für letzteres ist die 1887 in Berlin-Charlottenburg gegründete Physikalisch-Technische Reichsanstalt,[54] die Wilhelm Ostwald noch zwei Jahrzehnte später als einen „ganz neuen Typus wissenschaftlicher Einrichtungen" bezeichnete.[55] Die Physikalisch-Techni-

49 Geschichte der Universität in Europa. Band II: Von der Reformation bis zur Französischen Revolution (1500–1800). Hrsg. v. Walter Rüegg. München: Verlag C. H. Beck 1996, Band III: Vom 19. Jahrhundert zum Zweiten Weltkrieg (1800-1945). Hrsg. v. Walter Rüegg. München: Verlag C. H. Beck 2004; Parsons, T. / Platt, G. M., Die amerikanische Universität. Frankfurt a. M.: Suhrkamp 1990.

50 Grau, C., Berühmte Wissenschaftsakademien. Von ihrem Entstehen und ihrem weltweiten Erfolg. Frankfurt am Main: Verlag Harry Deutsch 1988.

51 Humboldt, W. von, Über die innere und äußere Organisation der höheren wissenschaftlichen Anstalten in Berlin. – In: Humboldt, W. von, Werke in fünf Bänden. Band IV, Schriften zur Politik und zum Bildungswesen. Berlin: Akademie-Verlag 1964. S. 255 – 266.

52 König, W., Technikwissenschaften. Die Entstehung der Elektrotechnik aus Industrie und Wissenschaft zwischen 1880 und 1914. Berlin 1995.

53 Zott, R., Die Umwandlung traditioneller Gewerbe in wissenschaftsbasierte Industriezweige: das Beispiel chemische Industrie – das Beispiel Schering. – In: Wissenschaftsforschung: Jahrbuch 1996/97. Hrsg. v. Siegfried Greif, Hubert Laitko u. Heinrich Parthey. Marburg: BdWi-Verlag 1998. S. 77 – 95.

54 Förster, W., Die Physikalisch-Technische Reichsanstalt. Berlin 1887; Cahan, D., An Institute for an Empire. The Physikalisch-Technische Reichsanstalt 1871–1918. Cambridge 1989.

55 Ostwald, W., Große Männer. Leipzig 1909. S. 294.

sche Reichsanstalt bestand aus zwei Abteilungen, die wissenschaftliche und die technische. Erstere versucht zur Zeit noch schwebende, der Lösung aber dringend bedürftige Probleme der physikalischen Präzisionsmessung zu bearbeiten und zwar besonders solche, zu deren Lösung an Universitäten erforderliche Räumlichkeiten und Geräte fehlen, oder für die eine längere eine ganze und lehrfreie Hingabe eines Wissenschaftlers an die Forschung erfordern. Die zweite Abteilung ist zur direkten Unterstützung des Präzisionsgewerbes bestimmt, indem sie alle den Mechaniker in kleinen und mittleren Unternehmen nicht ausführbaren technischen Leistungen übernimmt, aber auch als amtliches Prüfungsinstituts für mechanische und technische Instrumente dient. Der Präsident der Anstalt ist zugleich der Direktor der wissenschaftlichen Abteilung.[56] Der Erfolg der Physikalisch-Technischen Reichsanstalt löste Bestrebungen zur Gründung einer analogen Chemisch-Technischen Reichanstalt aus. Getragen von den Entwicklungsbedürfnissen der Wissenschaft selbst als auch des Staates und der Wirtschaft, was auch in Untersuchungen der Wissenschaftspolitik in Deutschland seit dem 18. Jahrhundert deutlich wird,[57] erfolgten in Berlin die Gründungen mehrerer lehrunabhängiger Forschungsinstitute im Rahmen der über drei Jahrzehnte (1911–1945) existierenden Kaiser-Wilhelm-Gesellschaft zur Förderung der Wissenschaften, die sowohl vom Staat als auch von der Wirtschaft finanziert wurden.[58] So wies Emil Fischer im Oktober 1912 bei der Einweihung des Kaiser-Wilhelm-Instituts für Chemie sowie des von der Koppel-Stiftung ins Leben gerufene Kaiser-Wilhelm-Instituts für physikalische Chemie und Elektrochemie auf die jahrelangen vergeblichen Bemühungen hin, „ein Institut zu gründen, das ähnlich der Physikalisch-Technischen Reichsanstalt der wissenschaftlichen und technischen Chemie dienen sollte."[59] Damit verfügt Deutschland über eine exzellente (heute staatlich finanzierte) außeruniversitäre Forschungsstätte (in einer Dimension und Qualität wie kein anderes Land, wovon die große Anzahl von Nobelpreisträgern im 20. Jahrhundert zeugt (siehe Tabelle 2))[60], deren Wissenschaftler auch als Hochschullehrer zur Einheit von Lehre und Forschung an den Universitäten beitragen.

56 Der erste Präsident der Physikalisch-Technischen Reichsanstalt war Herrmann Helmholtz. Zu den Anfängen der Wissenschaftsförderung durch wissenschaftsbasierte Wirtschaft vgl. Kant, H., Aus den Anfängen der Wissenschafftsförderung durch wissenschaftsbasierter Wirtschaft: Herrmann Helmholtz, Werner Siemens und andere. – In: Wissenschaft und Innovation: Jahrbuch Wissenschaftsforschung 2001. Hrsg. v. Heinrich Parthey u. Günter Spur. Berlin: Gesellschaft für Wissenschaftsforschung 2002. S. 129 – 142.

57 Vgl. McClelland, Ch. E., State, Society and University in Germany 1700-1914. Cambridge 1980.

58 50 Jahre Kaiser-Wilhelm-Gesellschaft und Max-Planck-Gesellschaft zur Förderung der Wissenschaften 1911–1961. Beiträge und Dokumente. Hrsg. v. d. Generalverwaltung der Max-Planck-Gesellschaft zur Förderung der Wissenschaften. Göttingen: Hubert & Co.1961.

59 Ebenda, S. 150.

60 Parthey, H., Quantitative Methoden bei der historischen Analyse von Kaiser-Wilhelm-/Max-Planck-Instituten, a. a. O..

Tabelle 2: *Nobelpreisträger aus Instituten der Kaiser-Wilhelm/Max-Planck-Gesellschaft*

Name und Lebensdaten	Kaiser-Wilhem-/Max-Planck-Institut	Jahr Gebiet
Walther Bothe (1891-1957)	KWI/MPI medizinische Forschung 1934-57	1954 Physik
Adolf Butenandt (1903-95)	KWI/MPI Biochemie 1936-95	1939 Chemie
Paul Crutzen (*1933)	MPI Chemie seit 1980	1995 Chemie
Peter Debye (1884-1966)	KWI Physik 1935-39	1936 Chemie
Johann Deisenhofer (*1943)	MPI Biochemie 1971-88	1988 Chemie
Manfred Eigen (*1927)	MPI physikalische Chemie seit 1962	1967 Chemie
Albert Einstein (1879-1955)	KWI Physik 1914 -33	1921 Physik
Fritz Haber (1868-1934)	KWI physikalische Chemie 1911-33	1918 Chemie
Otto Hahn (1879-1968)	KWI/MPI Chemie 1912-68	1944 Chemie
Robert Huber (*1937)	MPI Biochemie seit 1968	1988 Chemie
Klaus Klitzing (* 1943)	MPI Festkörperphysik seit 1985	1985 Physik
Georges Köhler (1946-95)	MPI Immunbiologie 1984-95	1984 Medizin
Richard Kuhn (1900-67)	KWI/MPI medizinische Forschung 1929-67	1938 Chemie
Max Laue (1879-1960)	KWI Physik 1923-45, MPI physikalische Chemie 1951-60	1914 Physik
Konrad Lorenz (1903-89)	MPI Verhaltensphysiologie 1961-89	1973 Medizin
Feodor Lynen (1911-79)	MPI Zellchemie 1954-72, MPI Biochemie 1972-79	1964 Medizin
Otto Meyerhof (1984-1953)	KWI Biologie 1924-28, KWI medizinische Forschung 1929-38	1922 Medizin
Hartmut Michel (*1948)	MPI Biophysik seit 1987	1988 Chemie
Erwin Neher (*1944)	MPI biophysikalische Chemie 1972-93, MPI Membranbiologie seit 1993	1991 Medizin
Christiane Nüsslein-Vollhard (*1942)	MPI Virusforschung 1973-78, MPI Entwicklungsbiologie seit 1985	1995 Medizin
Ernst Ruska (1906-88)	Fritz-Haber-Inst. d. MPG 1959-74	1986 Physik
Bert Sackmann (*1942)	MPI biophysikalische Forschung 1974-89, MPI medizinische Forschung seit 1989	1991 Medizin
Otto Warburg (1883-1970)	KWI Biologie 1918-1931, KWI Zellphysiologie 1931-70	1931 Medizin
Karl Ziegler (1898-1973)	KWI/MPI Kohlenforschung 1943-73	1963 Chemie

5. *Universitäre Studiensituation und disziplinäre Forschungssituation*

Zur Ausübung einer wissenschaftlichen Tätigkeit kann Universitätsausbildung dann befähigen, wenn sie neben der Vermittlung eines ständig zu erneuernden disziplinären Wissensbereich vor allem auf die Fähigkeit zielt, die Art und Weise weiterführende Fragen selbständig zu stellen, diese mit dem verfügbaren Wissensniveau zu Erkenntnisproblemen zu entwickeln und problemlösende Erkenntnisse methodisch zu gewinnen. Dies kann nur eine Lehre leisten, die den wissenschaftlichen Erkenntnisprozess modellhaft vorführt und thematisiert und die Studierenden in diesen Prozess auch aktiv einbindet. Zu jedem wissenschaftlichen Studium gehört somit ein forschendes Lernen. Dabei geht es darum, den Erkenntnisprozess in Kernbereichen der Disziplin nachzuvollziehen und die Lernsituation als Forschungssituation herzustellen, welche die Studierenden also selbst Fragestellungen und methodisches Problemlösen entwickeln lässt. „Weil die Erwartungen an die Leistungen der Universitäten vielfältig sind und das Universitätssystem sich entsprechend differenzieren muss, kann" – für den deutschen Wissenschaftsrat – "universitäre Lehre nicht an allen Standorten, auf allen Stufen und in allen Bereichen der Ausbildung in gleicher Weise in Zusammenhang mit Forschung stehen."[61] So geht es in einem Bachelorstudium vornehmlich darum, „disziplinäres Grundwissen zu erwerben, die einschlägigen Methoden des Faches zu erlernen, aktuelle Forschungsergebnisse zu rezipieren und den Erkenntnisprozess in Kernbereichen nachzuvollziehen. ... Ein forschungsintensives Masterstudium dagegen muss durch eine Lehre, die primär von erfahrenen Wissenschaftlern geleistet wird, und eine intensive Beteiligung der Studierenden an Forschung gekennzeichnet sein."[62] Offensichtlich wird ein großer Teil der Studierenden die Hochschulen nach dem Bachelor zunächst verlassen, aber nach einigen Jahren auf Grund des rapiden Wandels der Arbeitswelt an die Universitäten zurückkehren, um sich weiter zuqualifizieren. Wie viele Bachelorabsolventen unmittelbar im Anschluss ein Masterstudium aufnehmen und wie viele danach eine Promotion anstreben werden, wird bestimmen, in welchem Maße die universitäre Lernsituation als Forschungssituation herzustellen ist.

6. *Interdisziplinäre Forschungssituation in außeruniversitären Forschungsinstituten*

Bereits im letzten Drittel des 19. Jahrhunderts entwickelten sich Forschungsrichtungen, „die in den Rahmen der Hochschule überhaupt nicht mehr hineinpassen, teils weil sie so große maschinelle und instrumentelle Einrichtungen verlangen, dass kein Universitätsinstitut sie sich leisten kann, teils weil sie sich mit Problemen beschäftigen, die für die Studierenden viel zu hoch sind und nur von jungen Gelehrten vorge-

61 Wissenschaftsrat: Empfehlungen zur zukünftigen Rolle der Universitäten im Wissenschaftssystem. Berlin: Wissenschaftsrat 2006. S. 64.

62 Ebenda. S. 64 – 65.

tragen werden können."[63] Ferner werden neuartige Beziehungen zwischen der Forschung in staatlichen Instituten und in der Wirtschaft angesprochen. So wurde damals von Adolf von Harnack in seiner Denkschrift im November 1909 exemplarisch aus der Situation in der organischen Chemie, „deren Führung noch bis vor nicht langer Zeit unbestritten in den chemischen Laboratorien der deutschen Hochschulen lag", die „heute von da fast völlig in die großen Laboratorien der Fabriken abgewandert" ist, gefolgert, dass „dieses ganze Forschungsrichtung für die reine Wissenschaft zu einem großen Teil verloren" ist, „denn die Fabriken setzen die Forschungen stets nur soweit fort, als sie praktische Resultate versprechen und sie behalten diese Resultate als Geheimnisse oder legen sie unter Patent. Daher ist nur selten eine Förderung der Wissenschaft von Seiten der mit noch so großen Mitteln arbeitenden Laboratorien der einzelnen Fabriken zu erwarten. Wohl hat sich stets das Umgekehrte gezeigt: die reine Wissenschaft hat der Industrie die größten Förderungen durch die Erschließung wirklich neuer Gebiete gebracht."[64] Aus einer späteren Sicht von Adolf Butenandt erfolgte die Gründung der Kaiser-Wilhelm-Gesellschaft im Jahre 1911, „um eine Lücke im deutschen Wissenschaftsgefüge zu schließen. Man spürte, dass Arbeitsweisen erforderlich wurden, die in den herkömmlichen Formen nur schwer zu bewältigen waren: Es schien dringend erforderlich, Gelehrten, die sich vor allem reiner Forschung widmen wollten, in völliger Freiheit ihre Arbeit zu ermöglichen, sie weitgehend abzuschirmen von all den Dingen, die letztlich ihre Leistungsfähigkeit im Dienste des menschlichen Fortschritts beeinträchtigen könnten. Es galt zweitens, den in neu sich entwickelnden Grenzgebieten tätigen Gelehrten ihr ganz spezielles, auf sie zugeschnittenes Arbeitsinstrument zu geben, um auf diese Weise Fachrichtungen zu stärken und wachsen zu lassen, die in der Struktur der Universitäten und Technischen Hochschulen noch gar keinen oder keinen ausreichenden Raum hatten. Ich nenne aus der ersten Zeit der Kaiser-Wilhelm-Gesellschaft beispielhaft die physikalische Chemie eines Haber, die Radiochemie eines Hahn, die theoretische Physik eines Einstein, die Biochemie eines Warburg. Zum dritten bestand seit Gründung der Kaiser-Wilhelm-Gesellschaft die Aufgabe, neue Institutstypen zu entwickeln und zu betreuen. Zur Lösung mancher Probleme müssen sehr umfangreiche personelle und sachliche Mittel zu einem Gebilde zusammengefügt werden, das schon wegen seines Umfangs, seines technischen Aufwandes jedes Hochschulgefüge sprengen müsste. Die Institute für Eisenforschung, Kohlenforschung und Arbeitsphysiologie seien als Beispiele genannt."[65] Wir möchten diese drei Gründe, die zur Einrichtung sowohl vom Staat als auch von der Wirtschaft finanzierter und lehrunabhängiger Forschungsinstitute angegeben werden, wie folgt formulieren: erstens die steigenden Kosten der Forschungstech-

63 50 Jahre Kaiser-Wilhelm-Gesellschaft und Max-Planck-Gesellschaft zur Förderung der Wissenschaften 1911-1961. Beiträge und Dokumente, a. a. O., S. 82.

64 Ebenda, S. 82 – 83.

65 Ebenda, S. 7 – 8.

nik;[66] zweitens die wachsenden Lehrverpflichtungen für Hochschullehrer, die ein Arbeiten eingedenk der Mahnung von Wilhelm von Humboldt „immer im Forschen bleiben" erschweren; drittens die Möglichkeit, weit mehr interdisziplinäre Forschungssituationen zu schaffen und zu bearbeiten, und zwar ungehindert durch zwangsläufig disziplinäre Lehrprofile. In diesem Sinne wurde von August von Wassermann bei Einweihung des Kaiser-Wilhelm-Instituts für experimentelle Therapie (des nachmaligen Kaiser-Wilhelm-Instituts für Biochemie) im Oktober 1913 gefordert: „Neue Wege der Heilung und alles dessen, was mit ihr zusammen hängt, besonders die Krankheitserkenntnis, sollen hier in diesem Hause nicht mehr wie in früheren Zeiten den mehr oder weniger subjektiven Erfahrungen des einzelnen Beobachters an Krankenbett überlassen bleiben, sondern auf Grund zielbewusster Forschertätigkeit unter Zuhilfenahme exakten naturwissenschaftlichen Hilfsdisziplinen ergründet werden."[67] So wurde in der Gründungsgeschichte der Kaiser-Wilhelm-Gesellschaft auf die Fruchtbarkeit eines Verkehrs von Forschern verschiedener Richtungen hingewiesen. Insbesondere in den Begründungen für biowissenschaftliche Forschungen wurde von Otto Jaekel die Vorstellung entwickelt, dass sie außeruniversitär in erhöhtem Maße interdisziplinär arbeiten sollten,[68] was auch wissenschaftlich ertragreich eingetreten ist, wie Tabelle 2 zeigt.

7. *Strukturwandel von Situationen und Institutionen der Forschung*

Die Gestaltung von Forschungssituationen hat in den letzten Jahrzehnten zu Überlegungen geführt, die es nahe legen, in bezug auf ihre Institutionalisierung zu überlegen, Großforschung in Form von Dachverbänden und sogenannten virtuellen Forschungsinstituten zu gründen. So wird in Deutschland erwogen, ob es in einer neu einzurichtenden „Wissenschaftskonferenz" um die Finanzierung sowohl der großen Forschungsorganisationen wie Deutsche Forschungsgemeinschaft, Max-Planck-Gesellschaft, Helmholtz-Gemeinschaft und Leibniz-Gemeinschaft als auch um die Finanzierung der Akademie der Naturforscher Leopoldina und des Wissenschaftskolleg in Berlin sowie der Langzeitvorhaben der deutschen Akademien der Wissenschaftengehen soll. Diese bundesdeutsche Wissenschaftskonferenz könnte auch Forschungsvorhaben und Forschungsbauten an den Hochschulen fördern, die Kosten von fünf Millionen Euro überschreiten und außerdem von überregionaler Bedeutung sind. Dazu gehören Großgeräte der Forschung.

66 Vgl. Biedermann, W., Zur Finanzierung der Institute der Kaiser-Wilhelm-Gesellschaft zur Förderung der Wissenschaften Mitte der 20er bis Mitte der 40er Jahre des 20. Jahrhundert. – In: Wissenschaft und Innovation: Jahrbuch Wissenschaftsforschung 2001. Hrsg. v. Heinrich Parthey u. Günter Spur. Berlin: Gesellschaft für Wissenschaftsforschung 2002. S. 143 – 172.

67 50 Jahre Kaiser-Wilhelm-Gesellschaft und Max-Planck-Gesellschaft zur Förderung der Wissenschaften 1911-1961. Beiträge und Dokumente, a. a. O. S. 158.

68 Vgl.: Jaekel, O., Über die Pflege der Wissenschaft im Reich. – In: Der Morgen. 20(1907), S. 617 – 621.

Damit Innovationen in dem von uns genannten Sinn[69] zustandekommen (d. h. die am Weltmarkt erstmalig eingeführte neue Technik realisiert einen über die Fertigungsaufwendungen hinausgehenden Extragewinn mindestens in einer solchen Höhe, das alle vor der Fertigung liegenden Aufwendungen für das Zustandekommen der neuen Technik der Region zurückerstattet werden, in der die Aufwendungen für Wissenschaft, Forschung und Entwicklung erfolgten[70]), gewinnen weltweit Wissenschaftsparks zur Förderung des Technologietransfers zwischen der Forschungseinrichtung – meist eine Universität – und der Wirtschaft an Bedeutung. In den achtziger Jahren wurden die ersten technologischen Gründerzentren in Deutschland geschaffen – bis heute ist ihre Zahl auf fast 400 angestiegen. Dazu gehören beispielsweise der Technologiepark Münster, der Wissenschafts- und Technologiepark Berlin-Adlershof, das Wissenschaftszentrum Kiel sowie weitere Wissenschaftsparks in Gelsenkirchen, Leipzig und Trier. Die Strukturen und Größen von Wissenschaftsparks sind sehr heterogen. Nach einer Analyse der „International Association of Science Parks“ variieren die Größen solcher Parks sehr. Durch die Schaffung von gemeinsamen Informationsstrukturen werden die jeweils vorhandenen Forschungsressourcen besser in der Produktentwicklung aufeinander abgestimmt, dabei ist die Lage nahe einer Universität von besonderer Bedeutung. In diesem Sinn will auch die Helmholtz-Gemeinschaft als größte deutsche außeruniversitäre Wissenschaftsorganisation künftig die gesamte Wirkungskette von der Grundlagen- über die angewandte Forschung bis zur Produktreife in Gang setzen. Dabei setzt auch sie auf eine strategische Partnerschaft mit den Universitäten. Die fünfzehn Helmholtz-Zentren sind an Universitäts-Sonderforschungsbereichen und an Schwerpunktprogrammen beteiligt, die von der Deutschen Forschungsgemeinschaft gefördert werden. Neuartig für die Gestaltung dieser Forschungssituation und ihrer Institutionalisierung ist dabei die Gründung von virtuellen Instituten. Damit ist zum Beispiel gemeint, dass die Kölner Universität in Kooperation mit dem Forschungszentrum Jülich die Räume zur Verfügung gestellt und die Helmholtz-Gesellschaft die teuren Geräte für neue Verfahren der zur Hirnstimulierung in der Parkinson-Forschung. In solche virtuellen Institute investiert die Helmholtz-Gemeinschaft zurzeit 45 Millionen Euro mit denen fünfundsechzig virtuelle Institute finanziert werden sollen.

Wenn es, wie die Diskussion zur Wissenschafts- und Finanzpolitik in Deutschland seit Beginn des 20. Jahrhunderts zeigt, mit sich ermöglichender Finanzierbarkeit von Wissenschaft durch die Innovationskraft der Wirtschaft auch ein Wandel der Forschung in einer wissenschaftsintegrierten Wirtschaft andeutet[71], die unter Umstän-

69 Mitunter wird unter Innovation bereits nur der Fakt einer Ersteinführung auf dem Markt auch ohne Zurückerstattung von Kosten von Wissenschaft, Forschung und Entwicklung für das neue Produkt in der jeweiligen Region verstanden, vgl. Greif, S., Erfindungen im Spektrum wirtschaftlicher und gesellschaftlicher Strukturen und Entwicklungen – theoretische Grundlagen und empirische Befunde. – In diesem Jahrbuch.

70 Siehe: Parthey, H., Formen von Institutionen der Wissenschaft und ihre Finanzierbarkeit durch Innovationen, a. a. O.

den nicht jeden neuen Wissensbereich zur lehrbaren Disziplin verfestigt, dann möchten wir auf die methodologische Struktur von Forschungssituation verweisen und zwar als Invariante der Wissensproduktion auch im 21. Jahrhundert, aber nun mit einer stärkeren Ausprägung von interdisziplinären Forschungssituationen und deren Institutionalisierung als in den Jahrhunderten früher. Der Strukturwandel wissenschaftlicher Institutionen tritt vor allem regional auf, so zum Beispiel in der Zusammenlegung aller Berliner medizinischen Fakultäten unter dem Dach der „Charité-Universitätsmedizin Berlin". Die Lehre bleibt die Achillesferse der großen forschungsstarken Universitäten. Mit dem Sommersemester 2007 soll an der Charité die „Berlin School of Public Health" ihre Arbeit aufnehmen. Den Weiterbildungs-Studiengang, in dem neben sozialwissenschaftlichen und medizinischen Grundlagen auch Biostatistik, Epidemologie, Ökonomie und Gesundheitspolitik gelehrt wird, bot seit 1996 die Technische Universität Berlin an. Doch die Technische Universität Berlin trennt sich von Studiengängen, die nicht in das Profil der Ingenieurwissenschaften passen. Methoden und Erkenntnisse die in Public Health seit Jahren international entwickelt und gewonnen werden, liefern weder Medizin noch Sozialwissenschaften allein. In Deutschland gibt es heute an sieben Universitäten Public-Health-Studiengänge. Mit dem Abschluss haben Absolventen eine Zusatzqualifikation für Aufgaben in Bereichen, die eine bedeutende Rolle spielen: Die Themen gehen von Prävention, Gesundheit von Kindern und alten Menschen, Männern und Frauen, Migranten und Alteingesessenen bis hin zu der Frage, wie man eine hohe Qualität der gesundheitliichen Versorgung sichern, Patienten und Versicherte besser über ihre Behandlungsmöglichkeiten informieren und effizienter mit den Ressourcen im Gesundheitswesen in einer älter werdenden Gesellschaft umgehen soll. Public Health passt in die „Charitè-Universitätsmedizin Berlin", denn an der Charitè existiert bereits der kleine Weiterbildungs-Studiengang „Health and Society: International Gender Studies Berlin", der auf Geschlechterforschung ausgerichtete ist, und ein zweiter Studiengang „International Health", in dem internationale Gesundheitsprobleme wie HIV oder Tuberkulose im Mittelpunkt stehen. Dazu kommt an der Freien Universität Berlin ein Ergänzungsstudienfach „Psychosoziale Prävention und Gesundheitsförderung". Die „Berlin School of Public Health" wird allen ein gemeinsames Dach bieten – und strebt auch eine Kooperation mit der Gesundheitsforschung der Johns-Hopkins-University an. Ziel dieser Zusammenlegung ist es, zu einer leistungsfähigen Medizin zu kommen und Doppelstrukturen einzusparen. Ein gutes organisatorisches Vorbild wäre das System der University of California: eine Dachorganisation über zehn verschiedene Campus, zu denen so bekannte, weitgehend unabhängige Universitäten gehören wie Berkeley, Los Angeles, San Francisco, Davis, Irvine, San Diego. Zusätzlich gehören zu diesem Dachverband ganz anders finanzierte Institutio-

71 Spur, G., Wandel der Forschung in einer wissenschaftsintegrierten Wirtschaft. – In: Wissenschaft und Innovation: Wissenschaftsforschung Jahrbuch 2001. Hrsg. v. Heinrich Parthey u. Günter Spur. Berlin: Gesellschaft für Wissenschaftsforschung 2002. S. 41 – 57.

nen wie das Lawrence Berkeley National Laboratory, Lawrence Livennore National Laboratory und Los Alamos National Laboratory. Die University of California wird geleitet von einem Präsidenten mit ausreichenden executiven Vollmachten. Das oberste Gremium der University of California ist das „Board of Regents", das aus sechsundzwanzig Mitgliedern besteht und weitgehende Vollmachten bezüglich der Universität hat. Das Board of Regents, in dem Wissenschaft, Wirtschaft und Politik vertreten sind, bestimmt die strategischen Linien der Universität und überträgt Vollmachten auch der Exekutive auf den Präsidenten. Board of Regents und Präsident geben den verschiedenen Campus der University of California weitgehende Freiräume, die es ihnen gestatten, ihre eigenen wissenschaftlichen Absichten im Rahmen der strategischen Vorgaben zu entwickeln.

Die Entwicklung der Wissenschaft verläuft seit Mitte des 20. Jahrhunderts zunehmend als Großforschung in Form von Dachverbänden und sogenannten virtuellen Instituten. Damit werden weiterführende Fragen zum Verhältnis von Wissenschaftsdynamik und Selbstorganisation der Forschung aufgeworfen.

Klaus Fuchs-Kittowski

Zur (informatischen) Modellbildung im Methodengefüge der Wissenschaft – Zur revolutionären Rolle der Methoden in der Wissenschaft

1. *Modell und Erkenntnis in den Biowissenschaften und im Umweltbereich*

Der Untertitel war auch der einer gemeinsam mit meinem Lehrer Professor Samuel Mitja Rapoport verfassten Arbeit zu diesem Thema[1], die leider aufgrund der Beendigung der Zeitschrift: „Medizin und Gesellschaft" nach 1989 nicht mehr veröffentlicht wurde, von der ich hier viel wörtlich verwenden werde. Der von S. M. Rapoport inspirierte Grundgedanke war, dass für den Erkenntnisfortschritt die Methode eine revolutionäre Rolle spielt[2] und heute die Modellmethode im Besonderen, denn der Gegenstand einer Wissenschaft hat dagegen eher konservativen Charakter. Durch die Veränderung der Methoden können sich bestimmte Forschungsfelder erst herausbilden, so zum Beispiel erst durch die Entwicklung des Mikroskops und der Mikroskopie das Forschungsgebiet der Zellularpathologie.

Sprechen wir vom Methodenensemble, so soll hier zwischen der historischen, beobachtenden, experimentellen, theoretischen und mathematischen sowie der Modellmethode unterschieden werden, die Spezifik der Modellmethode aufgezeigt und ihr Verhältnis zu den anderen Forschungsmethoden angesprochen werden.

1.1. *Die Revolutionäre Rolle von Methoden in der Wissenschaft*

Eine wissenschaftstheoretische Analyse moderner Wissenschaftsentwicklung wird nicht an der Tatsache vorbei gehen können, dass die Rolle der Methoden in einem besonderen Masse zugenommen hat und dass diese Tendenz sich auch in Zukunft fortsetzen wird.

Das Niveau und die Verfügbarkeit[3] von hochleistungsfähigen Methoden bzw. wissenschaftlichen Geräten (Forschungstechnologie, speziell auch moderne Informations- und Kommunikationstechnologien) bestimmen in hohem Masse den Rang

1 Fuchs-Kittowski, K. / Rapoport, S. M., Modell und Erkenntnis in der Medizin und im Gesundheitswesen, sollte 1989 in einem thematischen Heft der Zeitschrift Medizin und Gesellschaft erscheinen.

2 Rapoport, S. M., Zur revolutionären Rolle von Methoden in der Wissenschaft. – In: Plädoyers für einen wissenschaftlichen Humanismus. Hrsg. v. Jupp Schleifstein u. Ernst Wimmer. Wien: Globus Verlag 1981. S. 119 – 127.

und das Profil der Wissenschaft eines Landes. In entscheidendem Masse ist auch der Stand von Produktivkräften und Technik durch die Gesamtheit der Methoden bestimmt. Die Entwicklung wissenschaftlicher Methoden ist ein Kernstück der sich vollziehenden Revolution in den Wissenschaften – heute speziell in den Biowissenschaften sowie in der Entwicklung und Anwendung moderner Informations- und Kommunikationstechnologien.[4] Ihre Entwicklung wird zu einem entscheidenden Ziel von Forschung und Produktion und begründet somit die Aktualität einer Auseinandersetzung mit der Rolle der Methoden in der Wissenschaft im Allgemeinen und der Modellmethode im Methodenensemble der Wissenschaften im Besonderen.

Was soll unter Methode verstanden werden?

Als Methode wird in der Wissenschaft das Verfahren oder der Weg der Forschung bezeichnet, d.h. das System der Handlungen im Forschungsprozess, aber auch die Art und Weise seiner Organisation. Methode ist aber auch die logische Durchdringung mittels allgemeiner wissenschaftlicher Methoden wie etwa der induktiven und deduktiven Methoden oder der analytischen und der synthetischen Methoden, die miteinander in widersprüchlichem Verhältnis stehen. Unter dem Begriff der Methode werden allgemeinwissenschaftliche Methoden wie: Beobachtung, Experiment, Modellmethode und die historische Methode, aber auch spezielle Verfahren subsumiert, welche die Qualität der Primärinformation und ihre Bearbeitung bestimmen.

Methoden sind materielle und ideelle Mittel der wissenschaftlichen Erkenntnis. Mit Hilfe von methodischen Verfahrensweisen und Geräten (Forschungstechnologien) gilt es wissenschaftliche Erkenntnisse zu gewinnen. Eine wichtige Gruppe der allgemeinwissenschaftlichen Methoden, die wir hier betrachten, wenn vom Methodenensemble gesprochen wird, betrifft die theoretische Durchdringung von komplexen und komplizierten lebenden Systemen mit Hilfe der Modellmethode.

In steigendem Maße ist die moderne Wissenschaft auch durch die Vereinigung von analytischen und integrativen Methoden der Erkenntnis gekennzeichnet. In diesem Zusammenhang ist das Modell von zentraler Bedeutung, denn Modelle fußen auf einer breiten Basis von Daten, die mit analytischen Methoden gewonnen wurden und werden auf Grund von theoretischen Prinzipien entwickelt. Modelle stellen

3 Parthey, H., Forschungssituation interdisziplinärer Arbeit in Forschungsgruppen. – In: Interdisziplinarität in der Forschung. Hrsg. v. Heinrich Parthey u. Klaus Schreiber. Berlin Akademie Verlag 1983. S. 13 – 46; Zur methodologischen Struktur der Forschungssituation siehe auch Parthey, H., Forschungssituation und Forschungsinstitut – Analyse ihrer Formen und Beziehungen. – In diesem Jahrbuch.

4 Pilgrim, J. / Fuchs-Kittowski, K., Interdisziplinäre Funktion der Informationstechnologie in der biowissenschaftlichen Forschung. – In: Interdisziplinarität in der Forschung. Hrsg. v. Heinrich Parthey u. Klaus Schreiber. Berlin: Akademie Verlag 1983. S. 277 – 301; Fuchs-Kittowski, K. / Rosenthal, H. A. / Rosenthal, A., Die Entschlüsselung des Humangenoms – ambivalente Auswirkungen auf Gesellschaft und Wissenschaft. – In: Erwägen Wissen Ethik (EWE). 16(2005)2, S. 149 – 162.

eine relative Synthese von Erkenntnissen dar, die aus unterschiedlichen Sichten und fast immer mit verschiedenen Methoden gewonnen werden.

Zur Differenzierung zwischen wissenschaftlichen Methoden

Die Wissenschaft bedarf wissenschaftlicher Methoden zur Erzeugung wissenschaftlichen Wissens. Im Wesentlichen werden hier drei grundsätzliche Methoden unterschieden: a) die historische Methode, b) die theoretisch-mathematischen Methode und c) die experimentelle Methode.[5]

Die mit der Modellierung/Simulation meist nur gering verbundene Methode ist die historische Methode (obwohl innerhalb dieser Methode auch Modelle genutzt werden können), bei der auf Quellen aus der Vergangenheit zurückgegriffen wird, die kritisch ausgewählt und interpretiert werden. Die entscheidende Grundlage der Wissenschaftsmethodologie bilden Theorie und Experiment, damit die theoretisch-mathematische und die experimentelle Methode.

Die theoretischen Vorstellungen und Überlegungen die der Formulierung eines wissenschaftlichen Problems zugrunde liegen und mit Hilfe der Sprache, der Mathematik modellhaft dargestellt werden können, ermöglichen die Formulierung wesentlicher Zusammenhänge bzw. Gesetze, die dann durch Beobachtung und Experiment zu bestätigen sind. Oder es werden auf der Grundlage durch Beobachtung und Experiment gewonnener Daten, empirisch nachweisbare und reproduzierbare Ergebnisse auf die zugrunde liegenden wesentlichen Zusammenhänge, Gesetze, geschlos-

Abbildung 1: Modellmethode im Methodengefüge der Wissenschaften

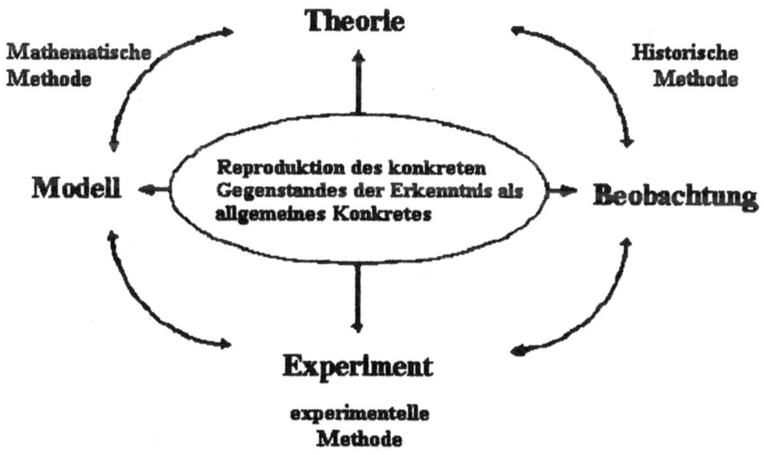

5 Parthey, H. / Wahl, D., Die experimentelle Methode in Natur- und Gesellschaftswissenschaften. Berlin: Deutscher Verlag der Wissenschaften 1966.

sen. Neben bzw. verflochten mit diesem klassischen Konzept der Verschmelzung von Theorie und Experiment gibt es nun eine davon unterschiedene, nicht abweichende sondern ergänzende Möglichkeit zur Erforschung der Erkenntnisobjekte: die informatische Modellierung bzw. Computersimulation.[6] Ein informatisches Modell ist ein symbolisches Modell, das einen Code zur Grundlage hat, der auf einem Rechner dargestellt und interpretiert werden kann.[7] Auch in diesem Sinne sprechen wir von der Modellmethode.

Die mit dem Einsatz der modernen Computertechnologie verbundene Computersimulation ist ebenfalls als eine revolutionäre Methode anzusehen. Hier verschmelzen die in Abbildung 1 angeführten allgemeinwissenschaftlichen Methoden in neuer Form.

Grundlage einer solchen Modellierung/Simulation ist hierbei immer ein im Simulationswerkzeug physisch implementiertes, lauffähiges Modell, an dem nun die Experimente virtuell ausgeführt werden können. Den zuvor genannten allgemeinwissenschaftlichen Methoden gemein ist die Entstehung des Modells aus der Theorie (bzw. aus dem gedanklichen Modell), die die Grundlage für die Durchführung von Experimenten zur Gewinnung von Daten über das Original ist (siehe Abbildung 2).

Abbildung 2: *Unterscheidung zwischen materiellen und Denkmodellen*

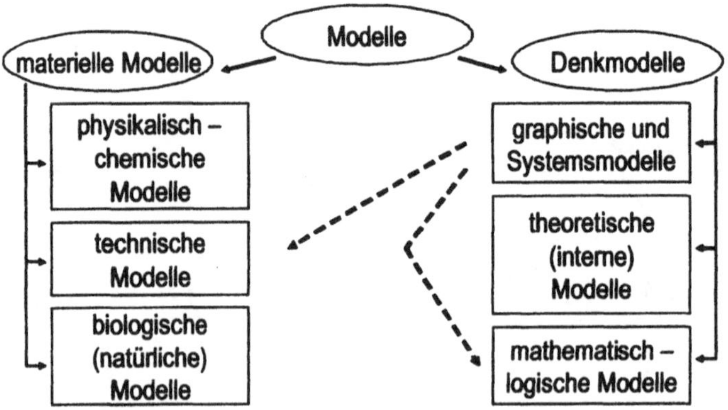

6 Manthey, Ch., Modellierung und Simulation im Umweltbereich – Zur revolutionierenden Rolle der (Modell-) Methode in den Wissenschaften und in der Debatte um die Zukunft der Menschheit, Belegarbeit, Betriebliche Umweltinformatik, Fachhochschule für Technik und Wirtschaft Berlin 2005; Page, B., Diskrete Simulation – Eine Einführung mit Modula2. Berlin-Heidelberg-New York: Springer – Verlag 1991.

7 Horn, E., Vortrag in der Klasse Naturwissenschaften der Leibniz-Sozietät am 15. Mai, 2003

Abbildung 3: *Wechselbeziehungen Theorie, Daten und Methoden bei der Modellentwicklung*

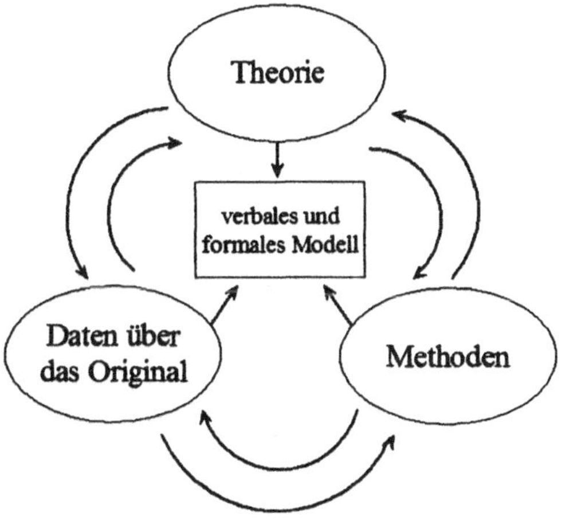

Ein wesentlicher Unterschied ist nun aber damit gegeben, dass bei der Simulation Eigenschaften des Models als Objekt des Experiments dienen.

Entscheidend ist, dass hier meist auch die Einseitigkeit der Einzelmethoden durch produktive Wechselwirkung (vgl. Abbildung 3) in einem theoretisch determinierten Rahmen überwunden wird.

Ein verbales und formales Modell ist bestimmt durch:

1. die Wahl der Theorie,
2. die Daten aus den Experimenten und Beobachtungen mit dem Objekt und
3. den Einzelmethoden.

Aufgrund der starken wechselseitigen Abhängigkeiten hat die Wahl der Theorie einen starken Einfluss auf die beiden anderen Aspekte des Modellierungsprozesses und auf das konzeptionelle (verbal strukturierte) wie auf das formale Modell selbst.

Die auch hier mit Hilfe der Einzelmethoden, unter Nutzung der Mathematik festgelegten statischen und dynamischen Beziehungen der komplex vernetzten einzelnen Komponenten werden einem simulierten zeitlichen Ablauf unterworfen und dabei durch das Werkzeug einer ständigen Beobachtung ausgesetzt, die oftmals menschlichen Sinnen nicht möglich wäre. Die Möglichkeiten des klassischen Experiments werden damit übertroffen bzw. erweitert. Die Wiederverwendbarkeit des physischen Modells ermöglicht die Anpassung der theoretischen Annahmen, durch den Vergleich der experimentellen Ergebnisse mit den aus dem Simulationsexperiment gewonnen Ergebnissen kann der Erkenntnisfortschritt, die Gewinnung neuer Erkenntnisse am Modell und am realen Erkenntnisobjekt, die Reproduktion des sinnlich Konkreten als gedanklich Konkretes beschleunigt werden.

Abbildung 4: *Die drei Bestandteile der Wissenschaft in ihren Wechselbeziehungen*

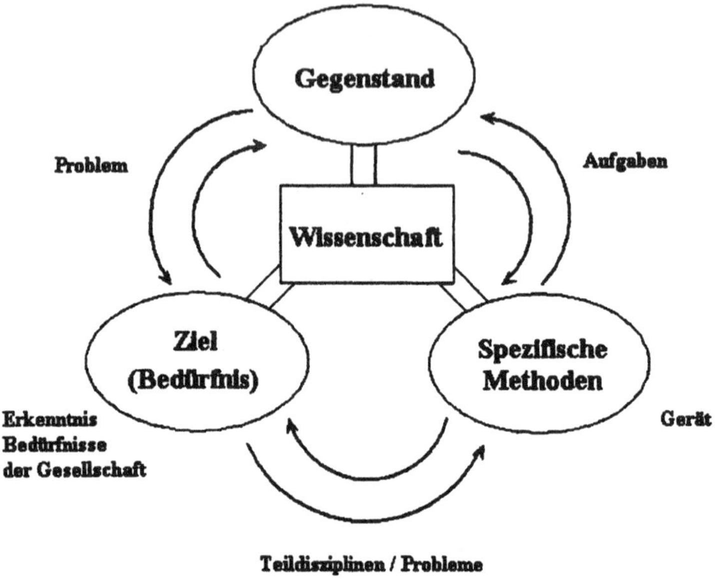

Um durch das Simulationsexperiment zu Ergebnissen zu kommen, die durch Beobachtungen am realen Erkenntnisobjekt bestätigt werden können, sind in einem zyklischen Verlauf die Modellparameter schrittweise anzupassen (Parametrisierung) (Siehe Abbildung 6).

1.2. *Gegenstand und Methode – ein miteinander in Beziehung stehendes Kategorienpaar*

Eine Wissenschaft kann praktikabel verstanden werden als Einheit von Gegenstand, Ziel und einem charakteristischen Komplex an Methoden. Dabei ist der Gegenstand ein ziel- und methodenbestimmter Ausschnitt der Realität. Die drei Bestandteile stehen miteinander in mehrfacher Wechselwirkung: Einerseits bestimmt der Gegenstand die Spezifik der Methode. Es ist nur trivial, dass in der Physik physikalische Methoden, in der Chemie chemikalische Methoden und in der Biologie biologische Methoden entwickelt und angewendet werden. In diesem einfachen Verhältnis kommt zum Ausdruck, dass die Natur vor dem Menschen und dieser vor einer Naturwissenschaft existiert hat. Auch das Ziel der Forschungstätigkeit trägt zur Spezifik der angewandten Methoden bei. Es ist vorwiegend gesellschaftlich bestimmt und ist eines der wesentlichen Mittel um Grundlagenwissenschaften von angewandten zu unterscheiden. So kann zum Beispiel ein und dasselbe Objekt Gegenstand einer physikalischen, aber auch von einer oder mehreren technischen Wissenschaften sein. Weiterhin ist zu bemerken, dass das Ensemble der in einer Wissenschaft angewandten Methoden weit über den Bereich der ihr eigentümlichen Verfahren hinausgeht, und zwar um so mehr, je komplexer der Gegenstand ist. So verwendet der Biologe in weitem und noch steigendem Umfang physikalische, mathematische sowie kybernetische und informatische Methoden.

Die Methoden sind jedoch nicht nur eine Funktion des Gegenstandes einer Wissenschaft, sondern sie wirken auf den Gegenstand zurück und wandeln ihn. Darüberhinaus kann durch das Ziel (bzw. Zielfunktion), die Problemstellung verändert und differenziert werden. Somit bilden Gegenstand, Ziel und Methoden eine widersprüchliche (dialektische) Einheit, indem alle drei Bestandteile wechselseitig aufeinander bezogen sind (siehe Abbildung 4).

Abbildung 5: *Der Weg zum formalen Modell*

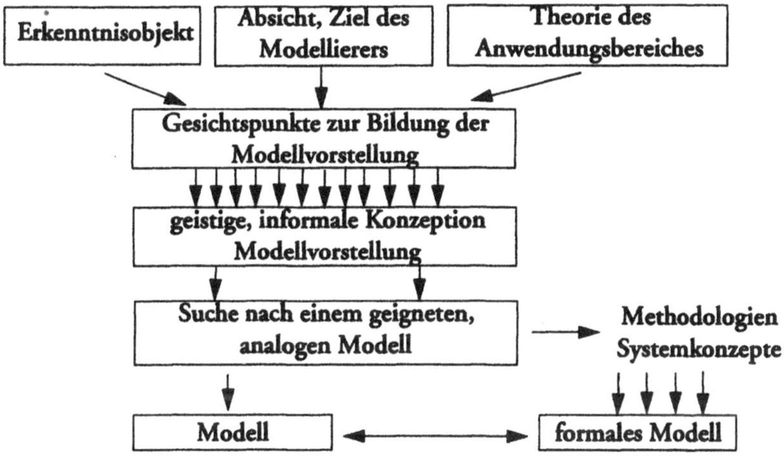

In der bisherigen Darstellungen wird der Begriff Gegenstand in doppeltem Sinne verwandt, einmal als umfassender Begriff „der Gegenstand der Wissenschaft", in dem die Methoden des Wissenschaftsgebietes, (wie auch die verwendeten wissenschaftlichen Geräte) mit eingeschlossen sind, zum anderen in einem engeren Sinne, wobei die Methoden bzw. wissenschaftlichen Geräte vom Objekt getrennt werden und sich somit ein Unterschied bzw. relativer Widerspruch zwischen Gegenstand und Methodik entfalten kann. Diese Sicht ermöglicht es, die besondere Rolle und die Dynamik der Methoden bzw. wissenschaftlichen Geräte besser zu beleuchten. Dabei ergibt sich, dass das Erkenntnisobjekt erst durch die Aktivität des Subjekts mit Hilfe der Anwendung von Methoden, d.h. der Durchführung einer konkreten Folge von Operationen als Mittel der Erkenntnis, konstituiert wird. Von den drei

Bestandteilen einer Wissenschaft sind zweifellos die Methoden die veränderlichste, sich am schnellsten bewegende Komponente, verglichen mit dem relativen Konservatismus des Gegenstandes. So ist zum Beispiel der Gegenstand der Blutforschung seit ihrer Konstituierung als Spezialdisziplin der Medizin vor über hundert Jahren – das Blut. Die Auffächerung des Gebiets in hochspezialisierte Disziplinen wie Serologie, Erythrozytenforschung, Kreislaufphysiologie usw. ist durch die methodische Entwicklung bestimmt. Somit kommt der Methode die revolutionierende Rolle in der Entwicklung der Wissenschaften zu. Sie stellt ein Mittel dar, welches bestimmte Tätigkeiten erst ermöglicht.

Wenn wir von der revolutionierenden Rolle der Methoden sprechen, so drückt sich darin auch aus, dass ein Erkenntnisobjekt erst durch das Erkenntnissubjekt konstituiert wird. Ein Erkenntnisobjekt ist ein Teilbereich der Realität, der mit bestimmten Zielen unter Anwendung materieller und geistiger Methoden und Techniken bearbeitet wird, die dem historischen Stand der Produktivkräfte und der Organisations- und Produktionsverhältnisse entsprechen. Somit ist die Anwendung der Methoden eine spezifische Form der aktiven Tätigkeit des Menschen.

In seiner berühmten ersten These über Feuerbach schrieb Karl Marx: "Der Hauptmangel allen bisherigen Materialismus – den feuerbachschen mit eingerechnet – ist, dass er den Gegenstand, die Wirklichkeit, Sinnlichkeit nur unter der Form des Objektes oder der Anschauung gefasst wird nicht aber als menschliche sinnliche Tätigkeit, nicht subjektiv. Daher geschah es, dass die tätige Seite, im Gegensatz zum Materialismus, vom Idealismus entwickelt wurde – aber nur abstrakt, da der Idealismus natürlich die wirkliche, sinnliche Tätigkeit als solche nicht kennt"[8]

Eine Überbetonung der entscheidenden Rolle der Methoden für die Erkenntnis kann eine Quelle für erkenntnistheoretische Verzerrungen werden. So wurde bekanntlich bei einer positivistischen Deutung der Erkenntnisse der Kopenhagener Schule der Quantenphysik das Gerät bzw. die angewandte Methodik vorwiegend als Störfaktor betrachtet. Selbstverständlich kann an der Tatsache der Störung des elementaren Erkenntnisobjektes der Physik durch den Mess-Eingriff bei der Beobachtung nicht gezweifelt werden. Die Kritik an der positivistischen Interpretation muss darin bestehen, dass die Erkenntnis allein in der passiven Beobachtung gegebener Objekte aufgefasst wird, und somit die Tätigkeit als Störfaktor der Erkenntnis erscheint. Vielmehr entsteht umfassende und fortschreitende Erkenntnis erst durch die Anwendung einer Vielzahl sich ergänzender Methoden, also gerade durch die Ergebnisse der die uns umgebenden Realität verändernden Tätigkeit.

8 Marx, K., Thesen über Feuerbach. – In: Marx-Engels-Werke, Band 3. Berlin: Dietz Verlag. S. 533.

1.3. *Einheit von Problem, Methode und Gerät*

Es sei hier noch auf die funktionelle Einheit von Problem und Methode sowie Gerät hingewiesen. In den experimentellen Wissenschaften ist häufig das Gerät (plus Software) als Vergegenständlichung einer Methode von entscheidender Bedeutung.[9]

Die Formulierung eines Problems schließt zu seiner Lösung die Bewertung der zur Verfügung stehenden personellen und gegenständlichen Möglichkeiten ein. Dabei tritt das Forschungspersonal als Träger methodischer Kenntnisse auf; unter den materiellen Möglichkeiten spielen die Geräte eine entscheidende Rolle. Es wird zu einem wichtigen Faktor für die Verbreitung einer Methode, inwieweit das für sie erforderliche Gerät als Massenprodukt der Geräteindustrie (und Softwareproduktion) zur Verfügung gestellt werden kann. Methode und Gerät sind vielfach multivalent einsetzbar und gewähren ihrem Urheber bzw. Erstproduzenten ein relatives Monopol in der Wissenschaftsentwicklung, das solange fortbesteht, bis es durch vielfache Nachentwicklung oder durch Massenproduktion aufgehoben wird. Für diese strategische Rolle von Methoden gibt es eine Vielzahl von Beispielen.

Die Auswahl der realisierbaren Methoden – verglichen mit der unendlichen Mannigfaltigkeit denkbarer Bearbeitungsmöglichkeiten – wird durch die Begrenztheit der verfügbaren Kräfte und Mittel bestimmt, die an einem Ort und zu einem gegebenen Zeitraum verfügbar sind.

Probleme werden, allgemein gesprochen, vom Erkenntnisbedürfnis der Gesellschaft abgeleitet, sei es ein unmittelbares gesellschaftliches Interesse, das an die Wissenschaft herangetragen wird, sei es eine Fragestellung, die aus der Entwicklung einer Wissenschaft selbst stammt. Zwischen Bedürfnis, Problem und Methode besteht eine wechselseitige Beziehung.[10] So führt ein Bedürfnis zu konkreten Zielen und zur Formulierung von Problemen, die wiederum die Anwendung vorhandener bzw. die Entwicklung neuer Methoden bedingt, während umgekehrt Methoden erst Bedürfnisse wecken und zu neuen Problemen führen können. Auch eine Problemstellung führt mit ihren Lösungen zu neuen Bedürfnissen, die wiederum Anforderungen stellen, vgl. Abbildung 4.

Wissenschaftliche Erkenntnis stellt entsprechende Begriffssysteme dar, geht doch jeder Denkprozess nur auf der Grundlage von Begriffen und ihren Verknüpfungen vor sich. Im Gegensatz zum allgemeinen Sprachgebrauch, dessen Ausdrücke Mehr-

9 Fuchs-Kittowski, K. / Lemgo, K. / Mühlenberg, E., Zur Unterscheidung von wissenschaftlichen Begriffen und zur Differenzierung von Informationen als eine theoretische Grundlage für den Einsatz der automatisierten Informationsverarbeitung im Forschungsprozess. – In: Problem und Methode in der Forschung. Hrsg. v. Heinrich Parthey. Berlin: Akademie Verlag 1978. S. 128 – 168.

10 Parthey, H., Das Problem und Merkmale seiner Formulierung in der Forschung. – In: Problem und Methode in der Forschung. Hrsg. v. Heinrich Parthey. Berlin: Akademie Verlag 1978. S. 11 – 36.

deutigkeiten und Unschärfen enthalten und nur einem langsamen Bedeutungswandel unterliegen, verhält es sich mit Begriffen der Wissenschaftssprache anders. Im Prozess der wissenschaftlichen Erkenntnis werden die Begriffe ständig überprüfte, präzisiert und modifiziert mit dem Ziel ihrer Adäquatheit und Eindeutigkeit. Bei diesem kontinuierlichen Prozess spielen Methoden eine entscheidende Rolle, sei es im Gewinnen neuer Informationen, sei es in ihrer Fähigkeit zu Diskriminationen oder durch die präzise Angabe von Gültigkeit und Grenzen der Aussage. Sie sind entscheidend für die Vergleichbarkeit wissenschaftlicher Daten. Eine große Zahl internationaler Standards, die durch Konventionen zustande kommen, ist an bestimmte Methoden geknüpft. Somit spielen Methoden notwendigerweise auch für das Begriffssystem der Wissenschaften eine Rolle. Die Anwendung von Methoden führt fortschreitend zur Systematisierung und Formalisierung der wissenschaftlichen Sprache und damit zu ihrer Anpassung an die Nutzung der automatisierten Datenverarbeitung (vgl. Abbildung 1 und Abbildung 6).

2. *Zu den Hauptmerkmalen des Modells und den Elementen des Prozesses der Modellierung*

2.1. *Charakteristische Merkmale eines Modells*

„Modell“ ist in den letzten Jahren in den Bio- und Humanwissenschaften und damit auch in der Medizin und in der Umweltforschung zu einem häufig verwendeten Begriff geworden, wobei der Begriffsinhalt einer schnellen Wandlung unterworfen ist. Eine Definition des Begriffes kann daher der Situation in der Medizin und anderen Wissenschaften kaum gerecht werden. Es sollen somit hier nur im Ansatz die Hauptmerkmale eines Modells dargestellt werden. Wir verstehen unter Modellierung eine Abbildung der Verhaltens bzw. der Struktur beliebiger Objekte der Wirklichkeit vermittels einer analogen Verhaltensweise bzw. Struktur und deren Untersuchung.

Das Modell gibt bestimmte Eigenschaften eines Teils der Wirklichkeit im Allgemeinen mit anderen Beschreibungsmitteln wieder. Es ist die materielle oder geistige Reproduktion von Systemen, Prozessen, Beziehungen, Funktionen usw.

Die Modellierung ist also eine Methode des vermittelten praktischen und theoretischen Operieren mit dem Objekt, bei der ein künstliches oder natürliches Hilfs- bzw. Quasiobjekt (Modell) zwischengeschaltet wird, das eine gewisse objektive Übereinstimmung (Analogie) mit dem Erkenntnisobjekt aufweist und dadurch in der Lage ist, einem Erkenntnissubjekt über eine bestimmte Zeit Informationen über das (modellierte) Objekt zu vermitteln.[11]

11 Fuchs-Kittowski, K., Probleme des Determinismus und der Kybernetik in der molekularen Biologie. Jena: Gustav Fischer Verlag 1968 und 2. erw. Aufl., Jena, 1976.

Hieraus ergeben sich die Hauptmerkmale eines Modells:
Das Merkmal:

1. der Abbildung,
2. der Ersetzung,
3. der Abstraktion,
4. der Erklärung,
5. der Vermittlung,
6. der Subjektbezogenheit und
7. der Steuerung/Entwurf.

Zu 1. Merkmal der Abbildung

Das Modell ist stets eine Abbildung und als solche eine Repräsentation eines natürlichen oder künstlichen Originals (das selbst wieder ein Modell sein kann). Es besteht eine gewisse Übereinstimmung (Analogie) zwischen Modell und modelliertem Objekt. Abbildung ist ein stets zutreffendes Merkmal, denn nichts, was nicht Abbildcharakter hat, wird Modell genannt. Sie sind stets Modelle von etwas.

Zu 2. Merkmal der Ersetzung

Das Modell ist in der Lage, als relativer Vertreter des zu untersuchenden Objekts zu fungieren. Es muss in der Lage sein, das Original in bestimmter Beziehung in verschiedenen Stufen des Erkenntnisprozesses zu ersetzen und dem Erkenntnissubjekt Informationen über das zu untersuchende Objekt zu vermitteln. Das Ziel ist, durch das Forschungsmodell beim Erkenntnissubjekt eine Vermehrung des Wissens über das Urbild zu erreichen. Die Abbilder sind ihren Urbilder (zu untersuchenden Objekten) nicht eindeutig zugeordnet. Die Modelle erfüllen ihre Ersetzungs- bzw. Repräsentationsfunktion immer nur für bestimmte Fragestellungen der Subjekte und unter eingeschränkten bestimmten gedanklichen oder realen Operationen in bestimmten Zeiträumen.

Zu 3. Merkmal der Abstraktion

Das Modell befindet sich in einer gewissen Übereinstimmung mit dem Original. Es erfasst jedoch nicht alle Eigenschaften des von ihm repräsentierten Originalsystems, sondern nur die, die vom Modellgestalter hinsichtlich der Ziele der Modellierung als relevant erscheinenden.

Zu 4. Merkmal der Erklärung

Das Modell ist ein Hilfsmittel zum Erkennen der Wirklichkeit. Modelle werden einmal verwendet als Denkschemata, auf die die zu erklärende Erscheinung zurückgeführt werden soll und zum anderen als Hilfsmittel zum Erkennen neuer Realisierungsmöglichkeiten. Die erkenntnistheoretische Hauptfunktion besteht also darin als Hilfsmittel bei der Erklärung von Erscheinungen zu dienen, einmal als Konkretisierung einer gegebenen Theorie (vgl. V. A. Stoff[12]) zum anderen u. E. jedoch vor allem auch zur Erklärung solcher Erscheinungen, für die noch keine folgerichtige Theorie aufgebaut ist. Das Modell ist im letztgenannten Fall zu verstehen als eine Stufe zur (Hypothese und) Theorie.

Zu 5. Merkmal der Vermittlung

Das Modell kann verstanden werden als Vermittlung zwischen Experiment und Theorie, als Bindeglied zwischen empirischen und theoretischen Erkenntnissen. Das Modell hat weiterhin eine Funktion der Vermittlung, die nicht nur das Verhältnis von Modell und Objekt betrifft, sondern auch das Verhältnis des Subjekts zum Modell und zum Objekt.

Zu 6. Merkmal der Subjektbezogenheit

Das Modell erfüllt seine Abbild-, Ersetzungs-, Abstraktions- und Erklärungsfrunktion immer nur für bestimmte Subjekte, die die Ziele der Modellierung bestimmen und unter eingeschränkten gedanklichen und tatsächlichen Operationen in einer bestimmten Zeit tätig sind. Modelle sind also immer abstrahierende Abbildungen, für jemanden, mit einem bestimmten Zweck.[13]

Das Ziel der Modellierung bestimmt die grundlegenden Annahmen und Einschränkungen.

Zu 7. Merkmal der Steuerung und Gestaltung

Modelle sind nicht nur Mittel der Erkenntnis sondern in zunehmendem Masse auch Mittel der Beherrschung, der Steuerung und Gestaltung der Realität.

Auf der Grundlage der Erkenntnisse über die primären biochemischen Gegebenheiten und Verfeinerung unserer theoretischen Vorstellungen lassen sich Steuermodelle schaffen zur Beherrschung dieser Prozesse für die Produktion.

Die Modellierung ist heute zu einem wesentlichen Bestandteil der Erkenntnis sozialökonomischer sowie ökologischer Zusammenhänge aber in wachsendem Maße auch zu einem Instrument der Steuerung hochkomplizierter Systeme geworden.[14]

12 Stoff, V. A., Modellierung und Philosophie. Berlin: Akademie-Verlag 1969.

13 Steinmüller, W., Eine sozialwissenschaftliche Konzeption der Informationswissenschaft (Informationstechnologie und Informationsrecht) – In: Nachrichten für Dokumentation. 32(1981)2; Steinmüller, W., Informationstechnologie und Gesellschaft – Einführung in die Angewandte Informatik. Darmstadt: Wissenschaftliche Buchgesellschaft 1993.

14 System Analysis and Simulation. Hrsg. v. Achim Sydow. Berlin: Akademie-Verlag 1980; Bertalanffy, L. v., Das Modell des offenen Systems. – In: Nova Acta Leopoldina, Biologische Modelle (Leipzig). Band 33 (1968); Fuchs-Kittowski, K. / Gudermuth, P. : Grundfragen der Informatik in Medizin und Biologie. – In: Probleme der Informatik in Medizin und Biologie III. Wissenschaftliches Kolloquium zur Organisation der Informationsverarbeitung. Hrsg. v. Klaus Fuchs-Kittowski, Peter Gudermuth, J. Adam u. Ernst Mühlenberg. Berlin. Akademie-Verlag 1982. S. 21 – 40; Parthey, H. / Schlottmann, D., Problemtypen in den Technikwissenschaften. – In: Erkenntnismethoden in den Technikwissenschaften. Hrsg. v. Gerhard Banse u. Helge Wendt. Berlin: Verlag Technik 1986. S. 44 – 53.

Sie stützen die Gestaltung bzw. Umgestaltung unsere Umwelt entsprechend unseren Bedürfnissen, indem durch Modellexperimente möglichst geeignete Gestaltungsmöglichkeiten herausgefunden werden. Das Modell, im Sinne eines Systemmodells, so z. B die Gestaltung eines betrieblichen Informationssystems und die Entwicklung der entsprechenden Software, dient dem Entwurf, der Konstruktion von Realität.[15]

2.2. *Zu den Elementen des Modellierungsprozesses: Theorie, Daten und Methodologie der Modellierung*

Mit der Methode der Modellierung entfernen wir uns nicht von der Wirklichkeit, sondern das Modell ist ein Mittel zur Annäherung an sie, ein Mittel zum tieferen Verständnis und zur besseren Beherrschung der Wirklichkeit bzw. zu einer besseren Bewältigung der Probleme. Wie hervorgehoben wurde, zielt die Konstruktion des Modells nicht darauf ab, unsere vollständige Kenntnis des Phänomens nachzuahmen. Bei der Schaffung eines Modells werden mit einer bestimmten Absicht des Modellierers verschiedenen Aspekte bzw. Elemente zusammengeführt, die in ihrer Wechselwirkung bestimmen, wie das Modell gebildet wird:

1. Das Ziel des Modellierers
2. Die relevanten Theorien des Objektbereiches,
3. Die konkreten Daten aus Beobachtungen und Experimenten und
4. Die speziellen Methodologien der Modellierung (vgl. Abbildung 1 und 6)

Ziel, Theorie, Daten und Methodologie der Modellbildung sind nicht unabhängig voneinander. Eine bestimmte Theorie bedarf weniger Daten als eine andere. Ein Mangel an Daten schließt die Nutzung einer bestimmten Methodologie der Modellbildung aus und gibt einer weniger Datenabhängigen den Vorrang. Eine bestimmte Methodologie steht in engem Zusammenhang mit einer Theorie, eine andere erschwert gerade deren Darstellung. Der Formalismus einer theoretischen Modellbildung bedingt die Anwendung mathematischer Methoden, die wiederum meist den Einsatz der Rechentechnik erfordern. Das mathematische Modell gewinnt aber erst dann heuristischen Wert, wenn es auf experimentellen Daten fußt und deren Überprüfung, Integration und theoretischen Fundierung dient.

Zwischen formaler bzw. mathematischer Modellierung und experimenteller Forschung gibt es daher, entgegen der oftmals geäußerten Meinung, keinen Konflikt, denn ein formales Modell kann ohne ein solches Fundament an konkreten Daten nicht gebildet werden.

Die Daten aus Beobachtung und Experiment stellen das erforderliche Kettenglied zwischen formalem Modell und dem Erkenntnisobjekt her. Die Ergebnisse der Mo-

15 Software Development and Reality Construction. Ed. by Christiane Floyd, Heinz Züllighoven, Reinhard Budde, and Reinhard Keil-Slawik. Berlin-Heidelberg-New York: Springer-Verlag 1992.

dellierung müssen mit Beobachtungen bzw. experimentellen Daten über vergangenes Verhalten der konkreten Systeme verglichen werden. Beide Methoden können nicht getrennt voneinander gesehen werden, sondern stellen ein miteinander verflochtenes Methodensystem dar. Einerseits lässt sich das Zusammenspiel zum Beispiel der zellulären Regulationsprozesse durch experimentelle Arbeit allein nicht aufklären, denn das induktive Vermögen einer kleinen Forschergruppe wird allein schon durch die Anzahl und die Komplexität der Ergebnisse überfordert. Andererseits neigen mathematische Modelle zellphysiologischer molekularbiologischer Objekte zur formalen Abstraktion, solange sie nicht mit experimentellen Daten vermittelt sind. Erst in der Vermittlung sind leere Begrifflichkeit des abstrakten Modells und blinde Anschaulichkeit der rohen experimentellen Daten aufgehoben. Allein diese Verschränkung rechtfertigt den Dualismus von Experimentieren und Modellieren.[16]

Dieser Dualismus bzw. die Verschränktheit besteht auch in den Phasen. Dem Entwurf des Experiments entspricht die Formulierung des Modells, der Durchführung des Experiments die Simulation des Modellverhaltens, der Verdichtung der Rohen Daten die Zusammenfassung der Simulationsergebnisse. Diese Teilschritte erhalten ihren Sinn. Dies geschieht durch die Parametrisierung des Modells mit Hilfe der gemessenen Daten. Das Modell wird damit konkret, die Daten erhalten theoretisches Niveau. Also ist die Parametrisierung das Kernstück der theoretischen und praktischen Arbeit, Ausdruck der Einheit von Empirischen und Theoretischem in der wissenschaftlichen Erkenntnis.[17]

3. *Modelle in der biowissenschaftlichen Forschung*

Der Einsatz moderner Informations- und Kommunikationstechnologien in den Biowissenschaften vollzieht sich insbesondere in drei Grundrichtungen. Einmal geht es um die Rationalisierung und Intensivierung des wissenschaftlichen Arbeitsprozesses durch den Einsatz moderner Informationstechnik bei instrumentell-analytischen Mess- und Analysemethoden zum anderen geht es um ihren Einsatz bei der theoretischen Durchdringung lebender Systeme mit Hilfe formaler (mathematischer) Modelle. Es geht darüber hinaus um eine verbesserte Gewinnung, Verteilung und Nutzung wissenschaftlicher Ergebnisse.

Speziell mathematische Modelle dienen der biowissenschaftlichen Forschung in wachsendem Masse dazu, die hochkomplexen lebenden Systeme und Prozesse theoretisch zu erfassen und praktisch zu beherrschen bzw. zu steuern. Dies gilt insbesondere für das Verständnis des Stoffwechsels, als ein Grundmerkmal lebender Systeme. Es ist ein organisiertes und sich organisierendes und damit dynamisches, gesteuertes

16 Fuchs-Kittowski, K. / Reich, J., Zur Darstellung von Regulationsprozessen des Zellstoffwechsels auf elektronischen Rechenautomaten. – In: Rechentechnik. Datenverarbeitung: Die elektronische Datenverarbeitung im Hochschulwesen, Vorträge der wissenschaftlichen Konferenz der DDR (Berlin). 7(1970) Beiheft 1/2, S. 53 – 58.

17 ebenda

Abbildung 6: *Das Modell als Bindeglied zwischen Experiment und Theorie*

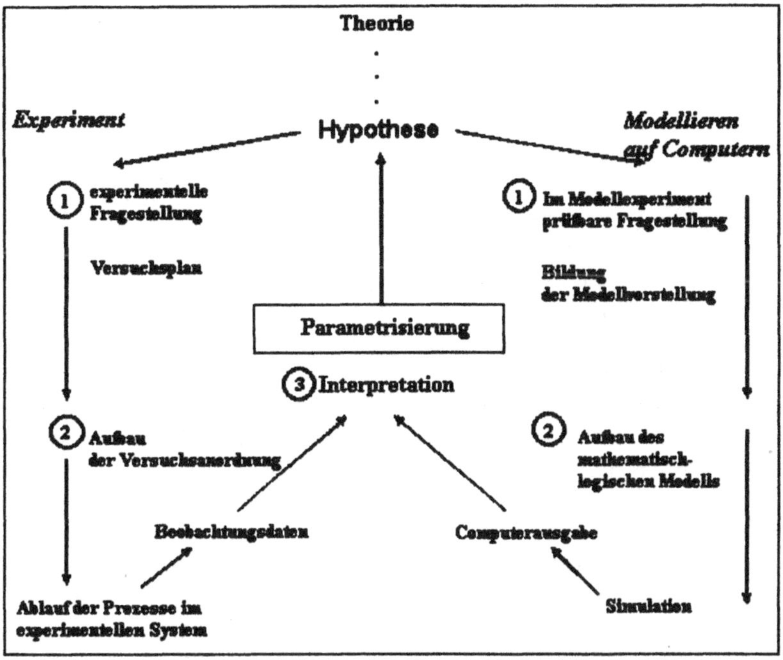

und autoregulatives Geschehen. Zu seiner Untersuchung ist ein umfangreiches System analytisch-synthetischer Methoden dringend erforderlich, als dessen Kern die Modellmethode[18] angesehen werden kann.

Im Modell werden experimentelle Daten und theoretische Vorstellungen vereint, wodurch es zum Bindeglied zwischen Experiment und Theorie wird. Es geht letztlich um die Gewinnung einer theoretischen Konzeption, die es gestattet, auf der Grundlage der gewonnen Erkenntnisse über die isolierten Teile, Aussagen über komplexe und hochkomplexe Phänomene und ihre Grundlagen (Systemgesetze) zu machen. Eine solche Konzeption bzw. methodologische Herangehensweise muss ermöglichen, noch über kybernetisch Modellansätze hinausgehend, aus einer über Analyse und Synthese gewonnen ganzheitlichen Sicht, zu einer Theorie der Biologie beizutragen, die auch dem Phänomen der Informationserzeugung, der schöpferischen Selektion entsprechend Rechnung tragen kann.[19]

Grundlegende Begriffe, wie System und Modell, die allgemeinen kybernetischen Denkmodelle wie die des Regelkreises, des Signalübertragungskanals sowie des pro-

18 Hess, B., Chance. – In: Naturwissenschaften. 46(1995), S. 395.

grammgesteuerten Rechenautomaten, haben schon lange in der biowissenschaftlichen Forschung Eingang gefunden.

Dies führte zur Herausbildung der Biokybernetik und wie Francois Jakob verdeutlichte, war es gerade das Denkmodell des Automaten, das den Anfängen der Molekularbiologie – der Revolution in der modernen Biologie – zugrunde lag.

Francois Jakob schreibt: „Die moderne Biologie will die Eigenschaften des Organismus aus der Struktur der ihn aufbauenden Moleküle erklären. In diesem Sinne entspricht sie einem neuen Zeitalter des Mechanizismus. Das Programm ist ein den elektronischen Rechenmaschinen entlehntes Modell. In der Wirklichkeit unterscheiden sich beide Arten von Programmen in vielerlei Hinsicht."[20]

Diese Entwicklung führte zur Annäherung zuvor offensichtlich getrennter Wissenschaftsdisziplinen in den Biowissenschaften, die unter anderen zunehmend von Mathematik, Kybernetik und durch die Informationstechnik beeinflusst werden. Diese Entwicklung ist Ausdruck des generellen Trends zur Integration und Differenzierung in der Wissenschaftsentwicklung in der dem Modellbegriff und der Modellmethode eine wachsende Bedeutung zukommt, denn das Modell bzw. das Modellsystem ist als das erkenntnistheoretische Korrelat komplexer Systeme anzusehen, deren wissenschaftliche Untersuchung gerade gegenwärtig im Brennpunkt der wissenschaftlichen Forschung steht.

Noch grundlegender als das Systemkonzept ist für das Verständnis lebender Systeme das Konzept der Materie, der Energie und insbesondere der Information, letzteres differenziert entsprechend unterschiedlichen Ebenen der Organisation lebender Systeme. Lebende Systeme bestehen aus durch Information organisierten Stoff und Energie.[21]

Information und Organisation sind also sich wechselseitig bedingende Begriffe. Organisation ist das Wirksamwerden der Information und Information wird nur in Organisationen erzeugt und genutzt. Diese Prozesse der Informationserzeugung, -erhaltung und -nutzung sind zentral für eine Theorie der Biologie.[22]

In diesem Sinne wurde von uns definiert:

Die Qualität des Lebens liegt in der spezifischen Ordnung und Organisation des physikalisch-chemischen Geschehens durch Steuerung (DNS-RNS-Protein) und enzymatischer Regulation des Stoff- und Energiewechsels, in der Verbundenheit von Steuerung und Regulation mit der molekularen Struktur der Zelle und der Erhal-

19 Fuchs-Kittowski, K., Kybernetik, Informatik und Philosophie – Zum philosophischen Denken von Georg Klaus: Im Spannungsfeld zwischen formalem Modell und nicht formaler Wirklichkeit. – In : Kybernetik und Interdisziplinarität in den Wissenschaften – Georg Klaus zum 90. Geburtstag. Hrsg. v. Klaus Fuchs-Kittowski u. Siegfried Piotrowski. Berlin: trafo verlag 2003.

20 Jacob, F., Die Logik des Lebenden. Von der Urzeugung zum genetischen Code. Frankfurt am Main: S. Fischer Verlag 1972.

21 Elsasser, W. M., Elements of Theoretical Biology, printed as Manuscrip. John Hopkins University 1986.

tung der Struktur durch Steuerung und Regulation, in der durch diese besondere Verbindung von Struktur und Funktion gegebenen Möglichkeit der Entstehung von Information in Phylo- und Ontogenese."[23] Charakteristische Merkmale sind also:

1. Ordnung und Organisation des physikalisch-chemischen Geschehens durch Steuerung und Regelung, d.h. durch Information organisiert.
2. Verbundenheit der Steuerung und Regulation mit der molekularen Struktur der Zelle.
3. Erhaltung dieser Struktur durch Steuerung und Regulation.
4. Prozesse der Entstehung und Bereicherung der Information bzw. der kontextabhängigen Interpretation ihrer Syntaxstrukturen. (Prozesse der Abbildung, Bedeutung und Bewertung auf verschiedenen Ebenen der Organisation lebender Systeme).

Die Untersuchung dieser Momente des Lebensgeschehens wird uns ein gutes Stück weiter auf dem Weg der Aufklärung des Wesens lebender Systeme führen.

Die Aufgabe des Experimentators, gezielt in die hochkomplexe Organisation lebender Systeme einzugreifen, um bestimmte Verhaltensweisen zu erreichen, bedingt zunächst die Analyse biologischer Objekte in den Vordergrund der biologischen Forschung zu stellen. Hierbei sind viele Phänomene einer direkten Messung nicht zugänglich oder sie verbieten sich aus ethischen gründen. Auch sind allein streng determinierte Experimente an lebenden Objekten als biologischem Modell nicht möglich, da bei der Untersuchung nur ein Teil aller inneren und äußeren Einwirkungen verringert und kontrolliert werden können. Hieraus resultiert die große Schwankungsbreite bei Versuchsergebnissen

Ein komplizierendes Moment ist jedoch besonders auch die biologische Variabilität bzw. die enorme Heterogenität als Eigentümlichkeit lebender Organismen. Diese individuelle Variabilität im Unterschied zur weitgehenden Homogenität auf der Ebene der physikalisch-chemischen Prozesse, ist von großem Einfluss bei der Untersuchung medizinischer Sachverhalte. Die starke Individualität bzw. biologische Streuung in einem Kollektiv (die Heterogenität der Klasse) zwingt zur statistischen Behandlung zum Beispiel von Dosis-Wirkungsbeziehungen in der Pharmakologie und zwar in Bezug auf die Wirkungsintensität und Wirkungshäufigkeit.

Wie jedoch die Erfahrung zeigt, darf die Individualität auch nicht mystifiziert werden, so dass zum Beispiel der Arzt einem Patienten nur eine Arznei in höchst in-

22 Fuchs-Kittowski, K., Systems and Form, Contend and Effects of Information. – In: System Design for Human Development and Productivity: Participation and beyond. Hrsg. v. Klaus Fuchs-Kittowski u. D. Gertenbach. Berlin: Akademie der Wissenschaften der DDR 1987; Fuchs-Kittowski, K. / Rosenthal, H. A., Selbstorganisation, Information und Evolution – Zur Kreativität der belebten Natur. – In: Information und Selbstorganisation – Annäherung an eine vereinheitlichte Theorie der Information. Hrsg. v. N. Fenzl, Wolfgang Hofkirchner u. G. Stockinger. Innsbruck-Wien: Studien Verlag 1998.

23 Fuchs-Kittowski, K., Probleme des Determinismus und der Kybernetik in der molekularen Biologie. A. a. O., S. 61.

dividueller Dosierung geben dürfte (wie von der Homöopathie in Verabsolutierung der Individualisierung gefordert wird). Biochemie und Genetik haben zu einem vertieften Verständnis der dialektischen Einheit von Beziehungen zwischen Individuum und Gruppe geführt. Jeder lebende Organismus, jeder Mensch stellt eine spezifische Kombination von Faktoren dar, die seine Individualität ausmachen. Zugleich gehört er in jeder einzelnen Eigenschaft einer Gruppe an. Dies ergibt sich aus seiner genetischen Formel und aus der Gleichheit seines Stoffwechsels.[24] Mit der Entschlüsselung des Humangenoms wird es möglich, künftig Medikamente herzustellen, die der Individualität des Menschen in stärkerem Masse Rechnung tragen. Damit wird die Massenproduktion von Medikamenten eingeschränkt werden.[25]

Zu Beginn des 3. Jahrtausend stehen die Biowissenschaften in einer wichtigen Etappe ihrer Entwicklung. Es wächst immer mehr die Einsicht, dass ein tieferes Verständnis der Lebensprozesse nur gewonnen werden kann, wenn man die Organisation lebender Systeme und die damit verbundenen Informationsprozesse besser kennen lernt.

Daraus leitet sich verstärkt das Bedürfnis nach theoretischer Verallgemeinerung und formaler Modellierung sowie darauf aufbauend ein verstärktes Bemühen um ein ganzheitliches Verständnis der lebendigen Organisation ab.

Als Ursache für eine bisher noch ungenügende Verbreitung der Methode der formalen Modellierung in der Biologie und in den bio-medizinischen Wissenschaften nannte A. A. Ljapunow schon vor einigen Jahren „die fehlerhafte philosophische Position", die darauf hinausläuft, dass sich gerade die Lebewesen in Folge ihrer Spezifik mit exakten Modellen nicht erforschen ließen. Eine solche Position hat deutlich vitalistischen Charakter, auch wenn sie nicht selten auch als Position des dialektischen Materialismus ausgegeben wird.[26]

Die häufig geäußerte Meinung, die hohe Komplexität biologischer Systeme mache sie für eine formale bzw. mathematische Beschreibung unzugänglich ist unrichtig. Man wird gerade zum entgegengesetzten Schluss gezwungen, dass die komplexen lebenden Systeme ohne die Mittel der formalen Modellierung, der mathematisch-logischen und anderen sprachlichen Beschreibungen, gar nicht gründlich genug untersucht werden können. Darauf machte unter anderem auch schon Georg Klaus aufmerksam.[27]

24 Rapoport, S. M., Biologische Komponenten menschlicher Bedürfnisse und die zukünftige Entwicklung der Biologie. – In: Molekularbiologie, Medizin, Philosophie, Wissenschaftsentwicklung – Essays. Hrsg. v. Samuel Mitja Rapoport, Sinaida Rosenthal, Hans A. Rosenthal u. Klaus Fuchs-Kittowski. Berlin: Akademie Verlag 1978. S. 116 – 132.

25 Fuchs-Kittowski, K. / Rosenthal, H. A. / Rosenthal, A., a. a. O., S. 149 – 162.

26 Ljapunow, A. A., Zur mathematischen Behandlung von Lebenserscheinungen. – In: Mathematische Modellierung von Lebensprozessen. Hrsg. v. H. Mathies u. F. Pliquell. Berlin: Akademie Verlag 1972.

27 Klaus, G., Kybernetik in philosophischer Sicht (3. überarbeitete Auflage). Berlin: Dietz Verlag 1997.

Das bedeutet natürlich nicht, dass die Untersuchung der hochkomplexen Lebensvorgänge durch einfache Anwendung eines fertigen mathematischen Apparates vor sich gehen könnte. Zur Erfassung des Wesens biologischer Erscheinungen kommt es zur Herausbildung einer neuen, dem Untersuchungsgegenstand adäquater mathematischer Sprache, und das formale Modell muss im Rahmen der Theorie des Objektbereiches eine entsprechende Interpretation finden. Mit dieser Formalisierung des Wissens, dem Eindringen exakter Methoden in die Biologie, wie auch in die Psychologie und Soziologie, vermittels der Methode der formalen speziell der symbolischen Modellierung, durch verbale, mathematische und Computermodelle, tritt eine spezielle Dialektik des Erkenntnisprozesses hervor: die Einheit und der Widerspruch von expliziten menschlichen, formalen und intuitiven, nicht formalisierbaren Methoden des Erkenntnisprozesses.[28]

Infolge der zunehmend komplizierten mathematischen Apparate bei der Modellierung biologischer Systeme und Prozesse, bei der medizinischen Diagnostik u.a. (vgl. zum Beispiel Rudolf Seising[29]) erhöhen sich die Anforderungen an die Leistungsfähigkeit der modernen Informations- und Kommunikationstechnologien, an die dezentrale Rechentechnik wie natürlich auch an die Großrechner, an die lokale und globale Vernetzung. Es erhöhen sich aber auch die Anforderungen an eine Theorie der Biologie.

Gerade im Zusammenhang mit den symbolischen Modellen, dem Typ der computerunterstützten Modellierung, die auf der Grundlage moderner dezentraler und vernetzter Informationstechnologien auf die Arbeit im Dialog ausgerichtet ist, verändert sich wesentlich das Verhältnis von Formalisiertem und Nichtformalisiertem. Wichtig ist und bleibt die Vervollkommnung der mathematischen Form des Modells, doch sollte man nicht auf eine absolute, vollständige Formalisierung der komplexen Prozesse orientieren, denn es bleibt immer ein Spannungsfeld zwischen formalem Modelle und dem realen Lebensprozess. Mathematische Modelle sind unentbehrliche Erkenntnis- Steuer- und Gestaltungsmittel in vielen Bereichen des gesellschaftlichen Lebens, in wachsendem Masse auch in der ärztlichen Praxis.

28 Dreyfus, H. / Dreyfus, St., Künstliche Intelligenz – Von den Grenzen der Denkmaschine und dem Wert der Intuition. Hamburg: Rowohlt Verlag 1987; Fuchs-Kittowski, K., System Design, Design of Work and of Organization – the Paradoxon of Safety and the Necessity for a new Culture in Information System Design and in Software Development as well as for succeeding the Orgware Concept. – In: Proceedings of the International IFIP-HUB-Conference on Information System, Work and Organization Design. Hrsg. v. Christian Hartmann, Ernst Mühlenberg u. Klaus Fuchs-Kittowski. Berlin. Humboldt Universität 1989; Information System, Work and Organization Design. Ed. by P. van den Besselaar, A. Clement and P. Järvinen. Amsterdam: North Holland 1989.

29 Seising, R., Die Fuzzifizierung der Systeme – Die Entstehung der Fuzzy Set Theorie und ihre ersten Anwendungen – Ihre Entwicklung bis in die 70er Jahre des 20. Jahrhunderts. Stuttgart: Franz Steiner Verlag 2005.

4. *Modellierung sozialer Systeme und Prozesse im Gesundheitswesen*

Systemforschung und Modellierung kann mit ihren Mitteln und Methoden in spezifischer Weise die Umsetzung naturwissenschaftlicher, human- und gesellschaftswissenschaftlicher Erkenntnisse in Strategien, die den Zielen einer am konkreten Humanismus orientierten Gesellschaftsgestaltung entsprechen, fördern. Die Modellmethode zur Unterstützung der Entscheidungsvorbereitung gewinnt mit der weiteren Entfaltung der sozialen Prozesse zum Wohle der Menschen auch im Gesundheitsschutz der Bevölkerung objektiv an Bedeutung.[30]

Der Übergang zur *intensiv erweiterten Reproduktion*, die damit verbundene Orientierung auf die Erschließung innerer Quellen des Wachstums der Leistungsfähigkeit der gesellschaftlichen Bereiche, stellte an die Organisation des Gesundheitswesens der Bevölkerung in der DDR höhere Anforderungen. Dem wurde, auch der internationalen Entwicklung folgend, unter anderen durch die Entwicklung eines Gesundheitsinformationssystems Rechnung getragen.[31]

International entwickelte sich die Gesundheitssystemforschung (vgl. IIASA-Konferenzen on Systems Aspects of Health Planning[32] and on Systems Modeling in Health Care[33] und die International Conferences on System Science in Health Care des Instituts für Medizinische Informatik und Systemforschung[34]). Hierbei geht es um die Anerkennung einer Forschung, bei der das Gesundheitswesen selbst Objekt der Forschung und nicht nur Anwendungspraxis aller anderen Forschungsbemühungen darstellt.[35] Dies verlangt nach Methoden zur vertieften Erforschung und verstärkter prognostischer Aussagekraft. Von der Anwendung der Modellmethode kann hier eine entsprechende Unterstützung erwartet werden bei:

- der inhaltlichen Präzisierung der Grundrichtung der Gesundheitspolitik des jeweiligen Landes,

30 Hager, Th., Systemanalytische Methoden und Instrumentarien zur Bewältigung komplexer Entscheidungssituationen in der Wissenschaftsorganisation und bei der Organisation des Gesundheitswesens. Dissertation, Berlin: Humboldt-Universität 1986.

31 Ewert, G., Entwicklungsschritte zu einem nationalen Gesundheitsinformationssystem. Interessengemeinschaft Medizin und Gesellschaft. Berlin 1997.

32 System Aspects of Health Planning, Proceedings of the IIASA Conference, Austria, August 20-22, 1974. Ed. by Norman Bailey and Mark Thompson. Amsterdam-Oxford-New York: North-Holland Publishing Company 1975.

33 Health System Modeling and Information System For The Coordination of Research in Oncology, Proceedings of the IIASA Biomedical Conference, December 8-12, 1975, Ed by D. D. Venedictov. Laxenburg, Austria 1977; System Modeling in Health Care – Proceedings of an IIASA Conference November 22-24. 1977. Ed. by E. N. Schigan. Luxenburg, Austria 1978.

34 Health System Research, Third International Conference on System Science in Health Care, Ed. By Wilhelm van Eimeren, Rolf Engebrecht and Charles D. Flagle. Berlin-Heidelberg-New York-Tokyo: Springer-Verlag 1984.

35 Ewert G., Institut für Sozialhygiene und Organisation des Gesundheitswesen « Maxim Zetkin » (ISOG), Medizin und Gesellschaft. Heft 32, Berlin, 2001

- der Klärung der Art und Weise sowie Rangfolge der Befriedigung der Bedürfnisse der Bürger nach medizinischer Betreuung und
- der Begründung möglicher Organisationsformen im Gesundheitswesen, die einen hohen Wirkungsgrad der lebendigen und vergegenständlichten Arbeit sichern helfen.

Eine Systemforschung im Gesundheitsschutz hat sich im Rahmen Sozialhygiene und ihren Teildisziplinen speziell auf die Entwicklung und Anwendung von geeigneten Methoden zu orientieren, speziell auf Modellmethoden, da sie, wie gezeigt, die Integration des Wissens der verschiedenen Teildisziplinen begünstigen. Denn wie schon herausgearbeitet wurde, ist es die primäre methodische Funktion des Modells, eine solche Integration von Erkenntnissen verschiedener Teildisziplinen zu ermöglichen.[36]

Zu den wesentlichen qualitativen Faktoren der Entwicklung gehört die Qualifizierung von Leitungs- und Organisationsentscheidungen. Das Auffinden derjenigen Organisationslösungen, die es gestatten, die gesellschaftlichen Zielstellungen mit hoher Effektivität zu realisieren, kann unter den Bedingungen wachsender Komplexität und Dynamik der gesellschaftlichen Prozesse nicht nur aus historischen Erfahrungen oder Meinungen einzelner Leiter abgeleitet werden. Auch sind Einzelmethoden für die Entscheidungsvorbereitung nicht ausreichend, vielmehr bedarf es des kombinierten Einsatzes.[37]

Es ist wohl die wichtigste Aufgabe unserer wissenschaftlichen Naturerkenntnis, dass sie uns in die Lage versetzt, zukünftige Ereignisse vorauszusehen und nach dieser Voraussicht unser weiteres Handeln richten zu können. Modelle physikalischer, chemischer und auch biologischer Natur aber vor allem auch Modelle mathematischer Struktur ermöglichen uns in kurzer Zeit, die Folgen abzuschätzen, die in der äußeren Wirklichkeit erst nach längerer Zeit oder im Ergebnis unseres eigenen Eingreifens auftreten werden. Auf der Grundlage der Modellnutzung vermögen wir dagegen den Ereignissen vorauszueilen und können nach der gewonnen Einsicht unsere Entscheidungen treffen. Eine solche Einsicht ist für die klinische Praxis zum Beispiel von Hans Röding in seinem Buch „Prognose chirurgischer Erkrankungen und Beschädigungen“[38] demonstriert worden. Formal betrachtet werden vier Grundtypen von Prognosemodellen in ihrer Anwendung diskutiert:

36 Fuchs-Kittowski, K. / Hager, Th. / Dahme, Ch., Zum Gegenstand der Medizin aus wissenschaftstheoretischer Sicht. – In: Gesellschaftliche Anforderungen und disziplinäres Objektverständnis, DDR Medizin Report (Berlin). 6(1983).

37 Dahme, Ch. / Hager, Th., International and Operational Aspects of the Decision Behavior and their Modeling. Some Theoretical and Methodological Aspects Concerning the Building up of Computer Aided Working Places for the Analysis and Mastering of Decision Situations. – In: System Design for Human Development and Productivity – Participation and beyond. Ed. by P. Docherty, Klaus Fuchs-Kittowski, P. Kolm and L. Mathiassen. Amsterdam: North Holland 1987.

38 Röding, H., Prognosen chirurgischer Erkrankungen und Schädigungen. Leipzig: Johann Ambrosius Barth 1985.

alternative	Modell 1	alternative
Einwirkung	Modell 2	Auswirkungen
qualifizierbare	Modell 3	quantifizierbare
Einwirkungen	Modell 4	Auswirkungen

Damit geht diese Monographie einerseits über eine bloße Darstellung möglicher Behandlungs- bzw. Phathogenesephänomene durch Angabe der Ausgangs- (L1) und Endzustände (L2) weit hinaus. Es können damit beispielsweise Konfidenzintervalle der Prognosewahrscheinlichkeit in Abhängigkeit vom Umfang des Beobachtungsgutes angegeben werden, die aus der begründeten Anwendung der Wahrscheinlichkeitsmodelle abgeleitet sind.

Zum anderen reduziert diese Darstellung das gesammelte Wissen auf die systematische Entwicklung der Ursache-Folge-Zusammenhänge in der Form wahrscheinlichkeitstheoretisch begründeter, phänomenologischer Input-Output-Modelle. Eine derart systematisierte Darstellung der Zusammenhänge ist für verschiedene Zwecke von den Fachleuten des betreffenden Wissenschaftsbereichs und darüber hinaus nutzbar. So kann diese Darstellung zum Beispiel für eine präzise Beschreibung von (chirurgischen) Leistungen genutzt und in einer wissenschaftlich fundierten Planung des Gesundheitswesens angewendet werden. Speziell für die Chirurgie ermöglicht erst eine solche Darstellung die Modellierung genauerer und allgemeingültiger Aufwands-Ergebnis-Zusammenhänge und davon ausgehend fundierte Invest- und Entwicklungsplanungen. So bereiten derartige Modelldarstellungen den Boden für einen interdisziplinären Systemforschungs- und Gestaltungsansatz. Ein interdisziplinärer Systemforschungsansatz war ebenfalls die Grundlage für die Durchführung komplexer Wissenschaftsprognosen.[39]

5. *Softwareentwicklung und informatische Modellierung*

Die Softwareentwicklung kann von verschiedenen Sichtweisen aus betrachtet werden. Das mit der Modellmethode verbundene neue Selbstverständnis der Wissenschaft hat auch besonderes Gewicht für die weitere Entwicklung der theoretischen und methodologischen Grundlagen der Softwareentwicklung. Es wird deutlich, dass Software ein doppel (wenn nicht sogar dreifach) Charakter besitzt. Sie kann als Modell eines Gegenstandes und als informationelles Arbeitsmittel, als vergegenständlichte Methode, verstanden werden. Sie ist im wachsenden Maße auch Medium und damit ein Mittel zur Kommunikation.

39 Fuchs-Kittowski, K. / Rosenthal, S. / Schlutow, G., Methods to Select Problems in Medicine. Bailey – In: System Aspects of Health Planning, Proceedings of the IIASA Conference, Austria, August 20-22, 1974. Ed by T. J. Norman and Mark Thompson. Amsterdam-Oxford-New York: North-Holland Publishing Company 1975.

Als Modell eines Objektbereiches der in Software zu transformieren ist, hat die Softwareentwicklung ebenfalls Beobachtung und Experiment sowie Hypothesen- und Theorienbildung zur Grundlage, um den Gegenstandsbereich zu erschließen.

Als informationelles Arbeitsmittel gesehen, wird mit der Software eine Tätigkeit vergegenständlicht, wozu es unter anderen Erkenntnisse aus den Arbeits- und Organisationswissenschaften, insbesondere aus der Tätigkeitstheorie der Allgemeinen- und Arbeitspsychologie bedarf.

Als Mittel zur Unterstützung einer kommunikativen Tätigkeit gesehen, bedarf es der Kommunikationstheorie, den Sprachwissenschaften, der Semiotik und der Theorie kommunikativer Tätigkeiten.

Die Modellwelt des Software Engineering muss mit der Welt der Technik und mit der Welt der Anwender übereinstimmen. Dazu bedarf es entsprechender Kommunikations- und Lernprozesse die die Schaffung einer gemeinsamen Sprache zur Voraussetzung hat.

Zumindest diese drei verschiedene Dimensionen der Softwareentwicklung: Gegenstandsbezug, Tätigkeitsbezug und Kommunikationsbezug, gilt es zu berücksichtigen.[40]

Auf dem Gebiet des Software Engineering und der damit verbundenen Modellierung hat sich ein entscheidender Paradigmenwechsel vollzogen. Dieser wurde als Wechsel von der Produktorientierung auf eine Prozessorientierung bei der Softwareentwicklung charakterisiert.[41] Dies kann auch als ein Wechsel von einer allein auf die formale Struktur orientierte Sichtweise, zu einer gleichzeitigen Sicht auf die Arbeitsprozesse verstanden werden.[42]

Aus der Beachtung des Doppelcharakters der Software ergibt sich eine grundsätzliche Komplementarität der Sichtweisen in der Informatik.[43]

Zu beachten ist die Komplementarität von formaler (syntaktischer), technischer, produktorientierter Sichtweise und informaler, inhaltlicher (semantischer), sozialer, prozessorientierter Sichtweise in der Informatik. So muss zum Beispiel Software for-

40 Dahme, Ch., Wissenschaftstheoretische Positionen in bezug auf die Gestaltung von Software. – In: Organisationsinformatik und digitale Bibliothek in der Wissenschaft: Wissenschaftsforschung Jahrbuch 2000. Hrsg. v. Klaus Fuchs-Kittowski, Heinrich Parthey, Walter Umstätter u. Roland Wagner-Döbler. Berlin: Gesellschaft für Wissenschaftsforschung 2002. S. 167 – 177.

41 Floyd, Ch., Outline of a paradigm change in software engineering. – In: Bjerkne et al., 1997, S. 191 – 210.

42 Fuchs-Kittowski, K., System design, design of work and of organization. The paradox of safety, the orgware concept, the necessity for a new culture of systems and software development. – In: Information System, Work and Organization Design. Ed. by Peter van den Besselaar, Andrew Clement and Pertti Järvinen. Amsterdam-New York-Oxford-Tokyo: North-Holland 1991, S. 83 – 97.

43 Fuchs-Kittowski, K., Theorie der Informatik im Spannungsfeld zwischen formalem Modell und nichtformaler Welt. – In: Sichtweisen der Informatik. Hrsg. v. Wolfgang Coy u. a. Braunschweig: Vieweg Verlag 1992. S. 71 – 82.

mal korrekt und zugleich als Werkzeug im Arbeitsprozess diesem angemessen sein.[44] Die Komplementaität von Sozialem und Technischen in der Informatik muss sich auch auf das Verständnis der Modelmethode im Methodengefüge der Softwareentwicklung auswirken.

Die Herausbildung theoretischer Grundlagen der Softwareentwicklung hat sich ursprünglich nicht oder nur in geringem Maße aus den Erfahrungen der Softwareherstellung und ihrer Anwendung ergeben, sondern die theoretische Fundierung wurde lange Zeit einfach mit der Entwicklung mathematischer Beweisverfahren und Spezifikationstechniken gleichgesetzt. Damit wurde jedoch nur ungenügend das Wesen der Software, ihre Herstellung und ihr Einsatz reflektiert. Die sehr rasche Entwicklung der Hardware, die Erschließung immer neuer Einsatzgebiete für die modernen Informations- und Kommunikationstechnologien haben dazu geführt, dass es bisher auch nur ungenügend empirische Untersuchungen gibt, auf deren Grundlage Hypothesen zur Softwareentwicklung überprüft werden können.[45]

Aus der Sicht der Tätigkeit des Softwareentwicklers können unseres Erachtens die hier dargestellten Überlegungen zum Modell und zur revolutionären Rolle der Modellmethode fruchtbar werden. Zugleich kann ein tieferes Eindringen in das Wesen der Software zu einem besseren Verständnis der Modellmethode beitragen. Denn die hier zu vollziehende Transformation von einem konkreten Objektbereich in die Welt der Symbole (geistiges Modell) hat gegenüber anderen Modellen dieses Typs viele Besonderheiten. Die Softwareentwicklung erweist sich hier als ein interdisziplinärer Prozess, bei dem zu den Informatikdisziplinen die Disziplinen zu integrieren sind, die zur Erschließung des Objektbereiches erforderlich sind. Nur so kann das Gebiet der Softwaretechnik (Software Engineering) den gewachsenen gesellschaftlichen Anforderungen entsprechen und in der theoretischen Orientierung wie auch in der empirischen Fundierung zuvor zwangsläufig sich ergebende Defizite (vgl. Reiner Keil-Slawik[46]) überwinden.

Will die Softwaretechnik die Software und den Prozess der Softwareentwicklung tiefer verstehen, so muss die Softwareentwicklung als ein Prozess der Modell- und Theorienbildung verstanden und die Software als vergegenständlichte Methode und informationelles Arbeitsmittel gesehen werden. Erst dann wird es möglich sein, die zu enge Orientierung des klassischen Software Engeneering zu überwinden, welches ursprünglich als Kern der Informatik, losgelöst von den Erfahrungen der Herstel-

44 Floyd, Ch., Grundzüge eines Paradigmenwechsels in der Softwaretechnik, Vortrag auf dem Kolloquium: Information, Organisation und Informationstechnologie, Humboldt-Universität, Dezember, 1983 (unveröffentlicht)

45 Heinrich, L. J., Geschichten der Wirtschaftsinformatik ODER Elemente einer Geschichte der Wirtschaftsinformatik? Vortrag anlässlich der Emeritierung von Lutz J. Heinrich am 30.9.2004, gehalten am 8.7.2004 an der Universität Linz (Emeritierungsvorlesung)

46 Keil-Slawik, R., Aufgabenbezogene Anforderungsermittlung. – In: Einführung in SE B: IFIP-STU.WP. Hrsg. v. Christiane Floyd, Caster u. Reinerhard Keil-Slawik. Technische Universität Berlin 1987.

lung und Anwendung der Software, auf einer abstrakten mathematischen Ebene, entwickelt wurde.

Aus technologischer Sicht ist der zentrale Ansatz zum Verständnis der Software ihr Gebrauchswert. Der allgemeine Gebrauchswert der Software besteht darin, dass sie eine Steuerinformation in bezug auf die Hardware darstellt. Ihr besonderer Gebrauchswert liegt jedoch in der durch die Software vermittelten Konstruktion bzw. (Re-) Organisation des modellierten Realitätsbereiches, als Arbeitsmittel, als Rationalisierungs-, Erkenntnis-, Planungs-, Organisations- und Kommunikationsmittel.

Softwareentwicklung ist somit eine spezifische Konstruktion sozialer Realität mit dem Ziel, durch die Rechnerunterstützung ein neues Niveau körperlicher und geistiger Tätigkeit des Menschen zu erreichen, welches Produktivitäts- und Persönlichkeitsentwicklung ermöglicht.[47]

Software ist hier Ergebnis einer Transformation von Tätigkeiten in Handlungen und diese in Operationen, die nach ihrer Formalisierung als maschinelle Operationen ausgeführt werden können. Software wird damit zum Mittel einer Tätigkeit. Dazu müssen die maschinellen Operationen wieder in die Komplexität der menschlichen Tätigkeit, entsprechend ihrer Ziele und Motive, integriert werden können.

Software ist hier im Zusammenwirken verschiedener Prozesse, als: a) Arbeitsmittel, b) Arbeitsgegenstand und c) als Produkt zu erfassen. Vorherrschend war und ist auch noch weithin die Tendenz, die Software vorrangig als ein eigenständiges Produkt, ohne wirklichen Bezug zum Kontext der Herstellung und des Einsatzes zu sehen. Eine Umorientierung von der Sicht des isolierten Produktaspektes auf die gleichzeitige Sicht des Arbeitsprozessaspektes bringt ein wesentlich anderes, vertieftes Verständnis der Softwaretechnik, durch den stärkeren Bezug Softwareerstellung und die Softwarenutzung, speziell auch der Organisation der Softwarenutzung.[48]

Erst mit einer konsequenten Orientierung auf den Arbeitsprozess als den Hauptaspekt dessen, was bei der Herstellung und Benutzung der Software wirklich geschieht, auf die damit verbundenen Kommunikations- und Lernprozesse, kann eine technizistische Position wirklich überwunden werden und eine echte technologische Bearbeitung geistiger Arbeitsprozesse und ihrer Produkte erfolgen (vgl. Christiane Floyd[49]). Die Herstellung und Anwendung von Softwareprodukten und ihre technologische Beurteilung muss stets von der Wechselwirkung zwischen dem Prozess- und Produktaspekt ausgehen, wobei der Prozessaspekt die primäre Seite darstellt.

47 Fuchs-Kittowski, K. / Wenzlaff, B., Integrative Participation – A Challenge To The Development Of Informatics. – In: System Design for Human Development and Productivity: Participation and Beyond. Ed. by Peter Docherty, Klaus Fuchs-Kittowski, Paul Kolm and Lars Mathiassen. Amsterdam-New York-Oxford-Tokyo: North Holland 1991. S. 3 – 17.

48 Pape, B., Organisation der Softwarenutzung – Theorienbildung und Fallstudien zu Softwareeinführung und Benutzerbetreuung. Berlin: Logos Verlag 2005.

49 Floyd, Ch., Outline of a Paradigm Change in Software Engineering. – In: Computers and Democracy, a Scandinavian challenge. Ed. by Bjerknes, Ehn and Kyng. Aldershot, Brookfield USA 1987

Die damit verbundenen Kommunikations- und Lernprozesse aller Beteiligten – der Anwender, die Softwareentwickler und Betreiber – verlangen die Entwicklung einer gemeinsamen Sprache. Erst durch die Herausbildung einer gemeinsamen Sprache lassen sich die drei unterschiedlichen „Welten“ des Entwicklungsprozesses: die Welt der Anwendung, die Welt der Methoden und Modelle und die Welt der Technik, schrittweise zusammenzuführen. Es ist häufig so, dass Softwareentwickler und die künftigen Anwender eine sehr unterschiedliche Sprache sprechen. Um eine möglichst größere Übereinstimmung zu erreichen können verschiedenen Methoden eingesetzt werden, wie Prototyping, Qualitätszirkel, ethnographische Methoden der kooperativen Arbeit, gemeinsame Arbeit an der Entwicklung von Ontologien.[50] Es ist ein Prozess kooperativer Wissenserzeugung. Es geht um die Schaffung einer gemeinsamen Sprache, der Einbettung der Software und ihrer Nutzung in einen gemeinsamen sozialen Kontext, um die Schaffung eines sozialen Raums in dem die Beteiligten ihre kooperative Arbeit koordinieren können. Dies sind selbst wissensintensive Arbeitsprozesse für die Wissen bereitgestellt wird und in denen Wissen in Prozessen der Selbstorganisation erzeugt wird.

Die Neuorientierung im Software Engineering und Modellierung hat einen entscheidenden Wandel in den erkenntnistheoretisch-methodologischen Grundlagen zur Voraussetzung, der nur durch eine entsprechende Reflexion über Wissenschaft und Technik zu gewinnen war.

Auf der Grundlage eines naiven Realismus wird weithin von einer Isomorphie oder zumindest Homomorphie von Realität und ihrer Rekonstruktion durch Software ausgegangen. Diese Auffassung basiert auf philosophisch-erkenntnistheoretischen Grundsätzen, die von Vertretern des Wiener Kreises, des Logischen Positivismus oder Empirismus schon einige Jahrzehnte vor der Entwicklung der Informatik und Wirtschaftsinformatik und der Disziplin der Informationssystemgestaltung und Softwaretechnik entwickelt wurden.

Doch der sich in vielen Wissenschaften vollziehende Wechsel des Leitgedankens (Paradigmenwechsel), der das Prinzip der Selbstorganisation in den Mittelpunkt rückt, hat ebenfalls starken Einfluss auf die Wissenschaftstheorie der Gegenwart und führt insbesondere zu einer kritischen Haltung zu den wissenschaftstheoretischen Grundsätzen des Positivismus.

Heinz Zemanek machte schon früh darauf aufmerksam, dass, wenn wir Wurzeln der Informatik retrospektiv im „Tractatus logico-philosophicus“ sehen, man dann auch berücksichtigen muss, dass der ältere Wittgenstein kritisch zu dieser Arbeit des jungen Wittgenstein stand. Er schloss aus der Tatsache, dass L. Wittgenstein das

50 Fuchs-Kittowski, K. / Bodrow, W., Wissensmanagement für Wertschöpfung und Wissensschaffung – Allgemeine Prozessontologien als theoretisch-methodulogische Grundlage. – In: Fortschritte bei der Herausbildung der Allgemeinen Technologie. Hrsg. v. Gerhard Banse u. Ernst-Otto Reher. Sitzungsberichte der Leibniz-Sozietät, Band 75, Jahrgang 2004, S. 81 – 104.

Konzept des „Tractatus logico philosophicus“ später als gescheitert erklärte, dass dann auch die Informatik auf eine breitere philosophische Grundlage zu stellen ist.[51]

Es ist somit auch zu prüfen, inwieweit die wissenschaftstheoretischen und wissenschaftsmethodologischen Positionen, wie sie im Zusammenhang mit dem Leitgedanken der Selbstorganisation entwickelt wurden, einer solchen Erweiterung bzw. Vertiefung der philosophischen, erkenntnistheoretisch-methodologischen Grundlagen der Informatik und insbesondere der Wirtschaftsinformatik dienen kann.

Die Erkenntnissituation des Informatikers und speziell Wirtschaftsinformatikers, der sich mit der Gestaltung von Informationssystemen in sozialer Organisation beschäftigt, ist nicht mit der eines Naturwissenschaftlers vergleichbar, wie unter Bezugnahme auf den empirischen Charakter dieser Wissenschaften oftmals angenommen wird. Im Zusammenhang mit der Diskussion um das Selbstverständnis der Wirtschaftsinformatik hat Peter Mertens[52] sehr deutlich gemacht, dass die Wirtschaftsinformatik in die Leonardo-Welt angesiedelt ist, wo es gilt für die Menschen hilfreiche, reale Konstrukte zu schaffen, die Informatik dagegen der Leibniz-Welt zuzuordnen ist, mit der der Mensch im wesentlichen über seine Deutungen und Symbole verbunden ist. Nun wollen wir hervorheben, dass der Doppel- bzw. Dreifachaspekt der Software verdeutlicht, dass die einfach abbildende Modellierung unzureichend sein muss. Dies gilt es in seinen Konsequenzen für die Informatik, die damit ebenfalls aus der reinen Leibnitz-Welt heraustritt und insbesondere für die Wirtschaftsinformatik, deren Aufgaben in der Leonardo-Welt damit nicht leichter sondern noch schwieriger und verantwortungsvoller werden, voll zu erfassen. Dies verlangt nach einer Orientierung auf wissenschafts- und erkenntnistheoretischen Grundlagen für Informatik und Wirtschaftsinformatik, die eine konsequente Überwindung des naiven Realismus ermöglicht. Wie zu zeigen ist, hat die Überwindung des naiven Realismus natürlich auch für die Naturwissenschaft in der „Columbus-Welt“ Konsequenzen.

In den Naturwissenschaften erfolgt die Modell- und Theorienbildung zur Erklärung oder Vorhersage von Phänomenen der Realität. Die Rolle der Formalisierung und Mathematisierung im Falle der Softwareentwicklung hat eine andere Funktion. Die Software soll bestimmten Anforderungen gerecht werden. Zwischen den informalen Anforderungen und formaler Spezifikation besteht eine mathematisch nicht fassbare Beziehung. „Die formale Spezifikation macht sich vom Realitätsbezug unabhängig“ schreibt Peter Schefe [53] und hebt hervor: “Erst die informale Anforderung

51 Zemanek, H., Philosophie und Informationsverarbeitung. – In: NTZ. 26(1973)8, S. 384 – 389; Zemanek, H., Philosophische Wurzeln der Informatik im Wiener Kreis. – In: Informatik und Philosophie. Hrsg. v. Peter Schefe, Heiner Hasstedt. Yvonne Dittrich u. Geert Keil. Mannheim-Leipzig-Wien-Zürich: Wissenschaftsverlag 1993. S. 85 – 117.

52 Mertens, P., Wirtschaftsinformatik – Von den Moden zum Trend. – In: Wirtschaftsinformatik '95 – Wettbewerbsfähigkeit, Innovation, Wirtschaftlichkeit. Hrsg. v. Wolfgang König. Heidelberg: Physica-Verlag 1995. S. 25 – 64.

53 Schefe, P., Softwaretechnik und Erkenntnistheorie. – In: Informatik Spektrum. 22(1999)2. S. 122 – 135.

liefert den Realitätsbezug. Diese intensionale Bedeutungszuweisung ist grundlegend verschieden von der einer mathematisch-logischen Interpretation. Wir nennen sie daher Sinnzuweisung".

Die vom Informatiker/Wirtschaftsinformatiker zu bewerkstelligende Anforderungsanalyse ist also nicht mit der Erkenntnissituation eines Naturwissenschaftlers vergleichbar. Er hat bestimmte handlungsorientierte Konzeptualisierungen der Realität zu beschreiben, durch einen Text zu erfassen. Es geht also nicht darum, auf der Grundlage bestimmter Fakten zugrundeliegende Naturgesetze zu erschließen, sondern darum Aufgaben, Bedürfnisse, Intentionen zu verstehen, Sinn zu erfassen.

Die bekannten Schwierigkeiten der Informationssystemgestaltung und Softwareentwicklung, speziell die Schwierigkeiten die mit der Anpassbarkeit von Standartsoftware bzw. generell mit der Wiederverwendbarkeit von Software verbunden sind, haben ihre Grundlage in dieser Erkenntnissituation. Es geht, wie gesagt, nicht um die Erschließung allgemeingültiger Gesetze, sondern um die Schaffung informationstechnologischer Mittel, die an allgemeingültige und individuelle Situationen mit sich verändernden Zielen und Zwecken anpassbar sind.

Damit stellt sich die Frage: Wenn Informationssystemgestaltung und Softwareentwicklung keine Entdeckung von Gesetzmäßigkeiten ist, handelt es sich damit um reine Schöpfung? Oder, wenn Informationssystemgestaltung und Softwareentwicklung Realitätskonstruktion in gemeinschaftlicher Arbeit, auf der Grundlage der ermittelten Anforderungen ist, hat man es dann nicht auch mit Aufdeckung wesentlicher Zusammenhänge zu tun? Es geht um Konstruktion und (Re-) Organisation, aber auf der Grundlage der Erkenntnis wesentlicher bzw. allgemein-notwendiger Zusammenhänge. Wesentliche Zusammenhänge der menschlichen Tätigkeit, der Arbeitsorganisation und betrieblichen Organisation als Ganzem sind zu berücksichtigen und nicht alles zu erfinden, zu erzeugen.

Für einen wagen Anti-Realismus gilt es schon als ausgemacht nur Erzeuger und nicht Entdecker von Wirklichkeit zu sein. Eine genauere und weniger voreilige Besinnung auf das Verhältnis von „Medialität und Realität im Erkennen", sollte uns dazu führen einen Konstruktivismus zu entwickeln, der einen philosophischen Realismus nicht verwirft und einen Realismus, der nur gemeinsam mit einem philosophischen Konstruktivismus vertreten werden kann, so dass die unseres Erachtens für die Wirtschaftsinformatik weniger fruchtbare theoretische Alternative: naiver Realismus oder solipzistischer Konstruktivismus überwunden werden kann. Wie dies in den jüngeren Arbeite von John McDowell[54], Crispin Wright[55], Hilary Putnam[56], Robert Brandom[57] vorgezeichnet und von Martin Seel[58] besonders klar herausgear-

54 McDowell, J., Mind and World. Cambridge, Mass 1994.

55 Wright, C., Truth and Objectivity, Cambridge, Mass. – London C. 1992.

56 Putnam, H., The Question of Realism. – In: Words and Life. Ed. by J. Conant. Cambridge, Mass. 1994. S. 295 – 312.

57 Brandom, R. B., Making it Explicit. Reasoning, Representing and Discoursive Comitment, Cambridge, Mass. – London 1995.

beitet wurde. Aus der hier aufgezeigten Sicht ist also weder ein naiver Realismus noch ein Anti-Realismus zu vertreten sondern ein konstruktiver oder struktureller Realismus. Alan F. Chalmers [59] konnte gegenüber einem vagen Anti-Realismus verdeutlichen, dass trotz Schwierigkeiten der Realismus doch wissenschaftlich begründbar ist. Die theoretisch unfruchtbare Alternative: naiver Realismus oder solipzistischer Konstruktivismus ist also überwindbar.

Wenn heute versucht wird sich diesen Fragen immer mehr zu stellen, wird offensichtlich, dass der logische Positivismus als erkenntnistheoretische Grundlage, die der Informatik aus historischen Gründen weithin inhärenten ist, nicht genügen kann, um die Fragen zu beantworten. Um die Probleme der Softwareentwicklung und ihrer Nutzung zu verstehen und zu lösen, bedarf es wesentlich reichhaltigerer Ansätze. Die neue Erkentnissituation führt auch zu neuen erkenntnistheoretischen Problemen und so auch zu einer Suche nach neuen Antworten. Man sucht auch in schon entwickelten Erkenntnistheorien oder theoretisch-methodologischen Konzeptionen, wie der Hermeneutik, der Theorie kommunikativer Tätigkeiten, dem Tätigkeitskonzept moderner Psychologie und Wissenschaftstheorie, wie es speziell in der Tätigkeitspsychologie entwickelt wurde und auch in der Theorie selbstorganisierender Systeme, wie sie in den modernen Naturwissenschaften von Ilja Prigogine und P. Glansdorff[60], von Manfred Eigen[61], von Erich Jantsch[62], von Humberto Maturana[63], von Heinz v. Förster[64], von Werner Ebeling[65], von Hermann Haken[66] und von anderen entwickelt wurde und schrittweise für die hier aufgeworfenen Fragestellungen verallgemeinert wird.

Auf der Grundlage einer für den sozialen Bereich verallgemeinerten Theorie der Selbstorganisation, in Verbindung mit dem Tätigkeitskonzept, kann ein entsprechendes theoretisch-methodologischen Konzept entwickelt werden, welches den hier angesprochenen Dimensionen der Softwareentwicklung Rechnung tragen kann. Dies ist auch erforderlich. Denn standen bisher vielfach die rein technischen Ge-

58 Seel, M. (1998), Bestimmung und Bestimmenlassen – Anfänge einer medialen Erkenntnistheorie. – In: Deutsche Zeitschrift für Philosophie (Berlin). (1998) 3.

59 Chalmers, A. F., Wege der Wissenschaft – Einführung in die Wissenschaftstheorie. Berlin Springer 2001.

60 Glansdorff, P., Prigogine, I., Thermodynamic Theory of Structure, Stability and Fluctuations, London 1971

61 Eigen, M., Self organization of Mater and the Evolution of Biological Macromolecules. – In: Naturwissenschaften. (1971)10.

62 Jantsch, E., Die Selbstorganisation des Universums. München: dtv Wissenschaft 1982.

63 Maturana, H. R., Erkennen: Die Organisation und Verkörperung von Wirklichkeit. Braunschweig 1982.

64 Foerster, H. von, On Self-Organizing Systems and Their Environments. – In: Self-Organizing Systems. Ed. by M. C. Yovits and S. Cameron. London: Pergamon Press 1960. S. 31 – 50.

65 Ebeling, W., Strukturbildung bei irreversiblen Prozessen – Eine Einführung in die Theorie dissipativer Strukturen. Leipzig: Teubner Verlagsgesellschaft 1976.

66 Haken, H., Information und Selbstorganisation. Berlin-Heidelberg-New York 1988.

sichtspunkte der Softwareerstellung im Vordergrund, so tritt jetzt, mit dem dezentralen und vernetzten Einsatz der modernen IKT, verstärkt die Einbettung von IKT-Systemen in die menschliche Arbeitstätigkeit hervor. Speziell geht es zum Beispiel um die IKT-Unterstützung wissensintensiver Arbeitsprozesse.[67]

Es kann damit eine erkenntnistheoretisch-methodologische Position entwickelt werden, die uns:

- Besonderheiten der Softwareentwicklung als Wirklichkeitskonstruktion,
- Besonderheiten der Unternehmensorganisation als kreativ –lernende Organisation besser erkennen lässt und
- eine vertiefte Sicht der für die Informatik und Wirtschaftsinformatik auf die zentralen Wechselbeziehungen zwischen Mensch, Aufgabe, Informationstechnologie und Organisation ermöglicht[68].

Sieht man den Arbeitsprozess als den Hauptaspekt, dann wird deutlich, dass praktisch eingesetzte Software keine der Bedingungen für eine Ware, vom sozialen Kontext ihrer Herstellung unabhängig austauschbarem Gut, entspricht. Diese Feststellung ist besonders wichtig für die komplexen Softwaresysteme der künstlichen Intelligenz, den wissensbasierten Systemen bzw. Expertensystemen. Wissen ist ein soziales Produkt. Seine Wahrheit gilt in der sozialen Gemeinschaft und kann auch nur wahr im Austausch mit der sozialen Gemeinschaft von Wissenschaftlern bleiben in der es geschaffen wurde, für längere Zeit bewahrt und genutzt wird. Wissen ist wahrscheinlich nur im engeren naturwissenschaftlich-technischen Bereich, als ein personenunabhängiges, reproduzierbares und vom sozialen Kontext unabhängig übertragbares Gut anzusehen.

Es ist insbesondere das Scheitern der mit dem Konzept der Vollautomatisierung und des Strukturalismus unterstellten Idee von einer abgeschlossenen Welt, die in relativ selbständige funktionale Bestandteile gegliedert werden kann und es daher ermöglicht vorbedachte Strukturen durch Programme nachzubilden, das die Ablösung der strukturierten Analyse und des strukturierten Entwurfs durch die objektorientierte Sichtweise und evolutionäre Konzepte der Systemgestaltung und Softwareentwicklung, des Paradigmas der Struktur durch das Paradigma der Selbstorganisation und Informationsentstehung, erforderlich macht. Das objektorientierte Paradigma der Informatik hat die Modellierung revolutioniert.[69] Mit dem WAM-Leitbild, dem Werkzeug, Automat, Material-Ansatz[70] wurde auf der Grundlage der objektorientierten

67 Fuchs-Kittowski, F. / Prinz, W., Interaktionsorientiertes Wissensmanagement. Wien-Berlin-Zürich: Peter Lang Verlag 2005.

68 Fuchs-Kittowski, K. / Heinrich, L. J. / Rolf, A., Information entsteht in Organisationen: – In kreativen Unternehmen – wissenschaftstheoretische und methodologische Konsequenzen für die Wirtschaftsinformatik. – In: Wirtschaftsinformatik und Wissenschaftstheorie – Bestandsaufnahme und Perspektiven. Hrsg. v. Jörg Becker, Wolfgang König, Reinhard Schütte, Oliver Wendt u. Stephan Zelewski. Wiesbaden: Gabler Verlag 1999. S. 329 – 361.

69 Horn, E., Software Engineering und Modellierung. Vortrag in der Klasse Naturwissenschaften der Leibniz-Sozietät, 15. Mai 2003.

Sichtweise eine spezielle Methode zur Entwicklung von Software zur Unterstützung qualifizierter Arbeit erarbeitet. Die objektorientierte Sichtweise eignet sich zur Realisierung von Softwareprodukten (objektorientierte Programmiersprachen) wie zugleich zur Beschreibung von Modellen, die im Zuge der Softwareentwicklung erforderlich sind. Ein objektorientiertes System besteht aus Klassen und Instanzen sowie deren Beziehungen zum Beispiel Vererbung, Benutzung, semantische Relationen. Die Bildung von Klassen unterstützt die für die Modellierung erforderliche Abstraktion. Wichtig sind die einfachen semiformalen Ausdrucksmittel mit denen objektorientierte Systeme beschrieben werden können. Generell wollen wir hier Modelle dieser Art von den Erkenntnissystemen in der Wissenschaft unterscheiden, denn ihre Aufgabe ist die Funktionsteilung zwischen Automat und Mensch zu unterstützen.

Die Vorstellung von einer „Softwarefabrik" im Sinne einer tayloristischen Produktion von Software, wie dies zunächst zur Lösung der „Softwarekrise" durch die strukturierte Programmierung vertreten wurde ist aufgegeben worden. Die Vorstellung, dass der Problemhorizont als geschlossener Raum erscheint und die Lösung sich in Form einer „gefrorenen Spezifikation" angeben lässt ist gescheitert, dagegen kann man sich mit dem Konzept der Objektorientierung auf die eigenständige Dynamik des Softwareentwicklungsprozesses orientieren, der es meist nicht mit abgeschlossenen, zuvor spezifizierbaren Problemen zu tun hat. Der mit der Systemgestaltung und Softwareentwicklung einhergehende Erkenntnisprozess muss in flexibel erweiterbaren Artefakten darstellbar und anzureichern sein. In der Tat werden die Erfahrungen aus den Arbeitsprozessen, speziell die Spezifik der qualifizierten Arbeit, der eigenverantwortlichen Expertentätigkeit[71] zunehmend in der Welt der Softwareentwicklung reflektiert. Die Objekte tauschen Nachrichten aus, nehmen Dienste in Anspruch und halten Kontrakte ein.

Gegenwärtig wird allgemein die Frage nach einer humanen Gestaltung rechnerunterstüzter Werkzeuge bzw. Arbeitssysteme gestellt. Dies führt dann weiter zu der Frage, was Menschen sinnvoll mit diesen rechnerunterstüzten Arbeitssystemen tun können. Dies weitet sich zu der Frage aus, was Menschen im Bereich, koordinierter Tätigkeiten, linguistischer Aktionen in wissensintensiven Arbeitsprozessen sinnvolles machen können. Die theoretischen Grundlagen, die Methodologie der Informationssystemgestaltung und Softwareentwicklung verändern sich grundlegend, wenn man die modernen Informations- und Kommunikationstechnologien aus der Sicht ihrer möglichen sinnvollen Nutzung durch den Menschen in seinem Arbeitsprozess betrachtet. Man spricht heute[72] generell von einer traditionellen, technikzentrierten Herangehensweise gegenüber einer auf die Arbeitsprozesse und den Menschen ori-

70 Horn, E., Software Konstruktionshandbuch – nach dem Werkzeug & Materialansatz. dpunkt.verlag 1998.

71 ebenda

72 Floyd, Ch. / Klaren, H., Informatik: gestern, heute, morgen, Informatik und Gesellschaft, Fernstudium, Universität Tübingen 1998.

entierten Herangehensweise bei der Informationssystemgestaltung und Softwareentwicklung. Hier gilt es zu entdecken und zu konstruieren.[73]

6. *Veränderungen im wissenschaftstheoretischen Denken*

6.1. Zum Verhältnis von Subjekt und Objekt im Modellbildungsprozess und bei Anwendung der Modellmethode

Die tiefgehend Wandlung im wissenschaftstheoretischen Denken sowie in der philosophischen Reflexion über die Wissenschaftsentwicklung zeigt sich unter anderen auch darin, dass man heute bereit ist, hochkomplexe einzelwissenschaftliche Theorien als Modell zu verstehen bzw. sie von vornherein so zu bezeichnen (vgl. Ludwig v. Bertalanffy[74] und Walter Elsasser[75]). Indem die heutige moderne Wissenschaft den operationellen Leistungseffekt der Theorie d.h. den Umfang und die Exaktheit der aus ihnen ableitbaren Voraussagen in den Vordergrund ihrer Bemühungen stellt, tritt der Anspruch auf ein so genanntes „ontologische Valent", nach Erforschung der Objekte „an sich", nach Abbildung eines „real Seienden" zurück. Indem die Erforschung des Objekts dem Zweck der vorausgesetzten Wechselwirkung untergeordnet wird und damit dem dialektischen Prinzip der Einheit von Theorie und Praxis, wird bewusst nicht das Objekt „an sich", sondern dieses nur in dem Maße erforscht, wie es entsprechend den vorgegebenen Zielen für die Praxis erforderlich ist.[76]

Damit wird offensichtlich den verschiedenen Varianten eines platten erkenntnistheoretischen Realismus von der modernen Wissenschaftsentwicklung eine Absage erteilt.[77]

Es gilt vielmehr, den wissenschaftstheoretisch wesentlich weiterführenden Gedanken von der Einheit bzw. organischen Ganzheitlichkeit von Subjektivem und Objektivem in der Systemforschung, wie es als entscheidendes Prinzip der Systemanalyse von Theoretikern und Praktikern entwickelt wurde, folgend, generell festzuhalten, dass wir die aktive Tätigkeit des Menschen, den subjektiven Faktor in der Systemforschung zu berücksichtigen haben.

73 Foerster, H. v., Entdecken oder Erfinden – Wie läßt sich Verstehen verstehen? In: Einführung in den Konstruktivismus. München-Zürich: Serie Piper 1992.

74 Bertalanffy, L. v., Das Modell des offenen Systems. A. a. O..

75 Elsasser, W. M., Elements of Theoretical Biology, a. a. O..

76 Stachowiak, H., Allgemeine Modelltheorie. Wien-New York: Springer-Verlag 1973; Peschel, M., Modellbildung für Signale und Systeme. Berlin: Verlag Technik 1978; Probleme der Informatik in Medizin und Biologie III. Wissenschaftliches Kolloquium zur Organisation der Informationsverarbeitung. Hrsg. v. Klaus Fuchs-Kittowski, Peter Gudermuth, J. Adam u. Ernst Mühlenberg. Berlin: Akademie-Verlag 1982.

77 Fuchs-Kittowski, K., Geist aus Materie – philosophische und methodologische Probleme zum Verhältnis von künstlicher und natürlicher Intelligenz. – In: 9. Kühlungsborner Kolloquium zu philosophischen und ethischen Problemen der Biologie. Hrsg. v. Ehrhard Geissler u. Günter Tembrock. Berlin: Akademie-Verlag 1989. S. 39 – 66.

Eine der entscheidenden philosophischen Fragen, die im Zusammenhang mit der Anwendung der Modellmethode in besonderer Form damit gestellt wird, ist die Frage nach unserer Fähigkeit oder Unfähigkeit die Wahrheit zu erkennen.

Die Anwendung und weitere Entwicklung der Modellmethode trägt entschieden zur Erosion eines naiv realistischen Standpunktes bei, der davon ausgeht, das wir die äußere Welt der Dinge und Erscheinung von ihrer Beobachtung völlig getrennt – „objektiv" – erfassen könnten. Sie trägt bei zur Überwindung des „karthesischen Schnitts" durch den unsere Existenz gespalten wird in eine innere Welt des Denkens, des Wollens und der Emotionen – res cogitanz oder Geist – und eine äußere Welt der Dinge und Erscheinungen – res extensa oder physikalische Realität. Sie führt damit aber nicht, entgegen der, im Zusammenhang mit der Anwendung der Modellmethode, oftmals formulierten Behauptung, zwangsläufig zu einer anti realistischen und agnostizistischen Position. Aus deren Sich ist eine wissenschaftliche Theorie nicht mehr als eine System von Aussagen, das durch Beobachtung und Experiment gestützt wird. Eine Theorie (und damit auch das Modell – das sie belegt oder eine Vorstufe zu ihr darstellt) ist demnach nur ein Instrument, das es uns ermöglicht Ergebnisse der Beobachtung und des Experiments mit einander zu verbinden und Vorhersagen zu treffen, die aber nicht als wahr oder falsch interpretiert werden könnten. Eine solche anti realistische Position, die davon ausgeht, dass der theoretische Anteil der Wissenschaft nicht gesichert sei, macht unter anderen geltend, dass die Wissenschaftsgeschichte zeigt wie eine Theorie von einer anderen abgelöst wurde, sich also Theorien als falsch erwiesen haben, mit deren Hilfe zuvor durchaus richtige Voraussagen gemacht werden konnten.

Aber tiefer gehende wissenschaftsphilosophische und wissenschaftstheoretische Überlegungen führen zu der Erkenntnis, dass es das Ziel der Wissenschaft ist und bleibt, die Strukturen und Prozesse der Natur, Gesellschaft und des Denkens zu untersuchen, um wesentlich Zusammenhänge aufzudecken, zu wahren Aussagen über die Welt zu gelangen, um die gewonnen Erkenntnisse zum Wohle der Menschen anzuwenden.

Dies ist mögliche, wenn wir die einzelnen Methoden wirklich in ihrem Zusammenspiel im Methodengefüge der Wissenschaften sehen und anzuwenden verstehen, so dass zum Beispiel die Rolle des Experiments in der Wissenschaft und seine Verbindung zur Theorie nicht nach der einen oder anderen Seite hin verabsolutiert wird.

Hier soll das Motto hervorgehoben, welches Lutz J. Heinrich seinem Vortrag zur Geschichte der Wirtschaftsinformatik vorangestellt hat: „Wissenschaft muss Wirkung zeigen – aber die Überprüfbarkeit ihrer Behauptungen ist das, was wissenschaftliche Tätigkeit von jeder anderen Art menschlicher Tätigkeit unterscheidet."[78]

Die in der Evolution entstandene Fähigkeit des Menschen, etwas zu erkennen und Wahrheit zu wissen, wird durch die Entwicklung des Methodengefüges der Wis-

78 Heinrich, L. J., Geschichten der Wirtschaftsinformatik ODER Elemente einer Geschichte der Wirtschaftsinformatik? A. a. O..

senschaft nachhaltig unterstützt. Wir halten also daran fest, das eine reale Welt außerhalb von uns und unabhängig von unseren Empfindungen existiert – das Wahrheit der Aussagen Erkenntnis dieser Wirklichkeit ist. Im Verlaufe der Geschichte der Philosophie bzw. Wissenschaftstheorie sind unterschiedliche Positionen, wie die Korrespondenz-, Kohärenz-, Konsens-, Evidenz- und pragmatische Wahrheitstheorie vertreten worden. Hier kann nun nicht auf die verschiedenen Wahrheitstheorien im Detail eingegangen werden, die uns genauer sagen, wie Wahrheit zu gewinnen und zu prüfen ist.

In der erkenntnistheoretischen Tradition von Aristoteles steht die Korrespondenztheorie in den Wissenschaften an bevorzugter Stelle. Versteht man unter Wahrheit durch Beobachtung gesichertes Wissen scheint der Korrespondenztheorie auch kaum etwas im Wege zu stehen. Aber nicht alles lässt sich durch Beobachtung prüfen und hinzu kommt unsere Erkenntnis, dass die beobachteten Fakten meist erst im Rahmen einer Theorie wirklich verstanden werden können.

Speziell aus der hier vorgetragenen Sicht auf das Modell – als Synthese von Experiment und Theorie beim Erkenntnismodell, aber insbesondere die Konstruktion von Systemmodelle in und für soziale Organisation, ergibt sich die Notwendigkeit auch andere Wahrheitskriterien zu berücksichtigen. Gerade das Modell als Einheit von Empirischem und Theoretischem verweist auf die Bedeutung der Theorie in den experimentellen Wissenschaften. Der somit verdeutlichte Zusammenhang zwischen Theorie und Experiment, wie er durch die Modellentwicklung vermittelt wird, zeigt unsere Erkenntnis als Einheit von Abbild und Konstruktion, so dass eben kein naiver Realismus, sondern eher ein struktureller oder konstruktiver Realismus vertretbar ist. Ein so verstandener Realismus erkennt an, dass nur eine hochgradig abstrakte Struktur aus transformierten und interpretierten Sinnesdaten unser Bewusstsein erreicht, dass unsere innere Wirklichkeit ein Konstrukt ist, dessen Korrespondenz mit der Wirklichkeit nicht direkt zu erfassen ist, sich aber in der dem Leben dienenden, wissenschaftlich begründeten Praxis der Menschen bewährt. Diese komplizierte Subjekt-Objekt-Dialektik im wissenschaftlichen Erkenntnisprozess gewinnt bei der Modellentwicklung und Anwendung im Bereich der menschlichen Gesellschaft noch wesentlich an Gewicht.

Aber auch in diesem Fall bedeutet der Verzicht auf eindeutiges Wissen durch die Methoden der Verifikation und Falsifikation nicht, dass nicht doch hochgradig relevantes Wissen gewonnen wird.

Wir sehen also, dass es auch und gerade für die Informatik und Wirtschaftsinformatik wichtig ist, sorgfältig zu fragen, was wirklich ist und was virtuell, was wir wissen können und was nicht, ja was Wissen (d.h. Wahrheit) überhaupt ist. Das geht nicht ohne Wissenschaftstheorie und Erkenntnistheorie, ohne Philosophie, ohne Reflexion über Wissenschaft und Technik. Objektivität als erkenntnistheoretisches Prinzip wird zu unterscheiden sein von „Objektivismus" als einer zu hinterfragenden ontologischen Prämisse.

Der Objektivismus erklärt das „reine" Wissen zum alleinigen und höchsten Wert. Wenn man das „reine Wissen" zum höchsten Wert erhebt, ist jedoch die Frage nach dem Entscheidungskriterium der Wahrheit zu beantworten. Damit tritt das „reine" objektive Wissen in eine enge Beziehung zum Ziel des Handelns und verliert so die Position des höchsten, alleinigen Wertes. Das eigentliche Ziel der Wissenschaft, ist es und muss es sein, dem Leben, dem Wohle des Menschen zu dienen. Wahr ist also letztlich das, was sich in der gemeinsamen menschlichen Tätigkeit bewährt. Es gibt, wie schon zuvor herausgearbeitet, einen engen Zusammenhang zwischen Erkenntnis und Tätigkeit. Versteht man Wissen als Handlungsmöglichkeit und damit, wie Nico Stehr schreibt, „als Modell für die Realität – und nicht als Modell der Realität"[79], dann ist sowohl die Erzeugung als auch die Nutzung von Erkenntnissen mit der Fähigkeit des Menschen verbunden, die Wirklichkeit für seine Zwecke zu verändern.

Die verstärkte Notwendigkeit, die Einheit von Subjekt und Objekt, die aktive Tätigkeit des Menschen bzw. den subjektiven Faktor – bei der Modellierung – zu beachten, ist insbesondere auch mit der Tatsache verbunden, dass die Menschen selbst als wesentliche Elemente der Untersuchungsobjekte auftreten. Dies gilt insbesondere für die Modellbildung und -nutzung in der Medizin und im Gesundheitswesen, aber auch in der Wirtschaft zu beachten. Gerade für die hier zu modellierenden sozialen Systeme ist es charakteristisch dass das individuelle und kollektive Verhalten der Menschen entscheidende Aspekte des Systems als Ganzes bestimmen. Ist die Problemsituation vom Verhalten der Menschen abhängig, dann eben auch vom subjektiven Verständnis dieser Problemsituation, durch die das Verhalten beeinflusst wird. Daher wird bei der Modellierung, zum Beispiel von Betreuungssystemen im Gesundheitswesen, so viel Wert gelegt auf die Übereinstimmung zwischen innerer und äußerer Betrachtung der Problemsituation.[80]

Dies muss einschließlich der angewandten Methoden und Beachtung der unterschiedlichen Interessen des Auftraggebers, des Modellierers, der Nutzer und Betroffenen erfolgen. Diese spielen eine entscheidende Rolle durch Mitentscheidung und Mitgestaltung, d.h. durch eine partizipative Systemgestaltung. Die Spezifik des hier diskutierten Subjekt-Objekt-Verhältnisses bezieht sich also insbesondere auf all die sozialen bzw. sozio-technischen Systeme, wie medizinische Informationssysteme, medizinische Betreuungssysteme und andere, wo die Menschen als Gestalter selbst tätig werden.[81]

Es muss ein wesentliches Anliegen einer sich am Humanismus orientierenden Gesellschaftsgestaltung sein, die Potenziale gesellschaftlicher Entwicklungen zu erken-

79 Stehr, N., Grenzenlose Welten? – In: Die Internationalisierung von Wissen. Multidisziplinäre Beiträge zu neuen Praxen des Wissenstransfers. Hrsg. v. Gertraud Koch. St. Ingbert: Röhrig: Universitätsverlag 2006. S. 27 – 58.

80 Blau, J. R., Entwicklung von Methoden der objektivierten Beanspruchungsanalyse – Ein Beitrag zur Diagnose und Prognose der Kompetenz des Operators in Mensch-Maschine-Systeme. Dissertation. Ilmenau: Technischen Hochschule Ilmenau 1989; Fuchs-Kittowski, K. / Rosenthal, S. / Schlutow, G., Methods to select Problems in Medicine. A. a. O. S. 319 – 333.

nen und auf der Grundlage wissenschaftlich begründeter Gesellschaftstheorie und humanistischer Visionen, bewusst die sozio-technischen Systeme, die betrieblichen Informationssysteme, die Systeme der Gesundheitsversorgung und medizinischen Informationssystemen u.a. so zu gestalten und in die individuellen und sozialen Entwicklungsprozesse, in die konkrete Arbeits- und Lebensweise der Menschen, zu integrieren, dass der Mensch Subjekt der Entwicklung ist und bleibt. Dies steht einer scientistischen und technokratischen Konzeption einer autonomen Technikentwicklung entgegen.

Entsprechende Methoden und Instrumentarien für eine solche Gestaltung der Produktionsläufe sowie leistungs- und persönlichkeitsfördernder Arbeitsinhalte zur Verfügung zu stellen, ist eine der entscheidenden Herausforderungen an die Wissenschaft. Hier liegt eine der entscheidenden Quellen für die starke Zunahme der sozialen Bedeutung der Wissenschaft. Mit der Entwicklung der systemanalytischen Methoden und Instrumentarien und der relevanten arbeits- und organisationswissenschaftlichen Disziplinen werden wichtige Mittel zur Lenkung und Gestaltung sozialer und gesellschaftlicher Entwicklung, zur Bewältigung komplexer Entscheidungssituationen in Wirtschafts- und Wissenschaftsorganisation, wie auch in der Organisation des Gesundheitswesens, für die Gestaltung betrieblicher Organisationen bereitgestellt.

Wie wir deutlich zu machen suchen, sind damit quantitative und qualitative Wandlungen in der Wissenschaft selbst und ihrem Selbstverständnis eng verbunden.

7. *Anwendungsbeispiele*

7.1. *Die Weltmodelle – Ein wesentlicher Ursprung der Umweltbewegung und der Umweltinformatik*

Wir beginnen mit einem bekannten Beispiel – den Weltmodellen von Meadows et al.

Das Buch von Dennis Meadows und anderen: „Die Grenzen des Wachstums – Bericht des Club of Rome zur Lage der Menschheit“[82] hatte wesentlichen Einfluss darauf, dass man sich der Lage hinsichtlich der Umweltbelastung durch die moderne Gesellschaft überhaupt erst bewusst wurde. Auf dem Klappdeckel heißt es: „Unkontrolliertes Wachstum hat die Menschheit in die Krise geführt. Sie steht an der Grenze ihrer irdischen Existenz.“

Die angewandte Methode, entsprechende Modellrechnungen durch die die komplexen Zusammenhänge zum Beispiel zwischen Rohstoffvorräten, Bekämpfung der

81 Fuchs-Kittowski, K., System Design, Design of Work and of Organization. – In: Proceedings of the International IFIP-Hub-Conference. A. a. O.; System Design for Human Development and Productivity – Participation and beyond. Ed by P. Docherty, Klaus Fuchs-Kittowski, P. Kolm and L. Mathiessen. Amsterdam: North Holland 1987.

82 Meadows, D. H. / Meadows, D. L. / Readers, J. / Behrens W. W., Die Grenzen des Wachstums, Stuttgart: DVA 1972.

Umweltverschmutzung, erhöhter landwirtschaftlicher Produktion und Geburtenkontrolle verdeutlicht wurde, war ebenfalls neu. Ich konnte persönlich erleben, wie Meadows bestimmte Modellrechnungen im IIASA bei Wien durchführte. Die Umweltforschung ist eng verbunden mit der Nutzung der Methode der Systemmodellierung von Forrester und moderner Rechentechnik. Wie durch das Buch: „Die Neuen Grenzen des Wachstums"[83] verdeutlicht wird, ist durch die Berücksichtigung der damaligen Vorhersagen einiges erreicht worden, aber von der notwendigen „ökologischen Erneuerung", von der erforderlichen „Umwelt-Revolution" sind wir noch weit entfernt, so dass insbesondere im Umweltbereich die Methode der Modellierung, speziell im Rahmen der Umweltinformatik[84], weiterhin umfassend genutzt werden muss. Die Modellmethode wurde jetzt auch genutzt, zur Vorausschau auf mögliche positive und negative Wirkungen der modernen Informations- und Kommunikationstechnologien, speziell des Pervasive Computing auf Gesundheit und Umwelt.[85]

7.2. *Biologische Forschung und die Entwicklung von effizienten Informations- und Kommunikationstechniken*

Die Entschlüsselung (Entzifferung) des Humangenoms ist eine der größten Forschungsleistungen unsere Tage. Effiziente Forschungsgruppen, der USA, Großbritanniens, Frankreichs, Japans und Deutschlands waren daran beteiligt Aber auch Hochleistungscomputer wie „Deep Blue" und jetzt „Blue Gene" waren notwendig für diesen Erfolg.[86]

Natürlich ist die Entschlüsselung des menschlichen Genoms ein wichtiger Meilenstein in der bio-medizinischen Forschung, der jedoch ohne die Revolution in der Information und Kommunikationstechnologie nicht möglich gewesen wäre.

„Blue Gene" stellt alles Vorherige an Computertechnik bezüglich ihrer Leistungsfähigkeit in den Schatten. Diese Computerreihe arbeitet tausendmal schneller als „Deep Blue", der 1997 den Schachweltmeister Gary Kasparov besiegte.

83 Meadows, D. H. / Meadows, D. L. / Randers, J., Die neuen Grenzen des Wachstums. Hamburg: Rowohlt Verlag 1993.

84 siehe zum Beispiel: Die Entwicklung der Betrieblichen Umweltinformatik – Die Harmonisierung von Ökologie und Ökonomie – Bachelor of Sience, Master of Science, Fachhochschule für Technik und Wirtschaft Berlin; Junker, H. / Lang, C., Betriebliche Umweltinformatik, Nachhaltigkeit und Informationsgesellschaft. – In: Stufen zur Informationsgesellschaft. Hrsg. v. Christiane Floyd, Christian Fuchs u. Wolfgang Hofkirchner. Frankfurt am Main-Berlin-Wien: Peter Lang Verlag 2002. S. 349 – 372.

85 Hilty, L. / Behrendt, S. / Binswanger, M. / Bruinik, A. / Erdmann, L. / Fröhlich, J. / Köhler, A. / Som, C. / Würtenberger, F., Das Vorsorgeprinzip in der Informationsgesellschaft – Auswirkungern des Pervasive Computing auf Gesundheit und Umwelt, TA-SWISS – Zentrum Technologiefolgeabschätzung (Hrsg.): Bern 2003.

86 Fuchs-Kittowski, K. / Rosenthal. A. / Rosenthal, H. A., Ambivalenz der Auswirkungen humangenetischer Forschungen auf Gesellschaft und Wissenschaft. – In: Gesellschaftliche Integrität der Forschung: Jahrbuch Wissenschaftsforschung 2005. Hrsg. v. Klaus Fischer u. Heinrich Parthey. Berlin: Gesellschaft für Wissenschaftsforschung 2006. S. 95 – 119.

Für die Entschlüsselung des Humangenoms und der computerisierten Auswertung und Speicherung der biologischen Information aus der Genomanalyse ist die Speicherung der gewonnen Daten in Datenbanken ein Voraussetzung, da sie nicht anders aufbewahrt werden können.

Mit der wachsenden Verflechtung und wechselseitigen Durchdringung von Biochemie und Molekularbiologie gewinnen Datenbanken als eine wichtige Voraussetzung für die Modellbildung und -nutzung besondere Bedeutung in der biochemischen Forschung.

7.3. *Grid Computing und Veränderungen der wissenschaftlichen Arbeit – Verschmelzung der experimentellen mit der theoretisch-mathematischen Methode, über und mit spezifischen Methoden der Informatik*

In CERN versuchen rund siebentausend Wissenschaftler die letzten Geheimnisse der Materie aufzuklären. Um die Datenflut bewältigen zu können, arbeiten sie am Computernetz der nächsten Generation, dem Grid.

Um den steigenden Anforderungen aus dem wissenschaftlichen Forschungsprozess an immer leistungsfähigere informationstechnologische Systeme entsprechen zu können, hat sich nach dem „Super-computing“ und dem „Cluster Computing“ eine weitere Art des Rechnens (der Nutzung der theoretisch-mathematischen Methode bzw. der Methode der informatischen Modellierung) entwickelt, das Grid-Computing.[87]

In Cern wurde von dem inzwischen geadelten Tim Berners-Lee das WWW entwickelt. Mit dem gegenwärtig in Cern vorangetrieben Projekt. geht es wieder darum, für die dort arbeitenden Physiker eine effiziente informationstechnische Infrastruktur zu entwickeln. Wieder könnte dies zu eine Technologie führen, die die Welt wesentlich verändert. Wenn der Large Hadron Collidor (LHC) im Jahre 2007 in Betrieb geht, wird er jährlich bis zu 15 Petabytes an Daten liefern. Dies entspricht dem Inhalt von Millionen DVDs. Kein Rechenzentrum in der Welt ist in der Lage solch riesenhafte Datenmengen alleine zu analysieren. Hierzu bedarf es des „Grid´s“. Das Grid soll es ermöglichen, dass Wissenschaftler der ganzen Welt auf die Daten zugreifen und sie gemeinsam auswerten können. Sie sollen diese Möglichkeit auch haben, wenn sie in ihren eigenen Rechenzentren nicht über die genügende Rechentechnik verfügen. Daraus ergibt sich die Notwendigkeit Zugriff auf Prozessorleistungen aber auch auf Daten und Anwendungen auf fremden Rechnern zu ermöglichen. Dies soll nicht über ein neues Internet erfolgen, sondern über die Erweiterung der Leistungsfähigkeit des bestehenden Netzes. So wie das WWW (Web) eine Plattform für den Austausch von Informationen ist, soll das Grid den Austausch von Rechnerressourcen ermöglichen. Die Vision ist, das der Nutzer dann die Ressourcen in An-

87 Michalewicz, N., Die Bedeutung der Grid-Thematik für die IT-Landschaft moderner Unternehmen. – In: Datenbank Spektrum, Zeitschrift für Datenbanktechnologie. (2005)12, S. 31 – 43; Magalshvili, V. / Rode, O., Grid Computing, Belegarbeit im Fach Wirtschaftsinformatik und Gesellschaft. Berlin: Fachhochschule für Technik und Wirtschaft 2006.

spruch nimmt, wenn er sie wirklich braucht. Heute werden schon Überlegungen vorangetrieben, wie weit die Grid-Thematik für die IT-Landschaft moderner Unternehmen in Zukunft Bedeutung gewinnen kann.[88]

7.4. *Die „Neue KI-Forschung"*

Eine enge Verbindung von Kognitionsforschung und Kognitionstechnologie sowie eine Verschmelzung der allgemeinwissenschaftlichen Methoden der Nutzung geistiger, informatischer Modelle, mit der Nutzung körperlicher Modelle erfolgt gegenwärtig in der „Neuen KI-Forschung".

Als „Neue KI" wird ein neuer Ansatz innerhalb der Künstlichen Intelligenz (KI) bezeichnet.

Dieser Ansatz ist in mehrfacher Weise bemerkenswert, so auch im Rahmen der hier zu behandelnden Thematik der Modellbildung im Methodengefüge der Wissenschaften.

Viele der Argumente der sogenannten KI-Kritiker werden akzeptiert. Vor allem das Argument von Hubert Dreyfus[89], dass Begrenzungen frühere KI-Ansätze insbesondere darin begründet sind, das die entwickelten Systeme keinen Körper haben.

Aus der Körperlichkeit, der relativen Autonomie der Systeme gegenüber ihrer Umwelt ergibt sich eine neue Sicht auf die Welt der Lebewesen.

Intelligenz ist dann nicht mehr ein Kriterium zur Abgrenzung des Menschen vom Tier, sondern ein gemeinsames Erbe, welches allen Lebewesen, wenn auch in unterschiedlicher Weise und Ausprägung, zukommt.

7.4.1. *Autonome Systeme: Softwareagenten*

Die Agenten-Metapher wurde von einem der Pioniere der KI-Forschung, Marvin Minsky (1985), eingeführt. Er wollte damit lineare Programmstrukturen als Modell kognitiver Prozesse überwinden. Anstelle eines zentral abzuarbeitenden Programms werden viele miteinander interagierende Spezialprogramme, sogenannten Agenten, genutzt. Diese Agenten haben einen Handlungsspielraum, so dass sie einen ihnen übergebenen Auftrag relativ selbständig ausführen können. Manche Vertreter der KI sprechen hier vom „kooperativen Problemlösen", für manche haben die Agenten dabei Gefühle und Wünsche. Dies sind bei diesem Ansatz der KI-Forschung mögliche Übertreibungen. Denn es bleibt dann wieder zu definieren, was hier unter Problem, unter Gefühl usw. zu verstehen ist. Im Ganzen ist jedoch die „Neue KI" hinsichtlich dessen, was sie zu erreichen wünschen wesentlich zurückhaltender, als manche Vertreter der „alten" bzw. der sog. starken KI-Forschung.

88 Michalewicz, M., Die Bedeutung der Grid-Thematik für die IT-Landschaft moderner Unternehmen. – In: Datenbank Spektrum, Zeitschrift für Datenbanktechnologie. (2005)12, S. 31 – 43.

89 Dreyfus, H., Die Grenzen künstlicher Intelligenz – Was Computer nicht können. Athenäum, 1985.

Das Besondere dieses neuen Ansatzes besteht insbesondere darin, dass die Reihenfolge in der die Agenten ihre speziellen Fähigkeiten zur Auftragserledigung einsetzen, von ihnen selbst organisiert werden soll.

Wir haben einerseits heute in den Neurowissenschaften ein besonders starkes Anwachsen an Einzelwissen über das Gehirn und andererseits ein relativ unsystematisches experimentieren mit Künstlichen Neuronalen Netzen. Auch hier liegt die Verschränkung der Forschungen am Modell und beim Experiment nahe, um zu einer Erklärung des Verhaltens solcher „hochgradig parallel" funktionierender Systeme zu gelangen.

Das Wesentliche an Agenten ist das Agieren. Dies kann als Verhalten angesehen werden, welches formale Lernprozesse, d.h. Lernen durch Aufnahme von Signalen aus der Außenwelt zur Grundlage hat.[90]

7.4.2. *Autonome Systeme: Roboter*

Die Überlegungen zur Selbstorganisation und Generierung von Bedeutungen fanden auch in der modernen KI-Forschung fruchtbare Anwendung. Es wird versucht bestimmte Aspekte von Selbstorganisation zu simulieren. Wie Peter Fleissner und Gregor Fleissner mit ihrem Gedankenmodell "Der Blinder Springer"[91] zeigen konnten, geht es hierbei insbesondere um das Zusammenspiel von Vorgängen zwischen physischer und symbolischer Welt (Pragmatik) sowie die Entstehung von Bedeutungen durch diese Interaktion.

Das evolutionäre Konzept der Information[92] geht davon aus, dass Information in unterschiedlicher Qualität auf verschiedenen Ebenen der Organisation lebender Materie erzeugt und genutzt wird. Damit gibt es auch qualitativ verschiedene Prozesse der Semantisierung zuvor bedeutungsloser Strukturen.

Christian Stary und Markus Peschl zeigen anhand des Verständnisses der Information als Trias von Syntax, Semantik und Pragmatik die Notwendigkeit und Möglichkeit den kognitivistischen Ansatz mit dem konnektivistischen Ansatz der KI-Forschung zu verbinden, sodass KI-Systeme entstehen, welche die Vorteile beider Ansätze, speziell die Möglichkeit der Gewinnung von Bedeutungen (extensionaler Semantik) durch aktives Verhalten in der Umwelt zu nutzen, vgl. Abbildung 7.[93]

Das neue Paradigma der sogenannte neuen KI-Forschung (Körperbasierten Artificial Intelligence), die Autonome Agenten schaffen will, speziell Softwareagenten und

90 Fuchs-Kittowski, K. Das Leben der Technik – Mechanismen der Informationsverarbeitung, interne Informationsentstehung und Ethik. – In: Werte für Europa – Medienkultur und ethische Bildung in und für Europa. Hrsg. v. Peter Docherty, Klaus Fuchs-Kittowski, P. Kolm u. L Mathiassen. Düsseldorf: B+B Medien 2006.

91 Fleissner, P., / Fleissner, G., Jenseits des chinesischen Zimmers: Der blinde Springer – Selbstorganisierte Semantik und Pragmatik am Computer. – In: Information und Selbstorganisation- Annäherung an eine vereinheitlichte Theorie der Information. Hrsg. v. N. Fenzel, Wolfgang Hofkirchner u. G. Stockinger. Wien: Studien Verlag 1998. S. 325 – 338.

92 Fuchs-Kittowski, K., Reflictions on the Essence of Information. – In: Software Development and Reality Construction. A. a. O. S. 416 – 432.

Abbildung 7: *KI-Modell von Christian Stary und Markus Peschl verbindet den kognitivistischen mit dem konnektivistischen Ansatz*

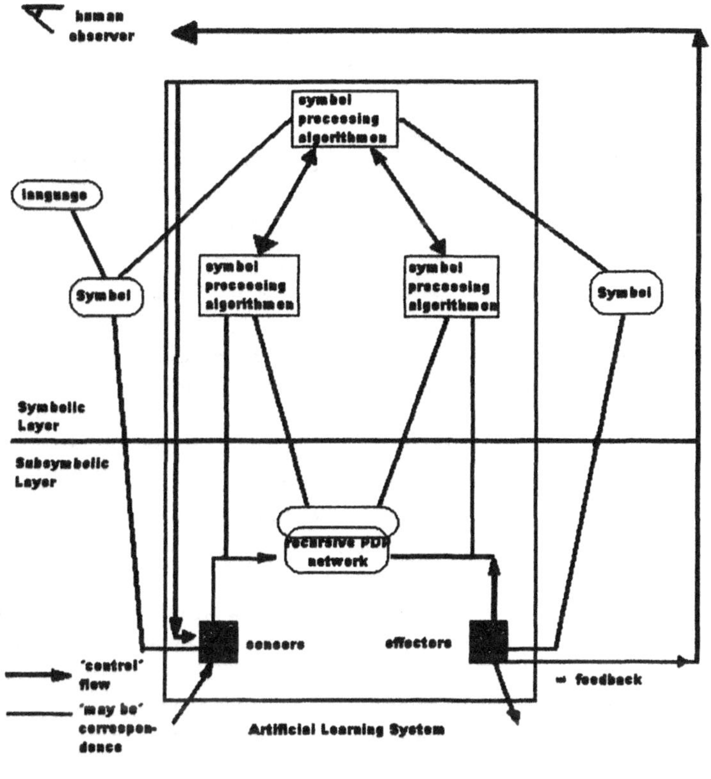

Roboter, die in der Lage sind, sich selbständig mit ihrer Umwelt auseinanderzusetzen, muss sich der Frage stellen, wie emergente Eigenschaften entstehen [Emergent AI] und vor allem auch ob und wie Semantik entstehen kann. Mit den qualitativ unterschiedenen Ebenen der Informationsverarbeitung sind auch qualitativ verschiedene Prozesse der Semantikgenerierung zu beachten. Der qualitative Unterschied zwischen der semantischer Informationsverarbeitung des Menschen, bei der Inhalte (begriffliche Bedeutungen) durch andere Inhalte verändern werden – Semantik direkt auf Semantik wirkt und der syntaktischen bzw. maschinellen Informationsverarbeitung, bei der man durch syntaktische Transformationsprozesse zu neuen Bedeutungen gelangt[94], bleibt bestehen, aber die Transformationsprozesse und die

93 Stary, Ch. / Peschl M., Towards Constructivist Unification of Conventional Machine Learning and Parallel Distributed Processing. – In: Android Epistemology. Ed. by K. Ford, C. Glymour and P. Hayes. MIT-Press 2006. S. 183 – 214.

ihnen zugeordneten Bedeutungen liegen nicht von vornherein fest, sondern bilden sich in der Interaktion mit der Umwelt erst heraus.

Besonders charakteristische für die Neue Künstliche Intelligenz ist das Neuronale-Netz-Modell zur Steuerung der sechs Beine eines laufenden Roboters des Biologen Holk Cruse.[95] Es geht ihm um die Aufklärung der neuronalen Grundlagen der ebenfalls sechsbeinigen Stabheuschrecke (carausius morosus), also um empirische neurobiologische Forschung.

Die Konstruktion von Robotern erweist sich hier als günstiger als die Simulation im Computer. Die tatsächlichen physiologischen Gegebenheiten sind offensichtlich viel zu kompliziert, um sie adäquat mit einer Computersimulation zu erfassen. Immer mehr Forscher nutzen daher die Möglichkeit funktionale Teilaspekte von Tieren in Form von Robotern nachzubilden. Die Bewegungskoordination bei der Stabheuschrecke ist dafür ein Vorbild. Denn die klassische Lösung des Problems hätte ein symbolisches Modell vorausgesetzt, durch das die Beinbewegungen repräsentiert wird. Die jetzt eingebauten sensorischen Rückmeldungen über den Zustand der Umwelt und des eigenen Körpers ersparen viel Aufwand für die modellhafte Repräsentation.[96]

Verallgemeinernd kann festgestellt werden: Es handelt sich hier um Systeme, die in der Lage sind, miteinander in Kontakt zu treten, zu kommunizieren.

Sie verfügen über Strukturen, die semantisiert werden können. Bestimmte Verhaltenselemente existieren schon und andere können erlernt werden. Die Systeme verfügen über Informationsverarbeitungsmechanismen, die es ermöglichen aus einer Potenz noch nicht bedeuteter Verhaltensweisen (Produktion von Lautfolgen bei den Vögeln[98], Sprungversuche beim Reiter) zufällige Muster auszuwählen und mit Bedeutungen zu belegen. Das ist die Fähigkeit, Duette auszubilden bzw. verschiedene Sprünge zu realisieren).

Die Bedeutung der Signale ist also nicht von vornherein vorgegeben, sondern es findet eine Semantisierung bzw. ihre Bedeutung statt.

94 Fuchs-Kittowski, K. / Lemgo, K. / Schuster, U. / Wenzlaff, B., Man/Computer Communication: A Problem of Linking Semantic and Syntactic Information Processing. – In: Workshop on Data Communication, September 15-19, 1975, International Institute for Applied Systems Analysis 2361 Laxenburg, Austria

95 Cruse. H. / Dean, J. / Ritter, H., Die Erfindung der Intelligenz oder können Ameisen denken? München: C. H. Beck 1998; Cruse, Holk Objective facts, subjective experiences, and neuronal constructs. – In: Knowledge and the world: challenges beyond the science war. Ed. by M. Carrier, J. Roggenhofer, G. Küppers and Ph. Blanchard. Berlin: Springer 2004. S. 191 – 209.

96 Pfeifer, R., Teaching Powerful Ideas with Autonomous Mobile Robots. – In: Journal of Computer Sciences Education. 7(1997)2, S. 161 – 186.

97 Möller, R. et al. (1998): Insect Strategies of Visual Homing in Mobile Robots. – In: Proc. Computer Vision and Mobile Robotics Workshop, CVMR'98, 37-45FORTH, Heraklion, Greece

98 Jahn, R., Information in selbstreferentiellen Systemen in der Ethologie. – In: Information und Selbstorganisation. Hrsg. v. Norbert Frenzel, Wolfgang Hofkirchner u. Gottfried Stockinger. Innsbruck: Studien Verlag 1998. S. 211 – 252.

Handelt es sich um eine Semantisierung zuvor bedeutungsloser Strukturen, um die Bedeutung der Syntax, so geht es um „extensionale Semantik", denn sie hat keine oder sehr reduzierte Intensionalität. Um von einer Semantik zu einer anderen Semantik zu gelangen, bedarf es der entsprechenden Syntaxtransformationen. Erst auf den höheren Stufen erlangen Semantikbeziehungen eine konstituierende Funktion, indem sie Syntaxtransformationen steuern. So zum Beispiel beim sematischen feedback im sich selbst organisierenden Recherchesystem[99] Hier haben wir es mit „intensionaler Semantik" zu tun. Intensional heißt dann, dass die Semantik direkt – nicht nur vermittelt über Syntaxtransformationen – auf Semantik wirkt.

Ob dies durch das neue Forschungsprojekt der EU – das im Kinderzimmer spielende Roboter Kind[100] – wirklich wird leisten können bleibt abzuwarten. Doch im Zusammenhang mit der hier zu behandelnden Thematik: der Modellbildung im Methodengefüge der Wissenschaft ist festzustellen, dass mit der Neuen KI-Forschung nun auch die zuvor von einander getrennten gesehenen körperlichen und symbolischen Modell miteinander verschmelzen zu einem neuen fruchtbaren Forschungsansatz.

7.4.3. *Informatische Modellierung betrieblicher Leistungs-, Leitungs- und Kommunikationsprozesse*

Die Gestaltung von Informationssystemen in betrieblicher Organisation durch Informatiker und speziell Wirtschaftsinformatiker ist deutlich eines der zentralen Anwendungsgebiete der informatischen Modellmethode[101] Auf die Modellierung betrieblicher Leistungs- und Leitungsprozesse sowie speziell der Kommunikationsprozesse zu deren Unterstützung durch den Einsatz moderne Informations- und Kommunikationstechnologien kann hier nicht mehr im Detail eingegangen werden. Aber es ist offensichtlich, das die Wettbewerbsfähigkeit von Unternehmen wesentlich von ihrer Fähigkeit bestimmt ist, Marktanforderungen vorauszusehen. Dazu bedarf es der modernen Informations- und Kommunikationstechnologien. Sie müssen rational und menschengerecht Gestaltet und in die komplexe menschliche Tätigkeit, in die betriebliche Organisation integriert werden. Die weiter Differenzierung der

99 Brier, S., What Is a Possible Ontological and Epistemeological Framework for a True Universal Information Science? The Suggestion of Cybersemiotics. – In: The Quest for a Unified Theory of Information, World Futures General Evolution Studies, Volume 13. Ed. by Wolfgang Hofkirchner. Gordon and Breach Publshers, Australien, Germany, 1994 S. 41; Brier, S., The Usefullness of Cypersemiotics in Dealing with Problems pf Knowledge Organization and Dokument Mediationg Systems. – In: Cybernetica. 30(1996)4; Fuchs-Kittowski, K., Informations- und Kommunikationstechnologien – Organisation und Management des Wissens. – In: Allgemeine Technologie – Vergangenheit, Gegenwart, Zukunft, Hrsg. v. Gerhard Banse u. Ernst-Otto Reher. Sitzungsberichte der Leibniz-Sozietät, Band 50, Jahrgang 2001.

100 Dworscha, K. M., Roboter in der Krabbelstube. – In Der Spiegel, 52/2005.

101 Herausforderungen der Wirtschaftsinformatik. Hrsg. v. René Riedl u. Thomas Auinger. Wiesbaden: Deutscher Universitätsverlag 2004.

Arbeitsprozesse, der Projekte und der betrieblichen Organisationsformen führt zu einem erhöhten Bedarf an qualifizierter Kommunikation zur Erreichung der Geschäftsziele.[102] Es zeigt sich jedoch immer deutlicher, dass allein die Verfügbarkeit über moderne IKT keine hinreichende Bedingung für eine sinnvolle Organisation der Kommunikation ist. Wichtig wird hier zum Beispiel ein Anwendungsmodell, welches die Integration der verschiedenen Strategien des Wissensmanagements: der informationsorientierten sowie der kommunikationsorientierten gestattet.[103]

8. *Probleme und Potenziale der Modellbildung und Simulation*

Modellierung bzw. computerunterstützte Simulation bietet dem Experimentator Möglichkeiten, die bei Experimenten am realen Objekt nicht gegeben sind. Aber auch diese neue Form wissenschaftlicher Vorgehensweise, dieser neuen Form der Verschmelzung von Theorie und Experiment sind Grenzen gesetzt. Die Entwicklung des Modells kann sehr aufwendig sein und kann die Komplexität der Problemstellung noch weiter erschweren. Wenn zuvor betont wurde, dass der Subjektbezug des Modells zu beachten ist, so birgt die Subjektivität der Betrachtung des Modellierers Gefahren, vgl. Abbildung 8.

Zusammenfassend soll festgestellt werden: Wenn wir hier die revolutionäre Rolle der Methode und speziell die Bedeutung der Modellmethode für die Erforschung natürlicher und gesellschaftlicher Systeme und Prozesse herausgearbeitet haben, ging es um die Verdeutlichung charakteristischer Züge moderner Wissenschaftsentwicklung. Wenn wir zugleich zu verdeutlichen suchten, das damit auch eine Veränderung des Wissenschaftsverständnisses verbunden ist, so muss zugleich auch gesagt werden, dass übertriebene Vorstellungen von einer völlig neuen Qualität der (mathematischen) Beherrschung natürlicher, technischer und sozialer Systeme und Prozesse durch die Modellmethode und dem Einsatz moderner Informations- und Kommunikationstechnologien nicht das Wort geredet werden kann und soll. Rechnerunterstützte Simulation wird für die Lösung einer Vielzahl von Problemen angeboten. Die Berechtigung dazu liegt zunächst darin, dass in der Tat im Bemühen um Präzision und Voraussicht wissenschaftliche Erkenntnisse gewonnen werden. Übertriebene Erwartungen an die Leistungskraft formaler Systeme beruhen jedoch unter anderen auf dem einfachen erkenntnistheoretisch-methodologischen Fehler der Verwechs-

102 Kamphusmann, Th., Modellierung, Analyse und Gestaltung Betrieblicher Kommunikation. – In: Wissensprozesse in der Netzwerkgesellschaft. Hrsg. v. Peter Gendolla u. Jörgen Schäfer. Bielefeld: transcript Verlag 2005.

103 Fuchs-Kittowski, F. / Prinz, W., Interaktionsorientiertes Wissensmanagement. Frankfurt am Main-Berlin-Wien: Peterlang Verlag 2005; Fuchs-Kittowski, K., Strategies for the Effective Integration of ICT into Social Organization – Organization of Information Processing and the Necessity of Social Informatics. – In: Social Informatics : An Information Society for All ? In Remembrance of Rob Kling. Ed. by Jaques Berleur, Marcu I. Nurminen and John Impagliazzo. New York: Springer Verlag 2006.

Abbildung 8: *Potenziale und Probleme der Modelbildung und Simulation* (Page, B., a. a. O.. S. 20.)

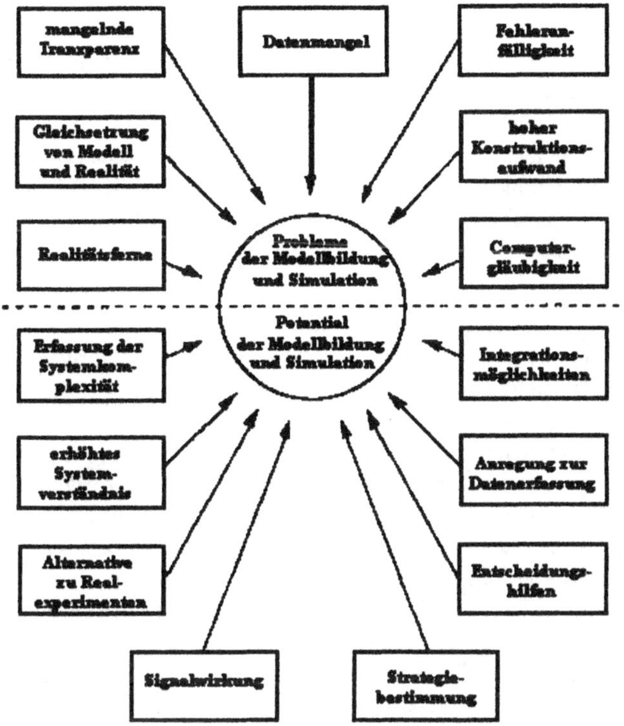

lung von Wirklichkeit und Modell. Bei der Ubertreibung wird auch dort das formale Modell als eine gute Repräsentation der Wirklichkeit angesehen, wo es nur einige Aspekte der Wirklichkeit in erster Annäherung wiedergibt. Also ohne die Erfassung der wirklich wesentlichen Zusammenhänge.

Dies trifft, wie deutlich wurde, zum Beispiel zu, wenn makroökonomische Prognosemodelle eine wirtschaftliche und politische Rationalität unterstellen, wo die Grundlage für die bewusste Gestaltung der Produktionsverhältnisse und konkreten Lebensweise fehlen oder bei Vorhandensein solcher Grundlagen die Möglichkeiten zur bewussten Gestaltung nicht genutzt werden, da eine Selbstlaufkonzeption letztlich unterstellt wird.

Wenn bei der Modellierung von Informationsprozessen nicht die Einheit von Informationssystem, Arbeits- und Organisationsgestaltung gesehen wird, muss für die Geringschätzung des sozialen Kontextes, der menschlichen Seite der Arbeitsprozesse, mit Havarien und ineffektiven sowie unvollendet bleibenden Projekten bezahlt werden.[104]

Auf die Begrenztheit von Simulationsmodellen wurde sehr klar von Joseph Weizenbaum verwiesen.[105] Im Untertitel der Originalausgabe: „Computer Power and Human Reason" heißt es: „From Judgement to Calculation". Politikern seines Landes macht Joseph Weizenbaum den Vorwurf, dass sie immer weniger ihre Aufgabe darin sehen, die politische Situation, die sozial wirksamen Kräfte, wirklich einzuschätzen, sondern sich immer mehr allein auf Ergebnisse aus Simulationsmodelle verließen. Aber, wie zum Beispiel Simulationsmodelle vom Verlauf des Vietnamkrieges belegen, gehen viele Größen, wie Kampfeswille des Gegners, Heimatliebe unter anderen nicht in die Modellrechnung ein. Die alleinige Orientierung an der „Modellwahrheit", der Verzicht auf eine umfassendere Beurteilung der wirklichen Situation, wird somit oftmals in die Irre führen. Auch heute fragt Joseph Weizenbaum weiter: „Wo sind sie, die Inseln der Vernunft im Cyberstrom?"[106]

Die Grenzen zwischen formalem Modell und nicht formaler Wirklichkeit werden auch tragisch deutlich, wenn einerseits ein erwünschter Durchbruch in der Mustererkennung einen sicheren Schild gegen Raketenangriffe bieten soll, während in der Realität das elektronische Feuerleitsystem weder in Größe noch Anflugwinkel zwischen einem angreifenden, kleinen Jagdflugzeug und einem großen aufsteigenden Jumbojet mit zivilen Passagieren unterscheiden kann.[107] Dies zeigt deutlich, dass es immer die Kluft zwischen formalem Modell und der Dynamik der realen Lebensprozesse zu überbrücken gilt und es durchaus folgenschwer sein kann, würde man sich auf die Leistungskraft formaler Konstruktionen allein verlassen.[108] Die Exaktheit einer Wissenschaft ist nicht allein durch den Grad der Anwendung der Mathematik bestimmt, sondern durch den Grad der Erkenntnis und Beherrschung der von ihr zu untersuchenden wesentlichen Zusammenhänge, der Erschließung der den gewonnen Daten zugrunde liegenden Gesetzmäßigkeiten.

Wenn wir also dem Gedanken Kants, „dass in jeder besonderen Naturlehre nur so viel eigentliche Wissenschaft angetroffen werden könne, als darin Mathematik anzutreffen ist"[109] nicht in seiner Absolutheit folgen, ja nach dem zuletzt Gesagten auch

104 Fuchs-Kittowski, K., Strategies for the Effective Integration of ICT into Social Organization – Organization of Information Processing and the Necessity of Social Informatics. A a. O., S. 431 – 444

105 Weizenbaum, J., Die Macht der Computer und die Ohnmacht der Vernunft. Frankfurt am Main: Suhrkamp Verlag 1977.

106 Weizenbaum, J. / Wendt, G., Wo sind sie, die Inseln der Vernunft im Cyberstrom? – Auswege aus der programmierten Gesellschaft. Freiburg-Basel-Wien: Herder Verlag 2006.

107 Brunnstein, K., Human Intelligence and AI. – In: Opportunities and Risks of Artificial Intelligence Systems ORAIS'89, Proceedings of the International IFIP-GI-Conference. Ed. by Klaus Brunnstein, Simone Fischer-Hübner and Rolf Engelbrecht. Faculty for Informatics, University of Hamburg 1991, S. 136 – 142.

108 Bei dem Lawinenunglück in Galtür, Österreich, wurde der Kern des Dorfes besonders hart betroffen, obwohl nach den Aussagen der Computersimulation das Dorfzentrum in der Gefahrenfreien Zone lag. Die Fehleinschätzung trat ein, weil zu wenig Daten für die Simulation zur Verfügung standen

nicht folgen dürfen, so ist es doch eine erregende Aufgabe unserer Zeit, genauer zu untersuchen, welche neuen Möglichkeiten der Biologie und Medizin und der Wissenschaft überhaupt, durch das Eindringen der Mathematik, der Kybernetik, der Informatik, der modernen Informations- und Kommunikationstechnologien und damit eng verbunden, durch die Entwicklung der Modellmethode, geboten werden.

Der vom Menschen stets zu überbrückende Gegensatz zwischen der sich dynamisch entwickelnden natürlichen und sozialen Wirklichkeit und formalen Modellen, ihre Leistungsfähigkeit und Grenzen liegen eben gerade darin begründet, dass es menschlichen Konstruktionen sind, die sich von der Wirklichkeit unterscheiden. Die Methode der Modellierung, die rechnerunterstützte Simulation kann daher nur in engem Zusammenhang mit den beiden traditionellen Zweigen wissenschaftlicher Methodologie – Experiment bzw. experimentelle Methode und Theorie bzw. theoretisch-mathematische Methode – angewendet werden. Angemessene mathematische Modellierung, entsprechende Softwareentwicklung und Informationssystemgestaltung in der Industrie und so auch in Medizin und Gesundheitswesen, kann daher auch nur unter Mitwirkung der Nutzer und Betroffenen, als den eigentlichen Experten der Arbeitsprozesse, erfolgreich sein.

Das informatische Modell, die informatische Modellmethode, so ist grundsätzlich festzuhalten, gewinnt im Methodengefüge der Wissenschaft und Technik immer größeres Gewicht. Ihre Bedeutung kann kaum überschätzt werden, da sie nicht nur vermittels der Erkenntnismodelle zum Erkenntnisgewinn in den Wissenschaften beiträgt sondern weil sie, durch Abstraktion und semiformale Beschreibung, die Arbeitsteilung zwischen Maschine und schöpferisch tätigem Menschen unterstützen.

Die informatische Modellierung im Rahmen des moderne Software Engineering hat eine Kultur der Modellierung entwickelt die in allen Phasen der Softwareentwicklung und -nutzung fruchtbar wird. Die Modellwelt des Software Engineering, die hier entwickelten Methoden der informatischen Modellierung, sind auch auf andere Ingenieurdisziplinen übertragbar. Dies kann wesentlich zur Systematisierung und Standardisierung und somit auch zur Entwicklung einer allgemeinen Technologie beitragen. Im Rahmen einer interdisziplinären Diskussion der Probleme der informatischen Modellierung wird es somit möglich und notwendig an der erforderlicher Reflexion über Wissenschaft und Technik mitzuwirken.

109 Kant, I., Metaphysische Anfangsgründe der Naturwissenschaft [Vorrede] nach der ersten Ausgabe, 1781 S [VIII]

Karlheinz Lüdtke

Wirksamkeit wissenschaftlicher Kontroversen für die Entwicklung wissenschaftlichen Wissens: zur Geschichte der Geschwulstforschung

Mein Anliegen ist es, zu erkunden, welche Bedeutung Entstehung und Austragung von Kontroversen für die Entwicklung wissenschaftlichen Wissens haben. Dabei lasse ich mich von folgendem Verständnis leiten: Weil, hier folge ich Kuhn, „normale Wissenschaft" allein die Konsolidierung des schon Gewussten betreibt[1] und darauf hingearbeitet wird, dass ihre Ergebnisse im wesentlichen auf die theoretischen Grundlagen der Forschungsarbeit zurückführen, sind über bloße Wissensfestigung und -ausweitung hinausgreifende Fortschritte nur möglich, wenn es etwas gibt, dass diesen Reproduktionskreislauf durchbricht. Dies ist der Fall, wenn Anomalien aufkommen, Erklärungsprobleme, die sich nach Maßgabe herkömmlicher Konzepte einer Disziplin nicht bewältigen lassen und dazu motivieren, ganz neue Erklärungen zu entwickeln.

Wissenschaftliche Gemeinschaften arbeiten ungewollt einem solchen Punkt zu, indem sie gegebene Anforderungen produktiver als zuvor zu bewältigen trachten, um die Konsolidierung voranzutreiben. Dies schließt Spezialisierung und Perfektionierung experimenteller und Beobachtungstechniken ein. Mit solchen Veränderungen kann es dazu kommen, dass andere Reaktionsmöglichkeiten der Objekte auf die technischen Bedingungen realisiert werden, als es die theoretisch erwarteten sind, was weitere Eingriffe in die Techniken veranlasst, um nicht beabsichtigte Effekte wenigstens unter Kontrolle zu halten, wodurch aber wiederum Wechselwirkungen zwischen Beobachtungsbedingungen und -gegenstand auf Dauer verändert werden. Es kommt zu Brüchen in der Tradierung von Forschungskonzepten, die sich in der Aufdeckung von Phänomenen äußern, welche sich mit eingelebten Gewissheiten nicht vereinbaren lassen.

Auch beim Umgang mit theoriewidrigen Erscheinungen verfahren Wissenschaftler nicht voraussetzungsfrei. Es wird in solchen Fällen auf Konzepte anderer Fachgebiete zurückgegriffen, als es das Gebiet ist, wo die Probleme aufgekommen sind. Man erhofft sich, so neue Referenzaspekte des Forschens zu gewinnen, in deren Licht sich die Schwierigkeiten beheben lassen. Doch sind es verschiedene, miteinander nicht verknüpfte Ideen, die vertreten werden, denn ein nach der Entdeckung eines neuen Phänomens fragwürdig gewordenes Paradigma kann die verschiedenen Wissenschaftler nicht einheitlich auf bestimmte, in ihm nicht begründete Möglichkeiten hinlenken,

1 Kuhn, Th. S., Die Entstehung des Neuen. Studien zur Struktur der Wissenschaftsgeschichte. Frankfurt am Main: Suhrkamp 1977. S. 267.

um der Anomalie Herr zu werden. In der Verschiedenheit dessen, wonach Mitglieder einer wissenschaftlichen Gemeinschaft die neuen Phänomene aufzuklären trachten, ist die Entfaltung von Kontroversen angelegt, deren Austragung die Forscher von den Fesseln an das Überlieferte befreit.

Anomalien kennzeichnet Lorenz Krüger als „wissenschaftlich heimatlose und darum potentiell allemal interdisziplinäre Probleme".[2] Weil sie sich nicht in Bedingungen zur Erhaltung gegebener Forschergemeinschaften transformieren lassen, kommt es zu Reproduktionskrisen derselben. Um sie zu bewältigen, wird versucht, Konzepte aus anderen Gebieten nutzbar zu machen, was Beziehungen zu Angehörigen dieser Gebiete fördert, bei denen man womöglich auf ein Gegeninteresse stößt, weil es ihnen vertraute Konzepte sind, die zur Lösung der aufgekommenen Rätsel herangezogen werden. Die Anknüpfung solcher (interdisziplinärer) Beziehungen leitet die Herausbildung neuer Forschungsrichtungen bzw. wissenschaftlicher Spezialgebiete ein.

Zur Prüfung der Annahmen wurde ein Fallbeispiel aus der Geschichte der Geschwulstforschung untersucht. Es wurden Kontroversen betrachtet, die aufkamen, nachdem zu Beginn des vorigen Jahrhunderts bei der Erforschung von Ursachen der Tumorentstehung eine von Krebszellen abtrennbare Substanz entdeckt worden war, eine Substanz, die sich von Organismus zu Organismus übertragen ließ: Aus dem Gewebe eines mit Hilfe eines solchen Stoffes erzielten Tumors ließ sich aufs neue etwas Derartiges gewinnen, das bei einem weiteren Organismus eine Geschwulst hervorrief und so fort.

1. *Zur Geschichte der Auseinandersetzungen um das richtige Verständnis der Natur des „Geschwulstvirus"*

Seinerzeit gab es im wesentlichen zwei Richtungen, in denen nach Krebsursachen gefahndet wurde, eine infektions- und eine zelltheoretisch orientierte Richtung. Forscher, die der letztgenannten folgten, meinten, dass sämtliche Erscheinungen der Krebswucherung auf irgendwie gestörte zelluläre Prozesse zurückführbar seien. Sie stützten sich auf Versuche, mit denen Tumorgewebe auf gesunde Organismen überpflanzt wurde, um so neue Geschwülste zu erzeugen. Damit wollte man zeigen, dass die Übertragungsfähigkeit der Geschwülste allein an die Krebszelle geknüpft sei. Das für die Versuche verwendete Material sollte vor jeglicher Ansteckung geschützt worden sein, um den Verdacht zu entkräften, Krebs würde von irgendwelchen Keimen herrühren. Die Anhänger der erstgenannten Richtung hingegen glaubten, dass in Zellen eindringende schmarotzende Mikroben für die Tumoren verantwortlich seien. Häufig wurde gemeldet, dass man die Wirksamkeit dieser oder jener Mikrobe nachgewiesen habe (manche Forscher wollten bestimmte Fadenwürmer, andere Mil-

2 Krüger, L., Einheit der Welt – Vielheit der Wissenschaft. – In: Interdisziplinarität. Praxis – Herausforderung – Ideologie. Hrsg. v. Jürgen Kocka. Frankfurt am Main: Suhrkamp 1987. S. 106 – 125, S. 118, 119.

ben, Protozoen oder sonstige Mikroorganismen als Krebsursache ausgemacht haben).[3] Forscher, die diesem Konzept folgten, bedienten sich vornehmlich bakteriologischer Verfahren.

Mit der Entdeckung eines von Krebszellen separierbaren, von Organismus zu Organismus übertragbaren tumorerzeugenden Materials gewann die Auseinandersetzung zwischen diesen Richtungen einen neuen Schwerpunkt, der sich als Streit darum äußerte, wie die Natur dieses Agens zu verstehen sei. Man war darauf gestoßen, dass sich eine Geschwulstübertragung von Organismus zu Organismus mit immer geringeren Zellmengen bewirken ließ. Dass dazu bereits eine Impfung mit sehr dünnen und äußerst geringen „Geschwulstsaft"mengen verhalf, ließ die Frage aufkommen, inwiefern Krebszellen für die Weiterimpfung überhaupt von Bedeutung sind. So lag es nahe nachzuschauen, was passiert, wenn man dem Organismus ein weitgehend von Zellen bereinigtes Tumormaterial einimpft, gewonnen mit Hilfe eines Verfahrens, mit dem Geschwulstsaft durch bakteriendichte Filter geleitet worden war. Ursprünglich sollte mit dieser Technik das, was zu einer Erkrankung führt, gewissermaßen aus dem Saft herausgesiebt werden, und das hätte eben zellenartiges Material sein müssen, nach zytologischem Verständnis irgendwie geschädigte Zellen, nach infektionstheoretischer Vorstellung (zellulär aufgebaute) Mikroben. Das, was durch die Poren der Filter sickerte – das Filtrat –, hätte sich demnach als völlig harmlose Flüssigkeit erweisen müssen, denn die Poren waren so fein, dass man erwarten konnte, dass sie den vermeintlich tumorinduzierenden Zellen bzw. Mikroben keinen Durchgang gewähren würden. Doch als geschwulstbildend erwiesen sich die Filtrate. So war es naheliegend, dem Agens Zellfreiheit bzw. subzelluläre Dimensionen zuzuerkennen. Ein filtrierbares Agens, das eine ganze Reihe von Krankheiten hervorrief, galt gemeinhin als „Virus". Und so kam die Frage auf, ob die Ursache der Geschwulstbildung nicht ein „Krebsvirus" sein könnte.

Zur Verteidigung der Auffassung, dass für Geschwulstbildungen Mikroben verantwortlich seien, ohne deshalb die Wirksamkeit von Filtraten leugnen zu müssen, wurde anfänglich erwogen, ob es sich hierbei nicht um so etwas wie – subzellulär beschaffene – „Mikrobakterien" oder „Ultramikroben" handeln könnte, also um etwas, das wegen seiner äußerst winzigen Ausdehnung die Poren eines Filters zu passieren in der Lage wäre, wohingegen in der Gegenpartei Forscher zu bedenken gaben, dass nicht alles, was das Filter passiere, zellfrei sein müsse. Es gebe ja auch sehr kleine Zellen, die die Filter passiert haben könnten, „Zwergzellen", die sich vielleicht noch in große Tumorzellen verwandeln würden. Oder es wurde behauptet, dass, wenn auch nicht ganze Zellen, so doch zumindest Zelltrümmer im Filtrat enthalten seien.[4] Auch später, als

3 Siehe Schüller, M., Parasitäre Krebsforschung und der Nachweis der Krebsparasiten am Lebenden. Berlin: Vogel & Kreienbrink 1903.

4 Siehe Schuurman, O. J., Der Bakteriophage, eine Ultramikrobe. Das d'Herellesche Phänomen. Bonn: P. Rohrmoser. 1927. S.136 ff.; Borst, M., Über Kleinzellen in Tumoren. Ein Beitrag zur Frage der zellfreien Geschwulstübertragung. – In: Zeitschrift für Krebsforschung (Berlin). 44(1936), S. 145 – 156, S. 147 ff.

man die Auffassung teilte, dass es sich bei den Agenzien um Viren handle, die sich aus dem Geschwulstgewebe herauslösen ließen, kam es zu keiner Vereinheitlichung der Forschung. In der einen Richtung setzte man das fragliche Virus einem exogenen, einem lebenden Keim gleich, der in die Zellen eingedrungen sei. Es wurde als äußerst kleiner infektiöser Erreger verstanden, wenngleich mit dieser Position gewisse Schwierigkeiten verknüpft waren, weil man sich, wenn man an Mikroben als etwas zellulär Aufgebautes zu denken gewohnt war, doch fragen musste, ob es Mikroorganismen von subzellulärer Größe überhaupt geben könne. Sie schienen zu winzig zu sein, um all jene Teilstrukturen zu beinhalten, die die Träger der mannigfaltigen Lebensfunktionen sind (wie Atmung und Vermehrung). Überdies musste darüber nachgedacht werden, ob das Virus, weil es, wie man ermittelt hatte, über keinen eigenen Stoffwechselapparat verfügt und den der Zelle nutzt, überhaupt als Lebensform betrachtet werden darf. Diese Fragen stellten sich der Gegenpartei nicht, die dem Virus eine endogene Herkunft bescheinigte und es als einen zellintern entstandenen Stoff ansah. Krebsviren sollten im genetischen Apparat oder in den zytoplasmatischen Organellen der Zellen entstehen. Zur Verteidigung der Position, dass die fraglichen Agenzien allein durch die Lebenstätigkeit der Wirtszellen hervorgerufen würden, musste natürlich die Vorstellung abgelehnt werden, dass die Viren eigene Lebensfunktionen realisierten. Mit dieser Ablehnung erübrigte sich wohl eine Auseinandersetzung mit den daran geknüpften Erklärungsproblemen, denen sich die Anhänger des Mikrobenkonzeptes gegenübersahen. Doch trat an deren Stelle eine andere Schwierigkeit, die sich aus der Fassung des Virus ergab, dass es etwas Lebloses sei: Es musste gefragt werden, wieso sich das Filtrat mit der Fortsetzung der Übertragungen nicht aufbraucht. Denn sollte es sich beim Krebsvirus tatsächlich um einen zellintern aufgekommenen Stoff handeln, müsste es sich doch auf diesem Wege allmählich erschöpfen. Stattdessen schien es sich noch zu vermehren, weil es in beliebig langen Versuchsreihen weiter übertragbar blieb. Zur unbegrenzten Übertragbarkeit der vom Filtrat hervorgerufenen Geschwülste auf weitere Organismen waren schließlich jedes Mal nur äußerst geringe Mengen erforderlich, die im Körper des Empfängers eine beträchtliche Verdünnung erfahren mussten. Es ließ sich denken, dass selbst der wirksamste Stoff durch diese fortgesetzte Verdünnung alsbald unwirksam werden würde, wenn nicht ein entgegengesetzt gerichteter Vorgang ausgleichend eingriffe, die Fähigkeit, aus sich heraus an Menge zuzunehmen, sich durch Aneignung von Umweltstoffen unter steter Wahrung der ursprünglichen Eigenschaften zu vermehren, was aber als Attribut lebender Substanz galt.[5] Dass es etwas gab, das in den induzierten Tumoren verharrt und sich reproduziert, stützte eher die Annahme von etwas Lebendigem.

Ein besonderes Thema bezog sich auf die Frage, ob auch Krebserkrankungen des Menschen der Wirkung von Viren zugeschrieben werden können. Etliche Forscher glaubten, sich bei ihren Beobachtungen auf das Tierreich beschränken zu müssen,

5 Siehe Doerr, R., Die invisiblen Ansteckungsstoffe und ihre Beziehungen zu Problemen der allgemeinen Biologie. – In: Klinische Wochenschrift (Berlin). 2(1923), S. 909 – 912, S. 909.

weil sie keine Anhaltspunkte dafür finden konnten, dass irgendeine Form von Krebs auch beim Menschen von Viren erzeugt wird. Andere Forscher aber hielt dieses Problem nicht davon ab zu behaupten, dass Krebsviren durchaus auch beim Menschen zur Wirkung gelangten. Sie waren davon überzeugt, dass die weitere Forschung dies belegen würde.

In den 50er Jahren, wo sich mit der Entdeckung weiterer filtrierbarer Agenzien sowie der krebserregenden Wirkung von Chemikalien und Strahlen das Verständnis der Krebsbildung bedeutend bereichert hatte, setzte sich der Streit vornehmlich als eine Auseinandersetzung fort, in der die eine Seite das Virus-, die Gegenseite das Konzept der somatischen Mutation vertrat. Es waren die seinerzeit „wichtigsten Theorien der Krebsentstehung".[6] Gemäß dem Mutationskonzept wurde angenommen, dass die meisten Geschwülste durch Angriffe auf Körperzellen entstünden, durch Mutationswirkungen, die von Strahlen oder chemischen Substanzen ausgingen.[7] Dieses Konzept bot seinen Anhängern eine Erklärung für Phänomene wie die ererbte Anfälligkeit für Tumorbildung, aber auch für Umformungen normaler Zellen in Krebszellen unter dem Einfluss exogener Karzinogene.

Bedeutsam für die Debatte zur Krebsentstehung war überdies das Warburgsche Konzept, worauf ich der Zeitbegrenzung wegen nur mit wenigen Worten eingehe. Die primäre Tumorbildungsursache sah Warburg in einer Störung der Zellatmung. Während normale Zellen die lebensnotwendige Energie allein durch Atmung gewinnen, zeigt sich in malignen Zellen noch eine weitere Quelle ihres Bestehens, nämlich die Fähigkeit, sich auch bei vollständigem Abschluss von Sauerstoff am Leben zu erhalten, und zwar durch die Vergärung von Zucker zu Milchsäure.[8] Das Geschwulstvirus-Konzept wie auch die Theorie der somatischen Mutation hielt Warburg für völlig abwegige Ideen.[9]

Angefügt sei, dass auch außerhalb der Medizin das Viruskonzept zu Auseinandersetzungen führte, zum Beispiel auf dem Gebiet, wo es um die Erforschung der Ursprünge irdischen Lebens geht. Biochemiker fragten sich, so Butenandt 1955, „was wir ... aussagen können über das Problem der Urzeugung." Es müsse organische Substanz aus anorganischer entstanden sein.[10] Seit langem sei hier, wie Podolsky ausführt, ein Streit darüber im Gange, ob sich ein auf den Zellkern oder den Stoffwechsel zentriertes bzw. ob ein auf „molekulares" (auf einzelne Moleküle zurückführbares) oder auf „metabolisches" Geschehen angelegtes Konzept besser für die Erklärung des Lebensursprungs

6 Michaelis, P., Zur Theorie der Krebsentstehung. – In: Zeitschrift für Krebsforschung (Berlin). 56(1948/1950)2, S.164 – 170, S.164.

7 Bauer, K. H., Das Krebsproblem. Einführung in die allgemeine Geschwulstlehre für Studierende, Ärzte und Naturwissenschaftler. Berlin: Springer 1949. S. 531 – 545.

8 Siehe Warburg, O. H., Über den Stoffwechsel der Tumoren. Berlin: Springer 1926.

9 Siehe derselbe, Über die Entstehung der Krebszellen. – In: Die Naturwissenschaften (Berlin et al.). 42(1955)14, S. 401 – 406, S. 404.

10 Butenandt, A., Was bedeutet Leben unter dem Gesichtspunkt der biologischen Chemie? – In: Universitas (Stuttgart). 10(1955)1, S. 475 – 482, S. 478 f.

eigne – eine Kontroverse zwischen den sogenannten „nucleocentrists" und den „cytoplasmists".[11] Für die erstgenannte Richtung dient das Virus als Modell, weil dessen Ausdehnung es zulässt, es mit einem Molekül zu vergleichen und weil es etwas Lebendiges zu sein scheint. Weil es keinen eigenen Stoffwechselapparat besitzt, bietet es sich zur Entwicklung eines Gegenentwurfs zum Konzept der „cytoplasmists" an, was der Behauptung des Primats des Kernmaterials für die Entstehung des Lebens entgegenkommt. Gegen die Vorstellung, die Virusarten seien Vorstufen der einfachsten lebenden Zellen, lässt sich aber einwenden, dass es solche Gebilde gar nicht geben könne, ehe nicht höher organisierte Zellen existierten.[12]

Doch zurück zur Geschichte der Krebsforschung! Die Schwierigkeiten, denen sich die Forscher bei der Vertretung ihres jeweiligen Standpunktes gegenübersahen, wurden von ihnen vorrangig als Problem eingestuft, das sich mit der weiteren Entwicklung bewältigen ließe, von den Kontrahenten hingegen als etwas, das die Untauglichkeit des von ihnen abgelehnten Verständnisses offenbarte. Dass sich beispielsweise noch keine Belege für beim Menschen wirksame Tumorviren finden ließen, schrieben die Forscher, die nach ihnen suchten, technischen Problemen zu, die irgendwann gelöst werden könnten.[13] Zelltheoretisch denkenden Forschern hingegen war der ausbleibende Erfolg nur ein weiterer Beleg für die Untauglichkeit des Viruskonzeptes überhaupt.[14]

2. *Die Bewältigung von Kontroversen im Verhältnis zu den Erkenntnisfortschritten in der Forschung*

Eine der zentralen Fragen bei der Erörterung der Bedeutung von Streitigkeiten für die Wissensentwicklung besteht darin, wie sich die Austragung von Kontroversen zu Fortschritten in der Forschungsarbeit verhält. Gemeinhin wird davon ausgegangen, dass empirisch Vorgefundenes über die Zulässigkeit von Konzepten richtet bzw. den Umfang ihrer Verwendbarkeit bestimmt und dass mit empirischem Fortschritt ein Abbau von Kontroversen einhergeht. So müsste die Zeit immer näher rücken, wo sich auf Fragen zu strittigen Themen einvernehmlich und endgültig antworten lässt.

Amann und Hirschauer führen in diesem Zusammenhang aus, dass „die Pazifizierung theoretischer Kontroversen durch eindeutige Daten" zu den uneinlösbaren Ansprüchen gehöre, die mit den Methoden verbunden würden,[15] uneinlösbar wohl deshalb, weil, wenn Forscher bei ihren Untersuchungen von divergenten theoreti-

11 Podolsky, S., The Role of the Virus in Origin-of-Life Theorizing. – In: Journal of the History of Biology (Dordrecht et al.). 29(1996), S. 79 – 126.

12 Siehe Timofeeff-Ressovsky, N. V. / Voroncov, N. N. / Jablokov, A. N., Kurzer Grundriss der Evolutionstheorie. Jena: Gustav Fischer Verlag 1975. S. 42.

13 Siehe Stanley, W. M., Die Virusätiologie des Karzinoms. – In: Der Krebsarzt (Wien). 12(1957)1, S. 31 – 32.

14 Siehe Stanley, W. M., Beziehungen zwischen Viren und Krebs. – In: Naturwissenschaftliche Rundschau (Stuttgart). 10(1957)11, S. 401 – 408, S. 402 f.

schen Orientierungen geleitet werden, sich auch unterschiedliche Erfahrungsbereiche herausbilden, die in der Regel das bestätigen, wovon die Akteure jeweils ausgegangen sind. Die Ausformung angewandter Techniken zur Testung einer Theorie wird ja im Zusammenhang mit deren Entwicklung vorangetrieben. Forscher, die ihren Fragen eine solche Fassung geben, dass sich zu deren Behandlung technische Bedingungen sowie Methoden zur Vorausberechnung der erwarteten Resultate anwenden lassen, die ihren Konzepten dienlich sind, agieren in „experimentellen Zirkeln“[16], und wenn sie miteinander streiten, so verrät das, dass sie eben in verschiedenen Kreisläufen handeln. „The biologist who regards the viruses as living studies them in living hosts where they behave as organisms; the chemist who considers them as chemicals studies them in the test tube where he sees only their chemical and physical properties", so Chester 1947.[17] Und Andrewes 1952: „It is my experience that those who have studied viruses from the widest point of view, including not only their intrinsic properties but their reactions with the cell they infect and the host they infect, are more apt to consider them as organisms while others who have looked at them from perhaps a more restricted point of view – chemists…, geneticists – are more apt to toy with other hypotheses."[18] Jede Seite konnte mit empirischen Belegen aufwarten, obgleich die Parteien doch einander entgegengesetzte Konzepte vertraten, was darin seine Erklärung findet, dass, wie van Helvoort hervorhebt, „the various opponents ‚construed' widely diverging research objects which they identified as the ‚virus'."[19]

Die dem Glauben an eine zellinterne Virusbildung verhaftete Seite konnte durchaus an einen chemischen Stoff denken, nachdem eine Reihe pflanzlicher Virusarten in kristallisierter Form dargestellt worden war, was die Überzeugung gestärkt hatte, dass sie sich in allen ihren Eigenschaften wie reine Eiweißstoffe verhielten. Im Reagenzglas zeigten diese Substanzen keinerlei Lebenserscheinungen, sie konnten jahrelang gelagert werden, ohne ihre Ansteckungskraft einzubüßen. Viren als „chemische Moleküle“ zu bezeichnen, ließ sich später mit noch größerer Berechtigung vertreten, nachdem es gelungen war, auch tierpathogene Viren in Form einheitlicher Eiweißstoffe darzustellen.[20] Die Gegenpartei konnte aber auf die Entdeckung von Virusarten verweisen, die

15 Amann, K. / Hirschauer, K., Soziologie treiben. Für eine Kultur der Forschung. – In: Soziale Welt (Göttingen). 50(1999)4, S. 495 – 506, S. 497.

16 Siehe Collins, H. M., Changing Order. Replication and Induction in Scientific Practice. London: Sage 1985. S. 89.

17 Chester, K. S., Nature and Prevention of Plant Diseases. Philadelphia: Blakiston 1947. S. 313.

18 Andrewes, C. H., Viruses as organisms. – In: Poliomyelitis. Papers and Discussions presented at the Second International Poliomyelitis Conference. Philadelphia 1952, S.3 – 5, S. 3; zitiert nach Helvoort, T. van, History of Virus Research in the Twentieth Century: The Problem of Conceptual Continuity. – In: History of Science (Cambridge/England). 32(1994)96, S. 185 – 235, S. 189.

19 Helvoort, T. van, History of Virus Research in the Twentieth Century: The Problem of Conceptual Continuity, a. a. O., S. 202.

mannigfaltiger zusammengesetzt sind. „So besteht zum Beispiel ... der Erreger der Kuhpocken ... außer aus Eiweiß auch noch aus Kohlehydraten und Lipoiden, also den integrierenden Bausteinen ‚lebendiger Substanz' ... Wenn man somit leicht geneigt ist, diesen ... Virusarten ... belebten Charakter zuzusprechen, so scheut man doch, dies auch auf die als Eiweißmoleküle erkannten Virusarten zu übertragen, wenn auch die Tatsache ihrer Vermehrung in geeigneten Wirten diesen Schluss nahe legt. So geht die Diskussion, ob Virus belebt oder unbelebt sei, noch lebhaft hin und her", so Staudinger 1947.[21]

„Die Krebsforschung steht in einem Niemandsland ... zwischen den einzelnen Disziplinen (wie der Biologie, Genetik, Virologie und anderen Gebieten). So sehr sich alle Disziplinen um eine Klärung des Krebsproblems mit ihren Methoden bemühen, so verschiedenartig sind auch die Betrachtungsweisen", so Lettré 1953.[22] Die Streitigkeiten seien größtenteils daraus hervorgegangen, dass die Filtrate nach Maßgabe ganz verschiedener disziplinärer Herangehensweisen untersucht worden seien, wie van Helvoort ausführt. Die Beobachtungen der einen Partei seien nicht beweiskräftig für die Gegenpartei gewesen, weil die Opponenten deren Versuche auf der Basis anderer Konzepte untersucht hätten.[23]

Forscher, die meinten, dass das Virus ein lebloser Stoff sei und dass es einmal gelingen werde, ein chemisch reines Geschwulstvirus zu gewinnen, erhofften sich vor allem von Fortschritten der Chemie der Makromoleküle eine Erweiterung der Kenntnisse zur Virusnatur.[24] Die Kristallisierbarkeit bestimmter Virusarten begründete eine solche Hoffnung. Forscher hingegen, die das Virus als etwas Lebendiges auffassten, vermuteten eher in der Genetik Möglichkeiten, ihre Auffassung einsichtiger zu begründen. Die These, dass das Virus dem Gen ähnlich sei – mit dem es ja die Eigenschaften der identischen Reproduzierbarkeit, der Mutabilität und der Merkmalsprägung in der lebenden Zelle teilt –, schien die Frage gegenstandslos zu machen, wie etwas, das aus sehr wenigen Molekülen besteht, so organisiert sein kann, dass es alle komplexen Funktionen eines lebenden Organismus zu erfüllen vermag.[25]

20 Siehe Schramm, G., Neuere Ergebnisse und Probleme in der Untersuchung der Virusarten. – In: Deutsche medizinische Wochenschrift (Leipzig). 68(1942)32, S. 791 – 794, S. 793.

21 Staudinger, H.: Zum Stand der Virusforschung. – In: Universitas (Stuttgart). 2(1947)9, S. 1069 – 1076, S. 1069 f.

22 Lettré, H., Neuere Ergebnisse der Krebsforschung. – In: Naturwissenschaftliche Rundschau (Stuttgart). 7(1954)3, S. 101 – 110, S. 101.

23 Helvoort, T. van, History of Virus Research in the Twentieth Century: The Problem of Conceptual Continuity, a. a. O., S.189; derselbe, The Controversy between John H. Northrop and Max Delbrück on the Formation of Bacteriophage: Bacterial synthesis or Autonomous Multiplication? – In: Annals of Science (New York et al.). 449(1992), S. 545 – 575, S. 548 f.

24 Siehe Schmidt-Lange, W., Fortschritte der Virusforschung. – In: Münchner medizinische Wochenschrift (München). 90(1943), S. 709 – 712, S 711.

25 Siehe Burnet, F. M. / Andrewes, C. H., Über die Natur der filtrierbaren Vira. – In: Zentralblatt für Bakteriologie, Parasitenkunde und Infektionskrankheiten (Jena). 1933, Abt.I, Orig., Bd.130, S. 161 – 183, S. 167.

So klein Gene auch sind, Vererbungsforscher sprachen ihnen den Rang von Lebenseinheiten zu. In einem 1956 erschienenen Aufsatz kennzeichnete Kaplan Viren als "Fast-Organismen".[26] In einer vergleichbaren Weise wurden bereits 1925 von Bail Gene gekennzeichnet: Sie erschienen „in der neueren Erblichkeitsforschung ... fast wie Organismen im Organismus." So könne man auch Eigentümlichkeiten des Virus verständlich machen, die es einerseits einem Organismus ähnlich erscheinen, andererseits wichtige Kennzeichen eines solchen vermissen ließen.[27]

Mit den Rückgriffen auf die genannten Konzepte zum Ausbau der jeweils bezogenen Position kam es in der Austragung der Kontroverse zu einem Aufeinanderprall genetischer und biochemischer Erfahrungsbereiche bei der Erforschung der Virenherkunft und -wirkung. Dies schon deshalb, weil der Rückgriff auf Begriffe dieser und jener Disziplin nicht die zwangsläufige Konsequenz war, die aus den Arbeiten der Krebsforscher hätte gezogen werden und in deren Auffassung alle Forscher hätten übereinstimmen müssen. Unter „Gen" und „Makromolekül", unter diesen Begriffen, die ja unabhängig von der Krebs- und der Virusforschung entstanden waren, hatte man sich seinerzeit noch ganz Unterschiedliches vorgestellt, und deren Heranziehung zum Verständnis der Virusnatur wurde nicht von allen Forschern für sinnvoll gehalten.[28]

3. *Wie Fakt und Fiktion im Meinungsstreit ineinander umschlagen*

Wie ich angedeutet habe, fehlte es an einer Lagergrenzen übergreifenden gemeinsamen empirischen Basis, die Wege zur Entschärfung des Streites gewiesen hätte. Deshalb verflüchtigten sich die Auseinandersetzungen auch nicht sogleich mit der Aufstockung empirischer Daten und neuen Entdeckungen. Weil die Akteure je besonderen Orientierungen folgten, so dass sie auch mit je besonderen Objekten zu tun hatten, weilten sie gewissermaßen in je besonderen Erlebnisräumen, und so konnten in der einen oder anderen Partei vorgetragene Argumente, die sich auf Faktisches bzw. auf Prozesse der Faktenproduktion bezogen, auch nicht zu einem Abschluss der Streitigkeiten hinführen. Unbeeindruckt davon, dass Forscher zur Verteidigung von Wissensansprüchen mit der Zeit auf umfangreicheres und präziser bestimmtes Material verweisen konnten, wurde von den Gegnern weiterhin Widerstand geleistet: Den Produzenten wissenschaftlicher Fakten, die ein Konzept bestätigen sollten, konnte man immer wieder

26 Kaplan, W., Die Mutation als fundamentaler Lebensprozess. – In: Naturwissenschaftliche Rundschau (Stuttgart). 9(1956)11, S.430 – 435, S. 432.

27 Bail, O., Der Stand und die Ergebnisse der Bakteriophagenforschung. – In: Deutsche medizinische Wochenschrift (Leipzig). 51(1925)1, S.13 – 16, S.1 5.

28 Die Beantwortung der Frage, ob Viren „Organismen oder ... chemische Moleküle sind, (ist) sehr schwierig, da über die Definition dieser beiden Grundbegriffe weder in der Chemie noch in der Biologie eine allgemeingültige Auffassung besteht", wie Schramm 1942 ausführte. (Schramm, G., Neuere Ergebnisse und Probleme in der Untersuchung der Virusarten. – In: Deutsche medizinische Wochenschrift (Leipzig). 68(1942), S.791 – 794, S. 791).

nachsagen, dass sie wesentliche Bedingungen bei der Hervorbringung der gemeldeten Befunde verkannt hätten. Es wurde auf mögliche unkontrollierte Wechselwirkungen zwischen Versuchsbedingungen und Forschungsobjekt (etwa auf nicht einkalkulierte Faktoren in der Zubereitung der Präparate) verwiesen, so dass die wissenschaftliche Bedeutung der unter den kritisierten Bedingungen erzielten Effekte bezweifelt werden konnte. Die Anforderungen, denen die Techniken nach Auffassung von Kritikern zur Sicherung der Objektivität der Ergebnisse zu genügen hatten, ließen sich überdies von Fall zu Fall verschärfen, so dass sich Debatten immer wieder von neuem anstacheln ließen. Fortwährend gab es Auseinandersetzungen zur Funktionstüchtigkeit solcher Verfahren wie der Filtrierung, der Färbung oder der Trocknung bei der Behandlung von Tumorgewebe vor dessen Überimpfung auf gesunde Tiere.

„Jedes Experiment", wie Kuhn hervorhebt, „lässt sich in Frage stellen, sei es hinsichtlich seiner Relevanz oder seiner Exaktheit"[29]. Dies kann auch für die Versuche gesagt werden, die man in dem von mir behandelten Geschichtsabschnitt der Krebsforschung unternommen hatte. Den Kontrahenten boten sie jederzeit Gründe für weitere Angriffe. Aber auch Argumentationen zur Verteidigung von Positionen ließen sich ohne Ende weiterführen. Nichts konnte die herausgeforderten Forscher daran hindern, für Schwächen in der Fundierung ihrer Konzepte allein Unzulänglichkeiten der von ihnen eingesetzten Verfahren haftbar zu machen, die sich mit weiterer Vervollkommnung irgendwann beseitigen ließen. Sie machten auf Eigenheiten des Forschungsobjektes aufmerksam, die sich noch experimentellen Zugriffen verweigern würden. Etliche Forscher meinten, dass das Virus, nachdem es den Tumor hervorgerufen habe, am weiteren bösartigen Prozess unbeteiligt sei und deshalb auch nicht nachgewiesen werden könne.[30]

Ein und dasselbe Forschungsresultat wurde also je nach Lagerzugehörigkeit entweder als etwas beurteilt, das sich irgendwann als objektive Tatsache würde hinreichend belegen lassen, oder es wurde als Fiktion bzw. als ein Artefakt bewertet, und es galt als ausgeschlossen, dass man irgendwann dieses Urteil in Reaktion auf Ergänzungen des bekämpften Konzeptes zurücknehmen müsste. Ob den präsentierten Versuchsergebnissen und Beobachtungen Faktizität zukam oder nicht, war folglich nicht allen Rezipienten gleichermaßen von den Befunden her vorgegeben. Der Misserfolg beispielsweise bei dem Versuch, Atmungsprozesse bei Viren zu belegen, führten Forscher, die das Virus für ein Lebewesen hielten, lediglich auf noch vorhandene experimentiertechnische Unzulänglichkeiten bzw. darauf zurück, dass unter den gegebenen künstlichen Versuchsbedingungen das Virus vielleicht geschädigt worden sei. Hingegen sahen Opponenten im Misserfolg etwas, das gegen eine lebendige Natur

29 Kuhn, Th. S., Die Entstehung des Neuen. Studien zur Struktur der Wissenschaftsgeschichte. Hrsg. v. Lorenz Krüger. Frankfurt am Main: Suhrkamp 1992. S. 372.

30 Siehe Ostertag, H., Fortschritte in der Krebsforschung. I. Mikrobiologische Probleme in der ätiologischen Geschwulstforschung. – In: Naturwissenschaftliche Rundschau (Stuttgart). 11(1958)4, S. 121 – 128, S. 126 f.

des Agens sprach, und dass die kritisierte Seite dennoch an ihrer Position festhielt, schien dann nur Ausdruck eines Fehlverhaltens zu sein, etwa die Folge mangelnder Fachkompetenz. „ ... der scharfsinnige Kritiker eines Wissensanspruchs (braucht)", so Collins, „nicht mehr zu tun, als ein Experiment in all seinen kontingenten Details honorig umzuschreiben, um das wissenschaftliche Potential der experimentellen Befunde aufzulösen."[31] Ähnlich äußert sich Locke: Universell formulierten Wissensansprüchen könne stets begegnet werden mit Verweis auf besondere Umstände, unter denen es zu den Behauptungen gekommen sei bzw. auf Verfahrensfehler, Vorurteile oder ideologische Interessen, die die Aussagen beeinflusst hätten.[32]

4. *Die Akzentuierung praktischer Anliegen und die Abwertung des Gewichtes theoretischer Fragestellungen bei den Versuchen, Kontroversen zu entschärfen*

Methoden für eine angemessene Durchführung von Experimenten gewährleisten also nicht so ohne weiteres, dass Meinungsunterschiede darüber für immer beseitigt werden können, was als „richtige" Erweiterung wissenschaftlichen Wissens gelten darf. So musste ich mich fragen, was es dann gewesen ist, das die Streitigkeiten zu einem Ende verholfen hat. Nach Studium einschlägiger Stellungnahmen von Forschern, die es zu den strittigen Fragen gegeben hatte, habe ich festgestellt, dass neben dem Interesse an der Fortführung des Streites auch des öfteren Neigungen zum Ausdruck gebracht wurden, die Kontroverse zugunsten solcher Themen zurückzudrängen, mit denen sich eher praktische Zielstellungen verbinden ließen.

Nach Andrewes schienen Ende der 40er Jahre etliche Forscher zu der Einsicht gelangt zu sein, dass man sich statt mit theoretischen Spekulationen doch besser mit der Aufdeckung neuer Fakten befassen solle. Statt darüber zu debattieren, ob das Virus belebt sei oder nicht, habe man sich nunmehr drückenden Problemen zugewandt, die mit Viren verknüpft seien. Abstrakte Erörterungen darüber, was Viren seien und woher sie kämen, hielten manche Forscher für wenig hilfreich, wo es doch so viele neue Dinge zu entdecken gebe, wie Viren ihre Wirkungen erzeugten.[33] Kennzeichnend für diese Haltung sind auch folgende Sätze Schramms im gleichen

31 Collins, H. M., Die Soziologie des wissenschaftlichen Wissens: Studien zur gegenwärtigen Wissenschaft. – In: Soziale Welt (Göttingen). Sonderband 3: Entzauberte Wissenschaft. Zur Relativität und Geltung soziologischer Forschung. Hrsg. v. W. Bonß u. H. Hartmann. Göttingen: Otto Schwartz & Co. 1985. S. 129 – 149, S. 145.

32 Locke, S., Sociology and the public understanding of science: from rationalization to rhetoric. – In: British Journal of Sociology (London). 52(2001)1, S. 1 – 18, S. 13.

33 Andrewes, C. H., Introduction: viruses yesterday, today and tomorrow. – In: British medical Bulletin (London). 9(1953), S. 69 – 171, S. 170; vgl. dazu die Ausführungen von Heinrich Parthey zur „praktischen Bedeutsamkeit von Forschungssituationen", d.h. zur Bewertung der „Probleme nach dem Beitrag ihrer möglichen Lösung sowohl für den Erkenntnisfortschritt als auch für die Lösung von gesellschaftlichen Praxisproblemen". – In: Parthey, H., Forschungssituation und Forschungsinstitut – Analyse ihrer Formen und Beziehungen. In diesem Buch S. 12.

Jahr: „Mit der Frage: ist das Virusteilchen belebt oder nicht? schaffen wir selbst erst ein Pseudoproblem, auf das es keine oder keine kurze Antwort mit ja oder nein gibt ... Aber Viren eröffnen uns einen unschätzbaren Zugang ins Innere der lebenden Zelle."[34] Und an anderer Stelle: Bei größeren Virusarten sei es bislang „ein Streit um Worte, ob wir sie als weiterentwickelte Zellelemente oder als Lebewesen ohne eigenen Stoffwechsel bezeichnen wollen."[35] Etwa zur gleichen Zeit schrieb Bauer: „Die Frage, ob ein Virus belebt oder leblos ist, erscheint müßig: ein Virus setzt Leben voraus, produziert aber selbst kein Leben."[36] Auch die Frage zu debattieren, ob „ein Virus aus distinkten Teilen (besteht) oder nicht" (also löslich ist – K.L.)", schien nicht weiterzuführen. „Wir können ... darüber ebenso wie über viele andere, gänzlich unfruchtbare Diskussionen hinweggehen", wie sich 1953 Weidel dazu äußerte.[37]

So bin ich von der Annahme ausgegangen, dass die Beendigung der Auseinandersetzungen etwas damit zu tun hatte, dass praktische Anforderungen stärker als zuvor ins Blickfeld gelangt waren, von denen man meinte, dass sie sich besser bewältigen ließen, wenn man sich um Verständigung und Kooperation über Lagergrenzen hinweg bemühte.[38] Die jahrzehntelange Beschäftigung mit den kontrovers erörterten allgemeinen Fragen schien nicht zu größeren Erfolgen in der Krebsbekämpfung, sondern eher in eine missliche Lage geführt zu haben, woraus keine verlässliche Orientierung für eine theoretische Durchdringung des Krebsbildungsprozesses hervorging, vielmehr geriet „in der Konkurrenz der diskutierten Möglichkeiten ... mal die eine, mal die andere Theorie in den Vordergrund des Blickpunktes", ohne dass „der Schleier des Geheimnisses über der die Menschheit bewegenden Frage" habe gelüftet werden können, „wie die Krebskrankheit entsteht", wie Deich 1960 feststellen musste.[39]

Neben Arbeiten, die den Streit fortsetzten, wurden im betrachteten Zeitraum auch solche veröffentlicht, mit denen Autoren zur Auflösung der Gegensätze aufriefen. Wohl gehörten die Forscher zumeist entweder diesem oder jenem Lager an, doch einige von ihnen „unternahmen ... von Zeit zu Zeit Versöhnungsversuche zwischen den Lagern", so van Helvoort.[40] Sie hätten sich bemüht „to bridge the gap be-

34 Schramm, G., Chemie der Viren. – In: Klinische Wochenschrift (Berlin). 31(1953)9/10, S. 198 – 205, S. 198.

35 Ebenda, S. 202.

36 Bauer, K. H., Das Krebsproblem. Einführung in die allgemeine Geschwulstlehre für Studierende, Ärzte und Naturwissenschaftler, a. a. O., S. 311.

37 Weidel, W., Entwicklung und Problematik der Virusforschung. Vortrag anlässlich der Tagung deutscher Naturforscher und Ärzte 1952 in Essen. – In: Klinische Wochenschrift (Berlin). 31(1953)9/10, S. 193 – 198, S. 193.

38 Die Beendigung einer Debatte verdanke sich einem Mechanismus der „sozialen Schließung", nicht einer „besseren" Repräsentation der Wirklichkeit. (Collins, H. M., Die Soziologie des wissenschaftlichen Wissens: Studien zur gegenwärtigen Wissenschaft, a. a. O., S. 145).

39 Deich, F., Neue medizinische Erkenntnisse. Berichte von der 77. Tagung der Deutschen Gesellschaft für Chirurgie in München, 20.-23. April 1960. – In: Naturwissenschaftliche Rundschau (Stuttgart). 13(1960)7, S. 264 – 266, S. 264.

tween these positions within the exogenous and endogenous thought styles. This eventually led to the ‚modern concept of virus'." Im Hinblick auf die Geschichte der Phagenforschung (der Erforschung der „Bakterienviren") stellt er fest: „The formation of consensus was the very reason that bacteriophage could be regarded simultaneously as a bacterial virus and as a product of the bacterium; or as a corollary to this point of view, that the exogenous nature of the virus in general was reconciled with the notion of a virus as a product of the host cell."[41]

Formuliert wurden solche Versuche oftmals in der Art von „compromises or pastiches", wie sich mit Fujimura sagen lässt.[42] Im folgenden Versuch wurden einander ausschließende Positionen einfach als gleichermaßen sinnvolle Orientierungen herausgestellt: „In the field of virology, we are very fortunate in having two excellent theories, one that viruses are molecules and the other that they are organisms... It doesn't make any real difference which is right, or even if neither is right", wie Lauffer im Jahre 1946 äußerte.[43] Andere Autoren konnten sich nicht dazu entschließen, beide Erklärungsarten als gleichwertig zuzulassen, so dass man sie gleichermaßen fortzuführen hätte. Sie favorisierten eines der Modelle, sprachen aber dem Gegenmodell ergänzende Funktionen zu. So war für Haagen (1936), der allein „die exogenen Faktoren ... als eigentlich ursächlich für den Krebs" betrachtete, die Vererbung etwas, das „für die Entstehung der Tumoren von ausschlaggebender Bedeutung" ist. Ererbte Faktoren hätten wohl nichts mit der Krebsätiologie zu tun, könnten aber als Krebsdisposition gedeutet werden. „ ... ich (möchte) sie als die eigentlichen endogenen Faktoren ... bezeichnen, als exogene Faktoren nur jene, die von außen her ... auf den Organismus einwirken." Man dürfe annehmen, „dass es einer ganz bestimmten Kombination ... solcher endogener und exogener Faktoren bedarf, damit ein Krebs entstehen kann."[44] Levaditi folgend (1937), könnten Viren entweder exogene Erreger oder endogene Produkte der Wirtszellen sein. Eine Virusinfektion könne das Kontrollzentrum einer Zelle okkupieren und es zur ungehemmten Vermehrung oder zur (zellinternen) Produktion von Virennachwuchs anhalten.[45] In einem 1953 von Danneel verfassten Aufsatz heißt es, Geschwülste würden sowohl durch zellfremde Elemente (durch als Organismen verstandene Viren) als auch durch zelleigene Dup-

40 Helvoort, T. van, Viren, Wissenschaft und Geschichte. – In: Virus! Mutationen einer Metapher. Hrsg. v. R. Mayer u. B.Weingart. Köln: Transkript Verlag 2004. S. 61 – 77, S. 71.

41 Helvoort, T. van, Research Styles in Virus Studies in the Twentieth Century: Controversies and the Formation of Consensus, a. a. O., S. 154.

42 Fujimura, J.H., Crafting Science. A Sociohistory of the Quest for the Genetics of Cancer. Cambridge/Mass.-London: Harvard University Press 1996. S. 14.

43 Lauffer, M., Viruses: From the Twentieth Annual Priestley Lectures. State College, Pa.: Pennsylvania State College 1946. S. 54; zitiert nach Podolsky, S., The Role of the Virus in Origin-of-Life Theorizing, a. a. O., S. 113.

44 Haagen, E., Das Krebsproblem. – In: Deutsche medizinische Wochenschrift (Leipzig). 62(1936)49, S. 1997 – 2001, S. 1998.

45 Hinweis von van Helvoort, T. van, Viren, Wissenschaft und Geschichte, a. a. O., S.71 (ohne Quellenangabe).

likanten hervorgerufen werden. Für den erstgenannten Fall sprächen unter anderen der Brustkrebs der Maus, für den anderen Fall der Buttergelbkrebs der Ratte. Man hätte eigentlich, so Danneel, „schon lange zu der Überzeugung kommen müssen, dass die Fehlleitung, die zum malignen Wachstum führt, von allen an der Reaktionsfolge beteiligten autoreproduktiven Zellbestandteilen ausgehen kann, seien es Gene, zelleigene ... Duplikanten oder eingedrungene Viren, dass es also keine universelle Theorie der Krebsentstehung gibt."[46]

Eine damit vergleichbare Stellung wurde von Schramm bezogen (1953), verbunden mit der Forderung, sich vor allem die Lösung von Teilproblemen anstatt der eines Gesamtproblems vorzunehmen. Eigentlich gebe es gar kein klar formulierbares Virusproblem. „Es gibt nur eine große Reihe miteinander verknüpfter Einzelprobleme, die alle zum Oberbegriff ‚Virus' in Beziehung stehen." Viren „sind weder als rein statische Gebilde zu begreifen, als ‚Moleküle' oder ‚komplexe Strukturen', obwohl sie diesen Aspekt ... zu ihrem wirklichen Verständnis auch erfordern. Sie sind aber ebenso wenig rein unter dem dynamischen Aspekt zu fassen, in letzter begrifflicher Unschärfe also durch die Bezeichnung ... ‚lebend'. Fruchtbar ist erst die Erkenntnis, dass die gegenseitige Ablösung statischer und dynamischer Phasen den Gesamtkomplex ‚Virus' charakterisiert."[47]

Auch auf dem erwähnten außermedizinischen Gebiet kam es auf diesem Wege zu Abschwächungen konzeptioneller Gegensätze. Obwohl es zunächst so ausgesehen habe, als ob die Virusforschung nicht viel über die Herkunft der Lebewesen aussagen könne, hätten die Erkenntnisse dieses Faches große Bedeutung für das Problem der Urzeugung, so Butenandt Mitte der 50er Jahre. Viren seien „Modelle ... für Vorstufen des Lebens, die in einer Umgebung, die ihnen Baustoffe und Energie liefert, Vermehrungs- und Mutationsfähigkeit aufweisen. Es wäre in der Tat denkbar, dass Vorfahren der Viren unter Bedingungen existiert haben, unter denen die für ihre Vermehrung benötigten Baustoffe und Energien nicht von einer lebenden Zelle, sondern vom Außenmedium geliefert wurden. Dann würde die Entstehung der ersten lebenden Zelle die Vereinigung beider Systeme zu einem einzigen bedeuten."[48] Als ein weiteres Beispiel sei der Versuch Haldanes erwähnt, das viruszentrierte Modell – wobei er insbesondere das Bakterienvirus im Auge hatte – dem Gegenmodell dadurch anzunähern, dass er das Bild, das man sich vom Phagen machte, in einer bestimmten Hinsicht modifizierte: Dem Phagen schrieb er eine „Protomembran" zu. So gestand er zellulärem Leben eine wesentliche Rolle für den Lebensursprung zu, ohne deswegen eine viruszentrierte Sicht aufgeben zu müssen.[49] „... to untangle himself from his reliance upon the phage as a phylogenetically primordial self-repli-

46 Danneel, R., Grundprobleme der Krebsforschung. – In: Zeitschrift für Krebsforschung (Berlin). 59(1953)2, S. 167 – 179, S. 178.
47 Schramm, G., Chemie der Viren, a. a. O., S. 198.
48 Butenandt, A., Neuartige Probleme und Ergebnisse der biologischen Chemie. – In: Die Naturwissenschaften (Berlin et al.). 42(1955)6, S. 141 – 149), S. 145.

cating molecule he made", so deutet Podolsky diesen modifizierenden Eingriff in das Phagenverständnis, "a careful strategic decision: rather than ignoring the phage altogether, he simply recast it in new form, into the functional representation of a self-replicating molecule existing within a membrane. Haldane chose (a)... conciliatory approach of attempting to utilize the bacteriophage as an operational model capable of acomodating the common strenghts of both the nucleocentric and cytoplasmic emphases" Diese Sicht hätten auch weitere prominente Wissenschaftler übernommen. „... the virus, through a curious hybridization of conceptual components procured from a number of scientific professions, had in the minds of many scientists acquired the dual status of both a nucleic acid and a living organism."[50]

Mit Modifikationen der in die Überlegungen einbezogenen Konzepte wurde bereits über einen pluralistischen Ansatz bzw. über ein bloßes „Sowohl – als – auch" hinausgegangen. Um sich Gegenkonzepten anzunähern, wurde der Anspruch auf Geltung eigener Forschungsresultate relativiert bzw. die Argumentation umgestellt. So wurde von einigen Forschern, die das Virus als exogenes Agens betrachteten, die Idee propagiert, dass es latente Virusinfektionen gebe, dass Pflanzen und Tiere Viren beherbergen bzw. Infektionen von Generation zu Generation fortbestehen könnten, ohne dass es zu einer Erkrankung komme. Dieses Bild sollte das Verständnis des Krebsvirus als eines exogenen Erregers mit der Auffassung verbinden, dass es endogener Herkunft sei. Diese Idee entlastete davon, eine Invasion von außen glaubhaft machen zu müssen, was die Gegenseite immer wieder attackiert hatte. Die „Hypothese der intracellulären Symbiose als eines bereits vorhandenen und in der Natur weit verbreiteten Zustandes ... (stellt eine) weitgehende Annäherung an jenen Standpunkt dar, welche die endogene Virusbildung als die wahrscheinlichste Lösung betrachtet ... Die These hält (aber) ... an dem Gedanken des eingedrungenen körperfremden Keimes fest und schiebt das Hindernis, welches die Invasion (die ‚Ansteckung') repräsentiert, beiseite, indem sie dieses Ereignis von der Erkrankung zeitlich trennt und in die ontogenetische oder gar ... phylogenetische Vorgeschichte des Individuums verlegt; aus dem ‚endogenen' Agens wird das ... an Ort und Stelle entstandene, das aber gleichwohl kein Erzeugnis des Wirtes, sondern ein eingebürgerter, sein eigenes Leben führender Gast ist", so Doerr 1938.[51]

Auch Rous, der Entdecker des filtrierbaren Agens des Geflügelsarkoms, hatte sich mit dieser Frage befasst. Zunächst war er davon ausgegangen, dass es sich bei dem fraglichen Erreger, von dessen Virusnatur er überzeugt war, allein um eine exogene Krebsursache handelt. Doch später näherte er sich dem Verständnis des Virus als ei-

49 Haldane, J. B. S., The Origins of Life. – In: The New Biology (New York). 16(1954)12, S. 21 f. Hinweis von Podolsky, S., The Role of the Virus in Origin-of-Life Theorizing, a. a. O., S. 107.

50 Podolsky, S., The Role of the Virus in Origin-of-Life Theorizing, a. a. O., S. 112.

51 Doerr, R., Die Entwicklung der Virusforschung und ihre Problematik. – In: Handbuch der Virusforschung. Erste Hälfte. Hrsg. v. R. Doerr u. C. Hallauer. Wien: Julius Springer 1938. S. 1 – 125, S. 56 f.

nes endogenen Faktors an.[52] Er relativierte die Sicht, wonach es als eine autonome, sich selbst vermehrende Einheit in einem für sie geeigneten Medium der infizierten Wirtszelle gilt: Wenn ein Virus eine Zelle zu Wucherungen anrege, könne daraus eine fortdauernde Interaktion zwischen Virus und Zelle hervorgehen, und zwar so, dass sich gleichsam eine „working partnership" entwickle.[53] In den folgenden Jahren kamen andere Forscher zu einer ähnlichen Vorstellung, um zu versuchen, die Kluft zwischen Modellen der exogenen und der endogenen Krebsverursachung einzuebnen.[54]

Nun Beispiele dafür, wie versucht wurde, das Viruskonzept mit der Theorie der somatischen Mutation zu verknüpfen! Auch solche Verbindungen ließen sich vor dem Hintergrund einiger Modifikationen des Virusbegriffes anbahnen. So wurde unter anderen behauptet, dass Viren genähnliche Entitäten seien, die sich vor langer Zeit aus normalen Genen durch eine abnorme Transformation oder Mutation herausgebildet und sich in ihrer neuen Form innerhalb lebender Zellen erhalten hätten. Solche „vagabundierenden" Gene würden eine normale Zelle, wenn sie in sie eindrängen, mit einer neuen Eigenschaft ausstatten, die für sie schädlich sein könne. Berenblum äußerte 1952: Chemisch betrachtet, seien Viren „related to the gene-bearing chromosomes, and that according to one theory viruses are actually altered genes. According to the mutation theory, the permanently altered gene, resulting from carcinogenic action, and the tumor virus, extractable from certain tumors, are one and the same thing".[55] Er betrachtete die Mutationstheorie als einen Weg, um Ergebnisse, die man im Hinblick auf chemisch und strahlenbedingte Krebsbildung gewonnen hatte, mit Untersuchungsergebnissen zur virusbedingten Krebsbildung zu verbinden.[56] Nach Oberling (1959) ließ sich der fragliche Zusammenhang wie folgt denken: Entscheidend sei „der Nucleinsäurekomplex der Viren, der sich in die Erbstrukturen des Wirtes einnistet und von dort aus die synthetische Tätigkeit der infizierten Zellen dirigiert ... Krebsbildung durch Virus wäre dann dem Eindringen eines fremden Genkomplexes in die Zelle gleichzusetzen, der den Zell-Stoffwechsel in fremde Bahnen leitet und der Wachstumszügelung des Körpers entzieht. Damit

52 Rous, P., Rous-Papers – APS, folder: Muller, Herman J., Letter from Peyton Rous to Herman J. Muller, October 19, 1948; zitiert nach Helvoort, T. van, A Century of Research into the Cause of Cancer: Is the New Oncogene Paradigm revolutionary? – In: History and Philosophy of the Life Sciences (London). 21(1999), S. 293 – 330, S. 311.

53 Rous, P., Viruses and Tumors. – In: Virus Diseases – By Members of the Rockefeller Institute for Medical Research. Ithaca, N.A.: Cornell University Press 1943, S. 147 – 170; Hinweis von van Helvoort, A., Century of Research into the Cause of Cancer: Is the New Oncogene Paradigm revolutionary? A. a. O., S. 311.

54 Siehe Helvoort, T. van, The Construction of Bacteriophage as bacterial Virus. Linking Endogenous and Exogenous Thought Styles. – In: Journal of the History of Biology (Dordrecht). 27(1994)1, S. 91 – 139.

55 Berenblum, I., Man against Cancer: The Story of Cancer Research. Baltimore: John Hopkins University Press 1952, S. 159.

56 Ebenda.

aber ist die Virustheorie der Mutationstheorie viel näher gebracht, als man dies je für möglich gehalten hätte."[57] Die Verallgemeinerung der Virusinfektion als zellulärer Mutation hatte noch keine weitgehende Akzeptanz gewonnen, aber von einigen Forschern wurde sie doch dazu verwendet, „den Gegensatz der Vorstellungen ‚Krebs durch somatische Mutation' und 'Virusinduktion des Krebses' aufzulösen", wie Harbers seinerzeit äußerte.[58] Auch Luria betrachtete die Mutations- und die Virushypothese zum Krebsursprung nicht mehr als einander ausschließende Erklärungen. „Rather, virus infection may be considered as a class of cellular mutations: a class of mutations, in fact, in which we know that the primary change, the entry of the viral genome, is a genetic change."[59]

Bei der Durchsicht von Texten bin ich auch immer wieder darauf gestoßen, dass neben Versöhnungsversuchen auch Positionen vertreten wurden, die sich gegen solche Versuche wandten, worin ein weiterer Ausdruck dafür gesehen werden kann, dass die Überbrückungen der Gräben zwischen den Konzepten nicht zwangsläufig aus empirischen Fortschritten gefolgert werden mussten. Häufig wurde ja auch von den Autoren selber eingeräumt, dass sie ihre Vorstellungen noch nicht beweisen könnten, wenngleich sie sie für plausibel hielten.[60]

5. *Wie zur Streitschlichtung vorgeschlagene Überbrückungen von Gräben zwischen konkurrierenden Konzepten die Bedeutung objektiv wahrer Zusammenhänge gewannen.*

In einer seiner Arbeiten äußert Kuhn, dass die Verständigungsmöglichkeiten zwischen Vertretern verschiedener Theorien wesentlich beschränkt seien. Die „Beschränkungen machen es dem einzelnen ... sogar unmöglich, (konkurrierende) ... Theorien im Geiste einander gegenüberzustellen und Punkt für Punkt miteinander und mit der Natur zu vergleichen. Doch ein solcher Vergleich muss vorliegen, wenn es angemessen sein soll, von so etwas wie Wahl zu sprechen."[61] Die Frage, wie solche

57 Oberling, Ch., Krebs – das Rätsel seiner Entstehung. Hamburg: Rowohlt Taschenbuch Verlag GmbH 1959. S. 156.

58 Harbers, E., Zur Frage der „Virusgenese" von Neoplasmen. – In: Deutsche medizinische Wochenschrift (Stuttgart). 85(1960)53, S. 2309 – 2315, S. 2313.

59 Luria, S. E., Viruses, Cancer Cells, and the Genetic Concept of Virus Infection. – In: Cancer Research (Baltimore, Md.). 20(1960), S. 677 – 688, S. 679 f.

60 Siehe Stanley, W. M., Beziehungen zwischen Viren und Krebs. – In: Naturwissenschaftliche Rundschau (Stuttgart). 10(1957)11, S.401 – 408. Andrewes auf einer Tagung 1960: „It has been suggested that some rival views of cancer causation could be fused if viruses could be shown to cause somatic mutations. I find it much easier to believe in the incorporation of virus material into the genome, a process which seems nearer to hybridization than to mutation." (Andrewes, C. H., Discussion of Dr.Luria's Paper. – In: Cancer Research (Baltimore, Md.). 20(1960)5, S.689 – 694, S.691).

61 Kuhn, Th. S., Die Entstehung des Neuen. Studien zur Struktur der Wissenschaftsgeschichte, a. a. O., S. 443 f.

Vergleiche möglich sind, wo doch die zu vergleichenden Konzepte einander ausschließen, lässt sich wie folgt beantworten: Die Theorien werden über Modifikationen im angedeuteten Sinne als Vergleichsobjekte erst erzeugt. Theorienvergleiche könnten, wie Stäheli am Beispiel soziologischer Theorien darlegt, nur auf der Basis von „parasitären Lektürestrategien" zustande kommen, weil darüber die Theorien als Vergleichsgegenstände erst gebildet würden.[62] Davon angeregt, kann man sagen, der Vergleich einander widerstreitender Konzepte verdankt sich einer auf Einvernehmen hinarbeitenden Bewertung von Texten, geleistet von Forschern, denen an einer mehrere Richtungen umfassenden Kooperation gelegen ist, wobei anfangs Kompromisse vorgeschlagen und im weiteren die einander ausschließenden Konzepte zugunsten wechselseitiger Annäherung modifiziert werden.

Dass Forscher, indem sie Gegensätze zwischen verschiedenen Konzepten zu beseitigen suchen, um Konsens bemüht sind, schon bevor es dafür zwingende empirische Gründe gibt, darin sehe ich einen Prozess, worin schon die Bildung wissenschaftlicher Bedeutungen von Fakten anläuft, Bedeutungen, die technikabhängigen Merkmalszuschreibungen bzw. solchen, die ein Forschungsgegenstand in der kontingenten Laborpraxis erfährt, vorausgehen und über diese hinausgreifen. Wenngleich sie von den am Kommunikationsprozess teilnehmenden Forschern als „gegeben", als „natürlich" wahrgenommen werden, konstituieren sie sich zunächst im wissenschaftlichen Diskurs. Wissenschaftliche Bedeutungen sind nicht etwas, das in den mitgeteilten Fakten schon enthalten und den Forschern unverrückbar vorgegeben wäre, so dass der Diskurs nur als Kommentierung, als sprachliche Erfassung außerdiskursiver Sachverhalte aufgefasst werden dürfte.[63]

Bei dem Versuch, die Positionen, die man zum Verständnis der Virusnatur haben konnte, einander anzunähern, wurde anfangs vorrangig ein pragmatisches, weniger ein theoretisches Anliegen verfolgt.[64] Die Vorschläge verraten ja auch einen pragmatischen Umgang mit den strittigen Fragen, man bemühte sich um einen modus operandi zur Sicherstellung der Arbeit ungeachtet noch bestehender Meinungsdifferenzen.[65]

Angesichts dessen, dass die geschilderten Versöhnungsversuche Züge des Pragmatismus aufwiesen und mitunter über bloße Kompromisse nicht hinausgingen, stellte sich mir die Frage, wie es im weiteren zu einer solchen Fundierung vorgeschlagener

62 Stäheli, U. Zitiert nach Hamp, A., Bericht über die Tagung „Vergleich der Theorienvergleiche in der deutschen Soziologie". – In: Soziologie. Forum der Deutschen Gesellschaft für Soziologie (Wiesbaden). 34(2005)4, S. 485 – 487, S. 486.

63 In dieser Hinsicht besteht kein Sonderstatus gegenüber außerwissenschaftlichen Wissensentwicklungen. Siehe Bordieu, P., Die Regeln der Kunst. Frankfurt am Main: Suhrkamp 1999. S. 276.

64 Burnet schrieb 1946, dass man zu pragmatischen Zwecken das Virus so betrachten sollte, als handele es sich um gewöhnliche ansteckende Organismen. (Burnet, F. M., Virus as Organism. Cambridge/ Mass.: Havard University Press 1946, S. 127).

65 Zitiert nach Hamp, A., Bericht über die Tagung „Vergleich der Theorienvergleiche in der deutschen Soziologie", a. a. O., S. 486.

Harmonisierungen bzw. diskursiv ausgehandelter Übereinstimmungen gekommen war, dass sie auch als objektiv begründet gelten konnten. Wie sie sich ganz allgemein beantworten lässt, kann man Ideen Flecks abgewinnen: Verknüpfungen („aktive Kopplungen)" von Positionen („Kollektivvorstellungen") miteinander funktionierten im weiteren als „Bedingungen der Erkenntnisarbeit". Sie bestünden darin, die „zwangsläufigen Ergebnisse" festzustellen, die sich unter den gegebenen Voraussetzungen (den nunmehr miteinander verknüpften Vorstellungen) ermitteln ließen (gleich „passive Kopplungen"). Diese Ergebnisse bildeten das, „was als objektive Wirklichkeit empfunden wird."[66]

Die angedeuteten Versöhnungsversuche motivierten zu Anstrengungen, die Kluft zwischen den Strömungen nun auch auf empirischer Ebene zu überbrücken, zu Anstrengungen, die Vorgänge bewirkten, welche sich mit Fujimura als „particular way of cohering", als „a long process of coherence-making activities"[67] oder mit Callon und Latour als „processes of meshing" von aus verschiedenen Forschungsrichtungen herrührenden Daten sowie Techniken der Datenbeurteilung beschreiben lassen.[68]

Bei den Konzept-Verknüpfungen, die schon über Kompromisse hinausgingen und als interne Zusammenhänge vorgestellt wurden, scheint – wie bereits angedeutet – die Idee, dass das „Virus" ein Äquivalent des „Gen" sei, eine zentrale Rolle gespielt zu haben, eine Idee, die bis zu einer praktischen Umsetzung dieser Gleichsetzung fortgeführt wurde.[69] Der analogisierende Rückgriff auf das Gen-Konzept wurde dadurch gefördert, dass die Vererbungsforschung den Genen einen hohen Grad von Autonomie und Stabilität zuerkannte, der mit einer alle Organismen auszeichnenden Plastizität einherging. Dass die Gene im Verlaufe der Vermehrung eine erhebliche Zähigkeit in der Bewahrung ihrer Eigenschaften bekundeten, kombiniert mit einem gewissen Grad von Veränderlichkeit, wie er in den Mutationen zum Ausdruck kommt, half Virusforschern, sich den Zusammenhang zwischen konstanten Eigen-

66 Fleck, L., Entstehung und Entwicklung einer wissenschaftlichen Tatsache. Einführung in die Lehre vom Denkstil und Denkkollektiv. Hrsg. v. Lothar Schäfer u. Thomas Schnelle. Frankfurt am Main: Suhrkamp 1994. S. 56.

67 Fujimura, J. H., Crafting Science. A Sociohistory of the Quest for the Genetics of Cancer, a. a. O., S. 219. Um der Bildung eines Forschungsgegenstandes nachzugehen, der für Forscher, die gegensätzlichen Konzepten folgen, der gleiche ist, untersuchte Fujimura, "how scientists negotiated their various... and often conflicting demands from many audiences in their efforts to construct and solve problems. Scientists juggle and fiddle with one of the practices in order to adjust it to changes in other practices in a continuous interactive process. Throughout this continuous process, scientists patch together some coherence among scientific tools, scientific representations of nature, and audience demands." (Ebenda, S. 208).

68 Callon, M. / Latour, B., Don't throw the baby out with the Bath school! – a reply to Collins and Yearley. – In: Science as Practice and Culture. Hrsg. v. A. Pickering. Chicago/Ill.: University of Chicago Press 1992. S. 1 –16, S. 4.

69 Das was „Gen", „Virus", „Krebs" und „Leben" miteinander verbunden habe, sei die Struktur der Nukleinsäure. (Stanley, W. M., Penrose memorial lecture: on the nature of viruses, cancer, genes, and life – a declaration of dependence. – In: Proceedings of the American Society (Philadelphia). 101(1957), S. 317 – 324).

schaften des Virus und der Stabilität bzw. Veränderlichkeit der Symptome verständlich zu machen.

Die Gleichsetzung des Virus- mit dem Genbegriff kam Versuchen entgegen, den Gegensatz nun auch in der empirischen Arbeit zu tilgen, der das Verständnis der Geschwulstbildung als eines endogen aufgekommenen von dem eines exogen verursachten Prozesses trennte. Sie kam solchen Versuchen entgegen, obgleich sie zunächst nur hypothetischer Natur war und auch auf Widerspruch stieß.[70] Mit den Vorschlägen zur Entspannung des Diskurses wurde eine veränderte Wahrnehmung der Forschungsgegenstände vorbereitet und so ein neues Entwicklungspotential für empirische Prozesse in Aussicht gestellt, und dies wirkte sich schließlich in den verwendeten Forschungstechniken aus. Es wurden Richtungen, zwischen denen sich Gegensätze entfaltet hatten, über besagte Vorschläge in der Hoffnung zusammengeführt, dass sich deren Resultate irgendwann werden ineinander transformieren lassen. Bemühungen wurden unternommen, die Erfahrungsbildung der einen und die der anderen Partei in ein Passungsverhältnis zu bringen, so dass das, was der reale Gegenstand des Streites gewesen war, in den Hintergrund gedrängt wurde und sich ein neuer gemeinsamer Gegenstandsbereich des Erkennens herausbildete, der den Konsens auch objektiv begründete. Von daher erhöhte sich wiederum der Druck auf Festigung des Zusammenhalts von Erklärungsweisen, die mit den Forschungspraktiken assoziiert waren, und es entstanden neue theoretische Leitlinien, unter deren Voraussetzung sich die Kontroversen als gegenstandslos erweisen sollten. Als Ergebnis der Anstrengungen, die anfangs nur vermuteten Zusammenhänge zwischen Konzepten verschiedener Forschungsrichtungen nun auch sachlich zu verankern, kann, wie ich annehme, das in den 80er Jahren aufgekommene Paradigma der Onkogene betrachtet werden.

6. *Schluss: Worin besteht die Lösung einer Kontroverse?*

Das Paradigma der Onkogene wird von Morange als Ergebnis eines Prozesses betrachtet, der sowohl die Umbildung eines kognitiven Feldes als auch die Herstellung eines neuen Objektes beinhaltete, mit dessen Herausbildung die skizzierten Kontroversen schließlich keine Rolle mehr spielten.[71] Dem Paradigma ordnet er verschiedene Modelle zur Erklärung des Krebsursprungs zu, die, wie er ausführt, nicht in Konkurrenz zueinander stünden.[72] Es zeichnet sich dadurch aus, dass es über die

70 Doerr hielt den Befürwortern dieser Gleichsetzung vor, sie hätten „alle Einwände, welche sich der Identifizierung von Viruspartikel und Gen entgegenstellen, durch hemmungsloses Türmen von Hypothesen zu überbrücken gesucht." (Doerr, R., Die Natur der Virusarten. – In: Handbuch der Virusforschung, 1. Ergänzungsband. Hrsg. v. R. Doerr u. C. Hallauer. Wien: Julius Springer 1944. S. 1 – 87, S. 69).

71 Morange, M., From the Regulatory Vision of Cancer to the Oncogene Paradigm. – In: Journal of the History of Biology (Dordrecht). 30(1997)1, S. 1 – 29, S. 9.

72 Morange, M., A History of Molecular Biology. Cambridge, MA: Havard University Press 1998, S. 221.

Gegensätze von Erklärungen der Geschwulstherkunft gewissermaßen hinausgreift, so über den Gegensatz, wonach Krebs entweder als exogen verursachter oder als endogen entstandener Prozess vorgestellt wurde.[73] Dass hierfür die Annahme eines Ähnlichkeitsverhältnisses zwischen Virus und Gen ein wichtiger Baustein gewesen ist, drückt sich recht gut darin aus, was Karlson 1982 als das Verbindende der „zahlreiche(n) exogene(n) und endogene(n) Faktoren" herausstellte, „die eine neoplastische Transformation auslösen können", etwa der „kurzwelligen elektromagnetischen Strahlen ..., (der) chemischen Faktoren und Viren. Die hier vorgetragene Hypothese postuliert, dass diesen Faktoren eines gemeinsam ist, nämlich die Aktivierung bestimmter Gene, die auch als Onkogene ... bekannt geworden sind."[74]

Das neue Paradigma bestimmt Krebs als etwas, das abhängig ist von strukturellen Modifikationen einer begrenzten Anzahl von „Onkogenen", die unter anderem über direkte Mutation durch ein Virus wirksam werden können. Von den früheren Konzepten unterscheidet es sich schon darin, dass es sich, wie Morange ausführt, auf eine bestimmte Anzahl von das neue Modell bildenden Hypothesen begrenzen lässt, „in contrast to the abundance of contradictory... theories and datas on cancer at the end of the 1970s."[75] Es lasse durchaus verschiedene Vorstellungen zur und Herangehensweisen an die Tumorbildung erkennen, aber nicht so, dass sie sich wechselseitig ausschlössen.[76]

Es lässt sich zeigen, dass die Bewältigung der Kontroverse nicht auf die Auswahl einer der gegeneinander ins Feld geführten Positionen hinauslief, und zwar deshalb nicht, weil die Konzepte, wie sie im Verlaufe der Auseinandersetzungen von den Akteuren gesehen wurden, nicht mehr identisch sind mit jenen, deren Gegensätze den Streit ausgelöst hatten. Es ist nicht typisch für das Ende einer wissenschaftlichen Kontroverse, dass es mit dem Sieg der einen über die andere Seite zusammenfiele bzw. dass das eine oder andere Konzept einfach als überholt ausgesondert würde. Denn die Standpunkte wandeln sich im Verlaufe der Auseinandersetzung.

So setzte sich die über die ältere Krebsvirusforschung hinausführende Ansicht durch, dass gerade die Tumorvirologie zur Aufhellung der molekularen Basis für das maligne Verhalten von Zellen führen werde. „Unsere heutigen Kenntnisse über die Grundlagen der Tumorvirologie verdanken wir nicht mehr allein der Suche nach einem ‚Krebserreger' im Sinne der klassischen Mikrobiologie. In den Mittelpunkt des Interesses ist das molekulare Wechselspiel Virus – Zellgenom getreten, indem das

73 „... the oncogene paradigm may be seen as revolutionary because it succeeded in uniting the exogenous and endogenous explanations of cancer in a single paradigm." (Helvoort, T. van, A Century of Research into the Cause of Cancer: Is the New Oncogene Paradigm revolutionary? A. a. O., S. 293).

74 Karlson, P., Wie entstehen Krebszellen? – In: Naturwissenschaftliche Rundschau (Stuttgart). 35(1982)9, S. 356 – 365, S. 357.

75 Morange, M., From the regulatory vision of cancer to the oncogene paradigma, a. a. O., S. 8 f.

76 Morange, M., History of Molecular Biology, a. a. O., S. 228 f.

onkogene Virus sowohl Agens als auch Produkt sein kann“, wie Tanneberger et al. in einem 1974 erschienenen Aufsatz meinen.[77] Es trat auch die Frage in den Hintergrund, in welchem Zusammenhang das Virus zur Krebsverursachung steht.[78] Stattdessen gewann das Virus die Funktion eines Untersuchungsmodells, eben weil es viel einfacher als eine komplexe Zelle gebaut ist. Auch die Auseinandersetzung um die Rolle von Viren für die Tumorbildung beim Menschen verlor so an Gewicht. Die Virusforschung, so Bishop, „die auf den ersten Blick wenig mit den Belangen des Menschen zu tun hatte, (hat) uns wirkungsvolle Instrumente in die Hand“ gegeben, „um eine so gefährliche Krankheit des Menschen studieren zu können. Trotz der Niederlagen bei der Suche nach Viren, die für die Entstehung menschlicher Krebserkrankungen verantwortlich sind, ging die Tumorvirologie als Sieger hervor.“[79]

„Es gibt nicht wenige Beispiele in der Geschichte der Wissenschaft, wo zwei Lehren im Anfangsstadium der Entwicklung völlig unvereinbar erscheinen. Mit der Zeit stellt sich dann aber heraus, dass die Widersprüche gar nicht so unversöhnlich sind ... und dass jede der Theorien nur eine ... einseitige Lösung des Problems darstellt“, wie Rodnyi und Solowjew meinen.[80] Nach einem solchen Verständnis scheinen Streitigkeiten „aus einem mangelnden Wissen des ‚tatsächlichen Sinns‘ der Begriffe selbst (zu) resultieren“, wobei „das Erzielen eines Konsensus ... als Entdeckung des ‚tatsächlichen Sinns‘ dargestellt“ wird, wie Barnes zu bedenken gibt.[81] Der Auffassung, dass in Kontroversen vertretene gegensätzliche Positionen gar nicht so unversöhnlich seien, wie deren Vertreter zunächst annehmen würden, kann man sich wohl anschließen, doch ist anzufügen, dass die fragliche Harmonie (der „tatsächliche Sinn“) nicht schon im Gegenstandsbereich miteinander konkurrierender Lehren verborgen ist, die sich dann bei der Tilgung von Einseitigkeiten oder Wissensmängeln offenbarte. Vielmehr verdankt sie sich Bemühungen von Forschern, die bei der Präsentation der Theorien darauf hingearbeitet haben.

77 Tanneberger, St. / Matthes, Th. / Graffi, A., Grenzen und Möglichkeiten der experimentellen und klinischen Onkologie. – In: Spektrum (Berlin). 5(1974)8, S. 21 – 24, S. 24.

78 „The new model of oncogenesis was advantageously substituted for the previous unsuccessful theories, which had emphasized the role of viruses. I would like to argue that the most dramatic change that occured during these crucial years (1975-1985) was not the renunciation of the viral theory of oncogenesis ... but the disappearance of the previous mundane regulatory vision of cancer that was dominant when the oncogene paradigm came into being.“ (Morange, M., From the Regulatory Vision of Cancer to the Oncogene Paradigm, a. a. O., S. 1).

79 Bishop, J. M., Krebsgene. – In: Krebs – Tumoren, Zellen, Gene. – In: Spektrum der Wissenschaft: Verständliche Forschung. Deutsche Ausgabe von Scientific American. Heidelberg: Spektrum der Wissenschaft Verlagsgesellschaft 1990. S. 52 – 64, S. 64.

80 Rodnyi, N. I. / Solowjew, J. I., Wilhelm Ostwald. – In: Biographien hervorragender Naturwissenschaftler, Techniker und Mediziner, Bd. 30. Leipzig: BSB B.G. Teubner Verlagsgesellschaft 1977. S. 91 – 117, S. 115.

81 Barnes, B. S., Über den konventionellen Charakter von Wissen und Erkenntnis. – In: Kölner Zeitschrift für Soziologie und Sozialpsychologie (Opladen). Sonderheft Wissenssoziologie (1981)22, S. 163 – 190, S. 173 f.

Das Problem, das in der Krebsforschung Streitigkeiten veranlasst hatte, hätte nicht von vornherein einvernehmlich beurteilt und gelöst werden können. Andernfalls hätte mit diesem Problem zugleich das Konzept zu dessen Lösung vorgegeben sein müssen. Doch griffen die Forscher beim Umgang mit diesem Problem auf verschiedene Konzepte zurück, und nach Maßgabe des von ihnen jeweils bevorzugten Konzeptes schlugen sie ganz unterschiedliche Problematisierungsrichtungen ein: Aus der Beschäftigung mit dem Ausgangsproblem resultierten einander entgegengesetzte Fragestellungen, deren Verfolgung die Herausbildung einer gemeinsamen empirischen Bezugsbasis nicht zuließ, die auf die Entwicklung von miteinander vereinbaren Lösungen hätte orientieren können. Der Entwicklung einer empirischen Basis, auf die sich alle Parteien gleichermaßen beziehen konnten, waren Bemühungen von Forschern vorausgegangen, die streitenden Parteien miteinander zu versöhnen, um Wege zu einer kooperativen Realisierung praktischer Anliegen zu bahnen.[82]

82 „Since the settlement of a controversy is the cause of Nature's representation, not its consequence, we can never use this consequence, Nature, to explain how and why a controversy has been settled." (Latour, B., Science in Action. How to Follow Scientists and Engineers through Society. Milton Keynes: Open University Press 1987. S. 258).

GÜNTER SPUR

Erscheinungsformen und Modelle technischer Systeme: Beitrag zur theoretischen Begründung der Technikwissenschaften

1. *Technik als Hilfswelt des Menschen*[1]

1.1. *Technik und Gesellschaft*

Technik ist als Teil unserer kulturellen Entwicklung auf Wandel und Fortschritt gerichtet. Sie bewirkt durch Nutzung natürlicher Ressourcen eine gezielte Veränderung unseres Lebensraumes. Technik ist in ihrer Gesamtheit eine Reform, die der Mensch sich und der Natur auferlegt.[2]

Technik zielt als nützliche Hilfswelt zur Natur auf einen produktiven Fortschritt der menschlichen Gesellschaft und sichert ihn, indem sie Not und Gefahr abwendet oder überwindet. Technik ist zweckbestimmt, sie entwickelt sich durch Kreativität nach den Gesetzen der technischen Vernunft. Sie beruht auf Empfindung und Eingebung, auf Wissen und Können, aber auch auf Handlungsvermögen und Entscheidungsfähigkeit. Forschung und Erfindungsreichtum im praktischen Gestalten bewirken eine permanente Optimierung technischer Funktionssysteme. Wir betreiben eine technologische Hilfswelt, die solche Produkte erzeugen kann, die uns die Natur nicht liefert. Technik wirkt darin nicht nur als gegenständliche Realität, sondern auch als soziotechnisches System zur kulturellen Reform der Gesellschaft.

In der Literatur finden sich zahlreiche Definitionen des Begriffs Technik, die von einer engen Sicht auf die Erfindung als eigentlichen Kern der Technik bis zur breiten Einbindung gesellschaftlicher Reflektionen reichen. Eine Gruppierung der verschiedenen Definitionen und Deutungen ist in Abbildung 1 dargestellt worden.[3]

1 Nachweis zum Thema: Spur, G., Technologie und Management – Zum Selbstverständnis der Technikwissenschaften. München-Wien: Carl Hanser Verlag 1998; Spur, G., Thesen zum Selbstverständnis der Technikwissenschaften: – In: Berlin-Brandenburgische Akademie der Wissenschaften (Hrsg.): Berichte und Abhandlungen Band 5. Berlin: Akademie-Verlag 1998; Spur, G., Vom Wandel der industriellen Welt durch Werkzeugmaschinen. München-Wien: Carl Hanser Verlag 1991.

2 Ortega Y Gasset, J., Betrachtungen über die Technik. Stuttgart: Deutsche Verlagsanstalt 1949.

3 Lenk, H., Zu neuen Ansätzen der Technikphilosophie. – In: Techné, Technik, Technologie. Philosophische Perspektiven. Hrsg. v. H. Lenk u. a. Pullach/München: Verlag Dokumentation 1973.

Abbildung 1: *Deutungen des Technikbegriffs (in Anlehnung an Lenk, 1973).*

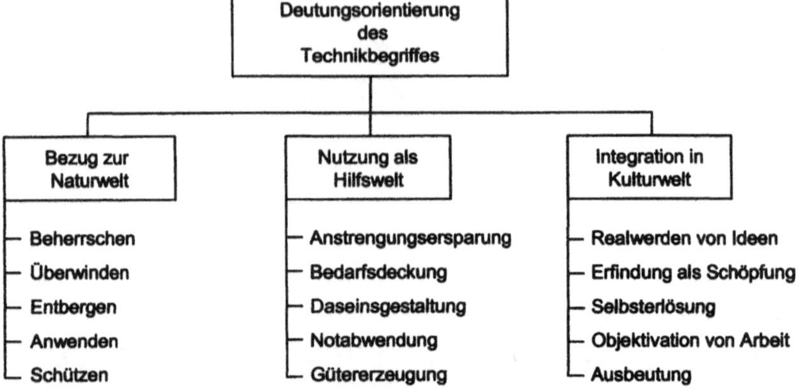

Die Technik der Zukunft strukturiert sich zunehmend wissenschaftsbestimmt. Tiefgreifende Wirtschaftsimpulse werden durch Innovationsschübe aus einer fachübergreifenden Wechselwirkung mit anderen Wissenschaften ausgelöst. Technik sieht sich durch die fächerartige Ausstrahlung auf alle Bereiche der Lebenswelt zunehmend in gesellschaftswissenschaftliche Fragestellungen eingebunden. In diesem Sinne nähern sich die Technikwissenschaften den Disziplinen der Sozialwissenschaften.

Technik entsteht durch Denken, Planen und Bauen. Während sich das Gedachte noch frei entwickeln kann, wird das Planen schon normativ beeinflusst. Das Geplante kann dann nicht gebaut werden, wenn gesellschaftliche Restriktionen dies verhindern. Ohne das Gebaute macht Technik allerdings keinen Sinn, denn die angestrebte Zweckerfüllung setzt praktische Wirksamkeit voraus.

Doch wer Technik gestaltet, muss mit dem Risiko des Irrtums leben, mindestens mit der kalkulierten Fehlermöglichkeit. Die damit verbundene Übernahme von Verantwortung wird umso bedeutsamer, je stärker Technik in die Welt des Menschen eingreift. Es ist verhältnismäßig einfach, technische Mängel im Detail zu beheben, jedoch viel schwieriger oder vielleicht überhaupt nicht möglich, das ganzheitliche Risiko komplexer, technischer Entwicklungsprozesse als Produkt unseres kulturellen Fortschritts zu kalkulieren.

Aus dem Nichtverstehen von Technik wachsen Irritationen. Ohne ausreichende technische Bildung ist der Mensch überfordert, den raschen technischen Wandel zu begreifen. Vertrauensbildung zur Technik lässt sich durch Transparenz und Aufklärung erreichen: Die, die es machen, müssen es jenen sagen, die es betrifft. Technischer Fortschritt muss willkommen sein.

Technik hat das Sachpotenzial der Lebenswelt nachhaltig verändert, hat eine eigenständige Arbeitswelt bewirkt. Das steigende Interesse der Öffentlichkeit führt zu einem hohen Erwartungsdruck gegenüber dem technischen Fortschritt. Es wird zunehmend nach der gesellschaftlichen Verantwortung gefragt.

Die gesellschaftlichen Wirkpotenziale der Technik richten sich zunächst auf Ernährung, Kleidung, Wohnen und Gesundheit, auf Schutz vor Unbilden der Natur, schließlich aber auch auf die Mehrung von Freizeit und Erholung sowie auf die Möglichkeit, den kulturellen Erlebniskreis zu erweitern. Hierbei gewinnen Bildung und Wissen immer mehr an Bedeutung (Abbildung 2).

Abbildung 2: *Technik als gesellschaftliches Wirkpotenzial.*

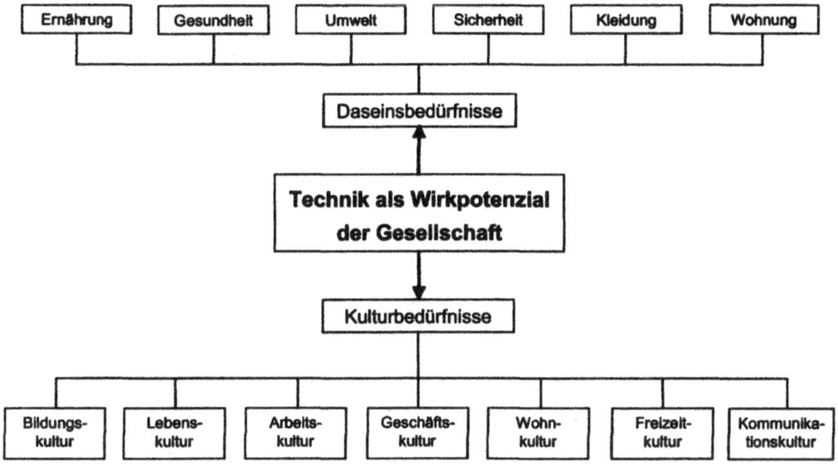

1.2. *Funktionalität technischer Systeme*

Systemtheoretisch wird Technik nach ihrer Funktionalität gegliedert und durch Strukturen und Prozesse abstrahiert. Allgemein kann zwischen realen und idealen, zwischen natürlichen und künstlichen sowie zwischen statischen und dynamischen, aber auch zwischen offenen und geschlossenen, deterministischen und probabilistischen sowie zwischen einfachen und komplexen Systemen unterschieden werden.

Die Grundfunktion technischer Systeme besteht in der Transformation eines Eingangszustandes in einen Ausgangszustand. Allgemein handelt es sich um die Wandlung von Ressourcen der Naturwelt in eine technologisch betriebene Nutzwelt der Gesellschaft. Diese Transformationsfunktion muss bei wachsender Komplexität immer mehr Einflussgrößen berücksichtigen und auch mehreren Zielen gleichzeitig gerecht werden. Hinsichtlich der systemischen Verknüpfung bestehen Ordnungsstrukturen und Beziehungen sowohl nach innen als auch nach außen. Neben dem

Abbildung 3: *Transformationsfunktion der Hilfwelt Technik.*

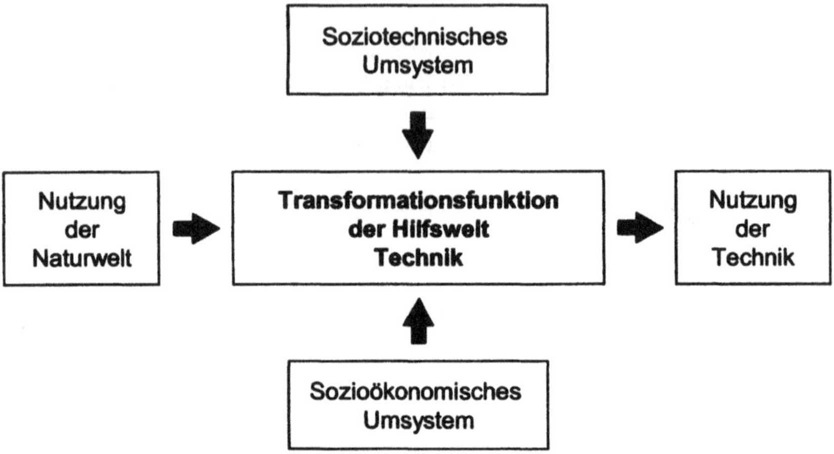

natürlichen Umsystem sind Einflussparameter soziotechnischer und sozioökonomischer Umsysteme zu berücksichtigen (Abbildung 3).

Die Funktionen technischer Systeme können passiv durch statische, strukturorientierte Transformationen oder durch dynamische, prozessorientierte Transformationen gekennzeichnet sein. Die Wirksamkeit kann sowohl gemeinsam erfolgen oder auch zwischen dem aktiven und passiven Zustand wechseln. Komplexe technische Systeme bestehen aus einem organisierten Netzwerk vielfacher Teilfunktionen mit ganzheitlicher Wirkung.

Eine mögliche Unterteilung des Systems Technik nach funktionalen Wirkbereichen ist in Abbildung 4 dargestellt.

Abbildung 4: *Wirkbereiche technischer Systeme.*

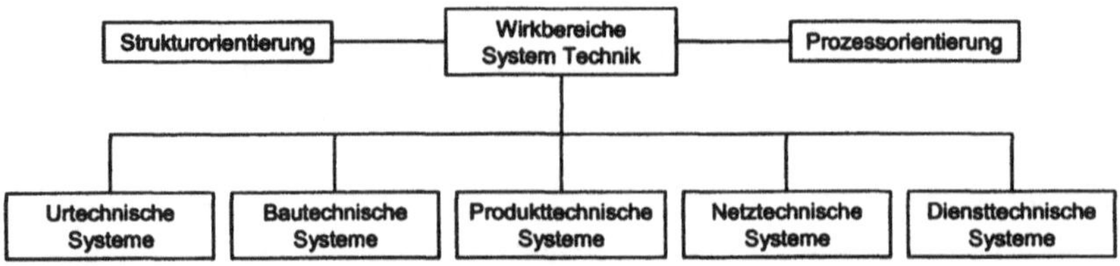

Urtechnische Systeme sind mit ihren Eingangsoperanden an die Naturpotenziale Boden, Wasser oder Luft gebunden. Ihre Transformationsprozesse werden stoff- oder energieorientiert unterschieden.

Bautechnische Systeme sind stationäre Artefakte im Bodenbereich. Ihre Transformationsoperanden wirken ortsgebunden als Strecken-, Flächen- oder Raumfunktion.

Produkttechnische Systeme sind distributiv angelegte Artefakte mit spezifischer Nutzungsfunktion. Ihre Transformationsprozesse sind gebrauchstechnisch orientiert.

Netztechnische Systeme sind kommunikativ strukturierte Artefakte mit stoff-, energie- oder informationsorientierten Transformationsprozessen. Sie sind zeit-, orts- oder mengenbestimmt.

Diensttechnische Systeme sind soziobezogene Artefakte mit unmittelbarer Wirkung auf die Lebens- und Arbeitsgestaltung. Ihre Transformationsprozesse sind handlungsorientiert.

Die Planung technischer Systeme beginnt mit der Erstellung des Anforderungsprofils, also mit der Festlegung der anzustrebenden Systemeigenschaften. Dazu wird ein Systemmodell entwickelt, das die Systemfunktionen definiert.

Unter Funktionen sind eindeutige, reproduzierbare Zusammenhänge zwischen Eingangs- und Ausgangsgrößen eines Systems zu verstehen. Sie übernehmen zielgeordnet als Teilfunktion die Lösung der Gesamtfunktion. Hierzu müssen Verknüpfungsfunktionen und Zuordnungsvorschriften definiert werden. Die Gesamtfunktion wirkt als Integral aller Elementarfunktionen. Durch Fraktalisierung lässt sich schrittweise eine Verfeinerung in Elementarfunktionen erreichen.

Technik befindet sich in einer permanenten Zustandsänderung. Jede Messung des Funktionsstandes technischer Systeme ist immer nur die Beschreibung eines Momentanzustandes. Der Änderungsgradient technischer Systeme kann allerdings auf sehr verschiede Zeiträume bezogen sein.

Zustandsänderungen technischer Systeme sind einerseits bestimmte, also gezielt geplante Funktionen, andererseits auch unbestimmte und zufällige, meist unerwünschte Störungen der Funktionen.

Die Qualität der Funktionsfähigkeit ergibt sich aus struktur- und prozessbedingten Fehlergrößen. Der Funktionszustand eines technischen Systems ist ordnungsgemäß, wenn die Funktionsqualität die vorgegebenen Toleranzen einhält.

Auf Grund der hohen Komplexität und meist vorhandenen Wechselwirksamkeit der einzelnen Störparameter ist eine theoretisch abgeleitete Vorhersage des Qualitätsverhaltens technischer Systeme sehr erschwert. Deshalb sind experimentelle und empirische Untersuchungen meist unverzichtbar.

Für die Optimierung der Systemauslegung ist der Wahrheitswert aller Entscheidungen von hoher Bedeutung. Insbesondere ist bei schwierigen Verknüpfungen der Findungsprozess zu einer optimalen Lösung aufwändig, sodass der erreichbare Wahrheitswert eingeschränkt ist. Oft sind die Entwicklungsprozesse von technischen

Systemen mehrläufig, führen also nicht zu einer einzigen Lösung, sondern zu einer mehrfachen Wahrheit.

Hierin liegt ein Dilemma der Entwicklung technischer Systeme: Das Lösungsmodell der Aufgabenstellung lässt sich meist nicht mit Hilfe einer formulierbaren Handlungsvorschrift direkt aus dem Anforderungsmodell ableiten. Sowohl die Eigenschaftsparameter als auch die Lösungsparameter bilden einen mehrdimensionalen Funktionsraum, der nicht frei von Widersprüchen und Zwängen ist. Hinzu kommt erschwerend, dass nicht alle Systeme Neuentwicklungen sind. Durch Vorgabe des Vorhandenen können die gestalterischen Freiheitsgrade bereits eingeschränkt sein. Gleiches gilt auch für die fortgeschrittenen Phasen des Entwicklungsprozesses. So ist es erklärbar, dass bei gleicher Aufgabenstellung unterschiedliche Lösungen vorliegen können, die aber doch nahezu gleiche Funktionsqualitäten aufweisen.

Die Modellierung technischer Systeme wird mit zunehmender Komplexität schwieriger. Umgekehrt lässt sich ein technisches System umso exakter und deterministischer in seiner Transformationsfunktion darstellen, desto einfacher es hinsichtlich seiner Elementarstruktur und seines Verknüpfungsgrades ist. Dies bedeutet methodisch, dass für die Modellierung technischer Systeme die ganzheitliche Funktion auf die Wirksamkeit von Teilfunktionen zurückgeführt werden muss.

Techniksysteme geben nur einen Sinn, wenn sie funktionieren. Dies setzt voraus, dass sie gebaut und praktisch nutzbar sind. Somit muss das erste Leitaxiom technischen Handels auf Funktionalität gerichtet sein.

Technik ist das Ergebnis einer Aufgabe, die mit einem Minimum an Anstrengung zu lösen ist. Das ökonomische Prinzip des kleinsten Aufwandes, von Leibniz als metaphysisches Prinzip eingeführt, ließe sich als Maxime auf die Entwicklung technischer Systeme anwenden. Damit dürfte das zweite Leitaxiom technischen Handelns auf Rationalität gerichtet sein.

Technische Systeme ermöglichen eine permanente Verbesserung. Die Kreativität des Menschen ist in die Zukunft gerichtet und damit unbegrenzt. Der Erwerb von Wissen ist offen, somit auch seine Anwendung in technischen Systemen. Das dritte Leitaxiom technischen Handelns ist deshalb auf Innovativität gerichtet.

1.3. *Ökosoziale Dimension der Technik*

Die Grundfunktion technischer Systeme besteht darin, Ressourcen der Naturwelt in ein Nutzungspotenzial der Gesellschaft zu transformieren. Günter Ropohl zielt in seiner Systemtheorie der Technik „auf eine umfassende Systematik aller denkbaren technischen Systeme, die es gestattet, die Totalität aller möglichen technischen Artefakte in genereller Form zu beschreiben und zu klassifizieren“.[4] Die technische Entwicklung ist als Strukturveränderung soziotechnischer Systeme zu verstehen, die

4 Ropohl, G., Eine Systemtheorie der Technik. München-Wien: Carl Hanser Verlag 1979.

Abbildung 5: *Soziotechnisches Systemmodell (nach Ropohl, 1979).*

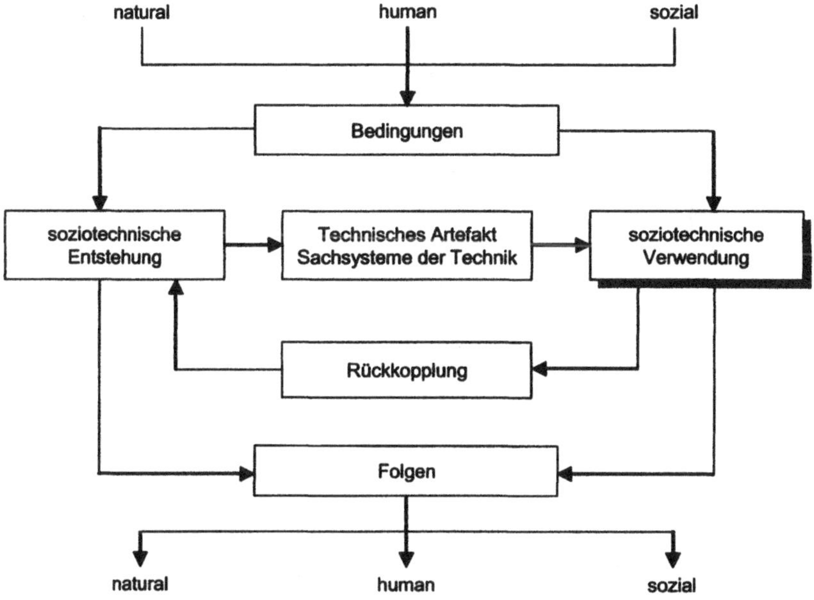

auch deren funktionales Verhalten beeinflusst. Dabei ist sowohl eine starke quantitative Vermehrung der Sachsysteme als auch eine erhebliche qualitative Verbesserung der Funktionserfüllung mit dem Fortschritt der Technik zu erkennen (Abbildung 5).

Im Kern des soziotechnischen Systems wirkt das Dreieck Wissenschaft, Technik und Wirtschaft als Pulsator des Fortschritts. Die Triebkräfte sind die Kreativitätspotenziale zum Aufbau eines wissenschaftlich und wirtschaftlich rationalisierten Systems, das zum Wohle der Gesellschaft betrieben wird.

Die technische Entwicklung wird aber nur dann auf breiter Front mit wirtschaftlichem Erfolg fortschreiten, wenn der politische und kulturelle Zeitgeist das notwendige soziotechnische Handlungsfeld aktiv aufbereitet. Die Motivation zum technischen Fortschritt wird von einem innovationsorientierten Selbstverständnis begleitet.

Die Technik vermehrt und vermindert die Menge an Arbeit, sie erneuert aber auch ihre Inhalte. Sie beeinflusst die Arbeitsorganisation nicht nur zeitlich und örtlich, sondern auch hinsichtlich der Arbeitsmittel und der Arbeitsmethoden. Die Technik der Zukunft fordert überwiegend ein wissensorientiertes Berufsbild, das nach Eigenschaften wie Zuverlässigkeit und Gründlichkeit ebenso fragt wie nach Kreativität und Führungsfähigkeit.

Abbildung 6: *Wirkung von Innovationen auf Arbeitspotenziale.*

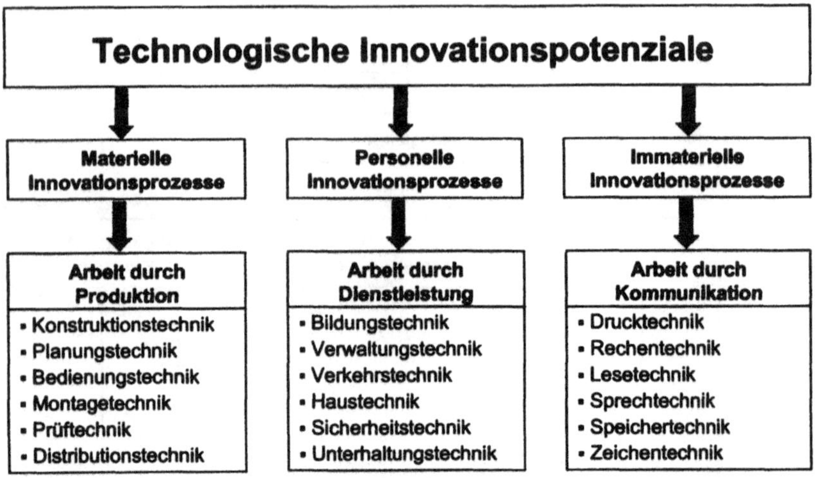

Die gegenwärtige Phase der Technikentwicklung zielt auf einen dezentralisierten Arbeitsmarkt und führt in eine neoindustrielle Arbeitskultur, die durch den Fortschritt immaterieller Produktionsprozesse im Bereich der Informationstechnik geprägt wird (Abbildung 6).

Von der Öffentlichkeit fast unbemerkt haben wir die Schwelle in eine neue Arbeitskultur schon überschritten. Produktivität und Qualität, aber auch Flexibilität und Zuverlässigkeit haben weltweit ein Niveau erreicht, das auf der Grundlage konventioneller Arbeitskulturen nicht realisierbar gewesen wäre.

Die Konsequenz der rechnerunterstützten Produktionswirtschaft ist ihre kommunikative Vernetzung in global orientierten Märkten. Damit hat die Informationstechnik eine Schlüsselrolle zur Erneuerung und Optimierung der Produktionswirtschaft erhalten und zwar nicht nur örtlich, sondern in weltweiter Verknüpfung. Durch die kontinuierliche Optimierung der Informationsinhalte in Verbindung mit einer logistischen Regelung der Materialprozesse sowie einer dynamischen Disponierung der Produktionspotenziale erwächst gewissermaßen als konzertierte Aktion eine global vernetzte Produktionsstruktur.

Ökonomische Zwänge sind es, die technologische Innovationen begünstigen oder überhaupt erst ermöglichen. Durch sie können aber die Quellen des Fortschritts in Wissenschaft und Technik auch gehemmt werden. Dies gilt nicht nur für technologische Entwicklungen der Wirtschaft im Einzelnen, sondern auch für das globale weltwirtschaftliche Geschehen im Ganzen. Eine normative Koordinierung ist unverzichtbar. Eine durch Technologie geprägte Marktwirtschaft bedarf bestimmter Regulative. Damit ist das Feld der Technologiepolitik, aber auch die Problematik von Technik und Ethik angesprochen, die zur Frage nach dem Imperativ für technisches Handeln führt. Mit Sicherheit werden spezielle und begrenzte Entwicklungsprozesse ausgesteuert, sofern die Nachteiligkeit und Gefährlichkeit dieser Artefakte erkennbar sind. Viel schwieriger ist die Bewertung von langfristig wirkenden Technologieprozessen, deren erreichbare Reife von Stabilität, Sicherheit und Ergiebigkeit in ihren Auswirkungen auf die Gesellschaft anfangs noch nicht vorausgesehen werden kann.

Technik stellt sich uns als neue Dimension von Verantwortung dar. Verantwortung fordert Kompetenz. Eine Kompetenz, die nicht nur von denjenigen zu pflegen ist, die Technik erzeugen, sondern auch von allen, die ihren Nutzen in Anspruch nehmen. Technische Bildung erzeugt Kompetenz und wird damit eine grundlegende Voraussetzung für den universal gebildeten Menschen.

Technischer Fortschritt vollzieht sich trotz kontinuierlicher Entwicklung dosierten Phasensprüngen. Diese benötigen vorbereitete gesellschaftliche Strukturen, die den zunehmenden technologischen Innovationsdruck verkraften und verarbeiten können. Die Sicherung unserer wirtschaftlichen und sozialen Existenz basiert auf technologischer Innovationsfähigkeit: Eine Welt ohne Maschinen wird es nicht geben.

Die Darstellung und Erforschung der Zusammenhänge von Entstehung, Entwicklung, Durchsetzung, Verbreitung und Ablösung neuer Technik, somit das Phänomen Innovation, ist Gegenstand mehrerer Wissenschaftsdisziplinen. Im Zentrum des Interesses stehen dabei neben der Technik selbst vor allem auch die Einflüsse, die zu bestimmten Ausprägungen einer Technik führen, und die zu ihrem Erfolg oder Scheitern beitragen.

Die Forschungsansätze zu technischen Innovationen spiegeln unterschiedliche wissenschaftliche Traditionen, Fachdisziplinen und Interessenlagen wider. Sie reichen von der wirtschaftswissenschaftlichen Innovationsforschung über die Technik- und Wirtschaftsgeschichte, die Industrie- und Techniksoziologie, die Ingenieurwissenschaften bis zur Ethnologie und der vergleichsweise neuen Technikgeneseforschung.

Die heutige Phase ist gekennzeichnet durch eine systematische Verknüpfung von Wissenschaft und Technik. Sie beginnt in der zweiten Hälfte des 19. Jahrhunderts und erreicht unter dem Einfluss der derzeitigen Diskussion um Forschungs-, Technologie-, Innovations- und Wissenschaftspolitik einen Höhepunkt. Wissenschaften und Technologien werden nach wirtschaftsgesellschaftlichen Zielen geplant und gesteuert. Die Wissenschaft ist zu einer unabdingbaren Voraussetzung für technische Innovationen und Wettbewerbsfähigkeit geworden.

2. *Begründung der Technikwissenschaften*

2.1. *Geschichtliches*

Die Erneuerung der Wissenschaften erfolgte in Europa durch die Gründung von Universitäten. Diese gingen meistens aus kirchlichen Schulen hervor und dienten daher zunächst wesentlich der Ausbildung der Geistlichkeit. Aus der Bindung an die Kirche ergab sich eine Distanziertheit gegenüber der Naturforschung. Die Vorstellung des neuen Weltbildes sahen die Universitäten zunächst differenziert. Später wandelten sich die Fakultäten und nahmen die Fragestellungen der aufkommenden Naturwissenschaften auf.

Entstehung und Ausbreitung der Renaissance und des Humanismus bedeuten eine geistige Wende vom Mittelalter zur Neuzeit. Eingeschlossen in diesen Wandel war die theoretische und künstlerische Fundierung empirisch erarbeiteter Naturerkenntnisse sowie die Entfaltung kritischer Rationalität in Wirtschaft, Politik und Kultur.

Die Entwicklung der Technik war zunächst eng mit Naturerfahrung, aber auch mit gestaltender Kunst verbunden. In der technisch-künstlerischen Führungsschicht der Renaissance sind erste Ansätze für die Ausbildung eines Ingenieurprofils zu erkennen.[5]

Mit dem Aufkommen der Feuerwaffen entwickelte sich als neuer, nachhaltig bedeutender Zweig die Pyrotechnik und damit das Interesse an fernwirkenden Waffen zur Stärkung der Angriffs- oder Verteidigungsfähigkeit.

Die Fortschritte in der Buchdrucktechnik bewirkten eine schnelle und weite Verbreitung des technischen Wissens. Bereits 1487 erschien die erste gedruckte Ausgabe der in der Renaissance einflussreichen Werke von Vitruvius.

In Tabelle 1 sind einige der wichtigsten Autoren aufgeführt, die bis zum 17. Jahrhundert durch ihre Werke den Stand der damaligen Technik dokumentiert haben.

Die Gelehrten der Naturwissenschaften hatten die Bedeutung der Nutzanwendung ihres Wissens für den Fortschritt der Wirtschaft erkannt. Weitblickend schufen sie deshalb neben den Universitäten ihre eigenen wissenschaftlichen Institutionen, die sie Gesellschaften oder Akademien nannten.

Im Entwurf der Präambel zu den Statuten der Royal Society of London, der 1663 von Robert Hooke (1635-1703) ausgearbeitet wurde, heißt es: „Es obliegt der Royal Society, das Wissen um die Dinge in der Natur zu vervollkommen und alle nützlichen Künste, Herstellungsweisen, mechanische Verfahren, Maschinen und Erfindungen durch Experimente zu verbessern (und sich nicht in Theologie, Metaphysik, Morallehre, Politik, Grammatik, Rhetorik oder Logik einzumischen)".

Rückblickend lassen sich durchaus Wurzeln einer Technikwissenschaft in den Gründungsjahren der beschriebenen Akademien und wissenschaftlichen Gesell-

5 Troitzsch, U. / Weber, W., Die Technik – Von den Anfängen bis zur Gegenwart. Stuttgart: Unipart 1987.

Tabelle: 1: *Technische Lehrbücher vom 15. bis 17. Jahrhundert.*

Erscheinungs-jahr	Autor	Lebenszeit	Titel
1472	Roberto Valturius	1405 – 1475	De re militari, Verona
1478	Leon Battista Alberti	1402 – 1472	De re aedificatoria
1490	Leonardo da Vinci	1452 – 1519	Codice atlantico
1540	Vanuccio Biringuccio	1480 – 1540	De la pirotechnia Libri X.
1556	Georgius Agricola (Georg Bauer)	1494 – 1555	De re metallica
1569	Jacques Besson	1500 – 1573	Theatrum instrumentorum et machinarum
1588	Agostino Ramelli	1531 – 1590	Le diverse et artificiose machine, Paris
1597	Buonaiuto Lorini	1540 – 1611	Delle Fortificationi
1607	Vittorio Zonca	1568 – 1602	Novo Teatro di Machine et Aedificii, Padua
1607 - 1614	Heinrich Zeising	– 1613	Theatrum Machinarum, Leipzig
1615	Salomon de Caus	1576 – 1626	Les raisons des forces mouvantes, Frankfurt
1615 (1616)	Fausto Veranzio	1551 – 1617	Machinae novae
1617 (1629)	Jacopo de Strada	1523 – 1588	Maschinenzeichnungen (1629 mit Text)
1629	Giovanni Branca	1571 – 1640	Le machine, Rom
1661	Georg Andreas Böckler	1644 – 1698	Theatrum machinarum novum, Nürnberg
1701	Charles Plumier	1646 – 1704	L'art de tourner, Lyon
1724	Jakob Leupold	1674 - 1727	Theatrum machinarum generale

schaften jener Zeit erkennen. Die Werke von Galilei, Kepler, Descartes, Newton und Leibniz seien hier genannt. Insbesondere wurde die mathematische Physik das Zentrum neuer Erkenntnisse. Die experimentelle Forschung ergänzte die wissenschaftlich-theoretische Methodik. Neben dem Naturforscher hatte der Mechanikus seinen festen, angestammten Platz.

Adolf Harnack würdigt die überragende Bedeutung der Arbeiten von Gottfried Wilhelm Leibniz (1646-1716): „Niemand hat Leibniz übertroffen in der Fähigkeit, alle Kräfte des Zeitalters in sich aufzunehmen". Leibniz ging es darum, die Errungenschaften der Wissenschaften nicht nur zu steigern, sondern sie auch überall in der Praxis einzuführen und zu Prinzipien des Lebens zu erheben: „So oft ich etwas Neues lerne, so überlege ich sogleich, ob nicht etwas für das Leben daraus geschöpft werden könne". Ein wichtiges Motiv zur Gründung der Kurfürstlich-Brandenburgischen-Sozietät der Wissenschaften zu Berlin, der späteren Preußischen Akademie der Wissenschaften, war, „das Werk samt der Wissenschaft auf den Nutzen zu richten". An anderer Stelle drückt dies Leibniz so aus: „... wäre demnach der Zweck, theoriam cum praxi zu vereinigen ...". Harnack sieht ein frühes Ziel der gegründeten Akademie darin, die „mechanischen Wissenschaften" praktisch nutzbar zu machen".[6]

In dieser Zeit hatten die Ergebnisse der theoretischen und experimentellen Naturwissenschaft noch wenig Durchschlagskraft auf die überwiegend handwerklich betriebene Technik. Die langsame Verbreitung von Erkenntnissen, Entdeckungen und Erfindungen hat sicherlich auch etwas mit Kommunikation zu tun. Erst die Überwindung des Analphabetentums, insbesondere die Einführung der Schulpflicht und

6 Harnack, A., Geschichte der Königlich-Preußischen Akademie der Wissenschaften zu Berlin. Berlin: Reichsdruckerei 1900.

damit die Einleitung eines breiten Bildungsprozesses, hat den Fortschritt der Technik wesentlich beschleunigt.

Im ersten Drittel des 18. Jahrhunderts ist eine Phase wissenschaftlicher Durchdringung der Ingenieurarbeit zu erkennen. Als Beispiel kann der Leipziger Maschinenbauer, Mechaniker und Bergwerkskommissar Jakob Leupold (1674-1727) genannt werden. Er verband seine praktische Tätigkeit eng mit theoretischen Untersuchungen. Die Aufgaben des Ingenieurs beschrieb Leupold in seinem unvollendetem Hauptwerk „Theatrum machinarum generale, Schauplatz des Grundes mechanischer Wissenschaften“ 1724 wie folgt:

„Denn was vor alten Zeiten diese Mechanici waren, das sind heute zu Tage unsere Ingenieur, welchen nicht nur allein zu kömmet, eine Festung aufzureißen und dann zu erbauen, sondern auch nach mechanischen Fundamenten allerlei Maschinen anzugeben, so wohl auch eine Fortresse zu definieren, als solche zu emportieren. Ingleichen mancherlei compendieuse Maschinen zu erfinden, die Arbeit zu erleichtern und was öfters unmöglich scheinet dennoch möglich zu machen“.[7]

Jakob Leupold war Mitglied der Königlich-Preußischen-Sozietät der Wissenschaften und kann als einer der ersten Repräsentanten der jungen, aufkommenden Technikwissenschaften im deutschen Sprachraum gelten. Es ging ihm nicht nur um die Förderung der Maschinentechnik, sondern er wollte auch im volkswirtschaftlichen Sinne die Wohlfahrt des Landes durch Entwicklung der Technik verbessern.

2.2. *Technologie als Wissenschaftsbegriff*

Sehr vereinfacht ließe sich Technologie als Technikkunde deuten. Darunter wäre die Lehre vom Aufbau und Zusammenwirken dessen zu verstehen, was wir Technik nennen. In diesem Sinne würde Technologie die Gesamtheit des technischen Wissen umfassen, also alle Kenntnisse, Fähigkeiten und Möglichkeiten der Anwendung und Entwicklung von Technik einschließen.

Wenn Technik als Teil unserer kulturellen Entwicklung auf Wandel und Fortschritt der Gesellschaft gerichtet ist, dann will Technologie lehren, wie dieser Prozess verläuft. Wenn Technik eine Reform ist, die wir der Natur auferlegen, dann will Technologie die hierzu geeigneten Verfahren vermitteln. In einer sehr weiten Auslegung kann Technologie auch als Lehre von der Entwicklung der Technik in ihren gesellschaftlichen Zusammenhängen gedeutet werden.

Die Verwendung der Begriffe Technik und Technologie ist im allgemeinen Sprachgebrauch einem Wandel unterworfen. Hierbei ist der Einfluss des englisch-amerikanischen Begriffsverständnisses deutlich spürbar. Auch wird der Begriff Technologie in den einzelnen Wissenschaftsdisziplinen unterschiedlich verwendet.

Von der allgemeinen Deutung des Technologiebegriffes abweichend liegt der spezielle Gebrauch im Bereich der Verfahrenskunde. Unter Technologie wird hier die

7 Leupold, J., Theatrum machinarum oder Schauplatz der Hebezeuge. Leipzig 1725.

Gesamtheit des Wissens der Prozesstechnik zur Gewinnung und Verarbeitung von Stoffen verstanden. Im engeren Sinne handelt es sich um eine Produktionstechnologie, also um eine Verfahrenskunde zur Erzeugung von Gütern. Allerdings ist das Wirkfeld dieser Technologien nicht mehr allein auf materielle Güter, sondern auch auf solche der Energietechnik und Informationstechnik gerichtet.

Technologie ist in diesem Sinne die Lehre von der Prozessgestaltung zum Erzeugen, Wandeln und Verteilen der Güter in einer Produktionswirtschaft. Technologie vermittelt das Wissen zur Veränderung eines Wirkzustandes. Damit könnte Technologie als Anwendung von technischem Wissen, als „Angewandte Wissenschaft" gedeutet werden.

In der Abbildung 7 wird dargestellt, wie verschiedene Definitionen von Technologie miteinander verknüpft werden können, wenn sie auf den Zustandswandel und die Funktionen technischer Systeme zentriert werden.

Technologie kann als Lehre vom Wandel der Technik auch als instrumentelle Transformation wissenschaftlicher Erkenntnisse in technische Objekte, Verfahren oder Systeme gedeutet werden. Neben den technikwissenschaftlichen Disziplinen einschließlich ihrer mathematisch-naturwissenschaftlichen Grundlagen erhalten auch die Wirtschafts- und Sozialwissenschaften sowie die gesamten Kulturwissenschaften für die Integration von Gesellschaft, Arbeit und Technik eine wichtige Mittlerfunktion. Dieser Komplexität der Technik als Forschungsgegenstand entspricht in wachsendem Maße eine interdisziplinär angelegte technologische Forschung, die auch Beiträge der Sozial- und Geisteswissenschaften einschießt.

Abbildung 7: *Verschiedene Deutungen des Technologiebegriffs.*

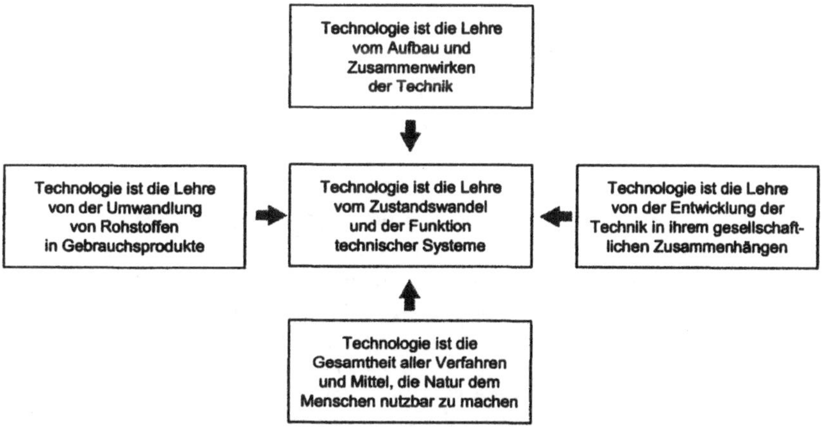

Abbildung 8: *Modell der technologischen Wirkungskette.*

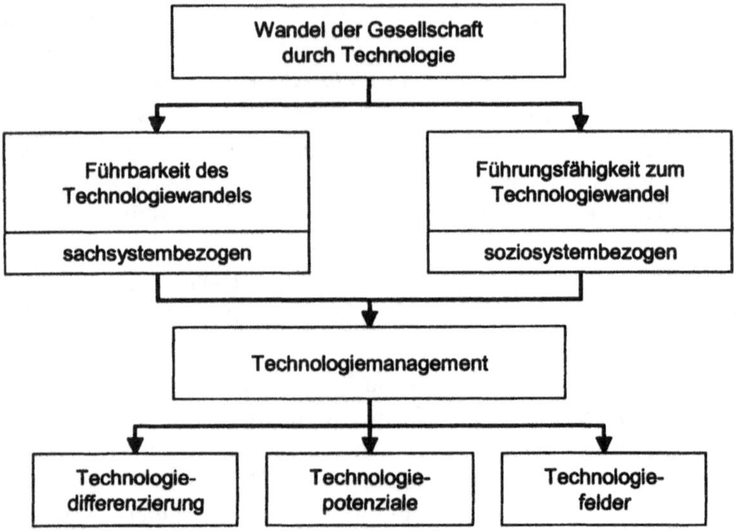

Abbildung 8 zeigt die technologische Wirkungskette. Aus der Erkenntnis seiner Schlüsselfunktion muss ein Technologiemanagement entwickelt werden, das sowohl die systembezogene Führbarkeit des Technologiefortschritts als auch die personenbezogene Führungsfähigkeit zum Inhalt seiner Arbeits- und Forschungsziele entwickelt. In diesem Sinne beinhaltet Technologiemanagement über die Anleitung zur Umwandlung und Kombination von Produktionsfaktoren hinaus auch eine nachhaltige Mitverantwortung für den Fortschritt der Gesellschaft.

Günter Ropohl verweist auf die frühe Konzipierung des Technologiebegriffs durch Beckmann, wenn er die Entwicklung einer „Allgemeinen Technologie" als Grundlage für ein umfassendes Technikverständnis fordert. Er begründet dies wissenschaftssystematisch, wissenschaftshistorisch und wissenschaftspragmatisch. Er sieht einen Bedarf für eine „allgemeine Disziplin, die die Gesamtheit der technologischen Begriffe, Hypothesen und Theorien systematisieren würde, mit denen grundlegende Erscheinungen des technischen Handelns und allgemein verbreitete gesamttechnische Strukturen und Prozesse analysiert und erklärt werden". Die überwiegend naturwissenschaftlich orientierten Grundlagen der Technikwissenschaften reichen nicht mehr aus, die heute zu stellenden Ansprüche an das Selbstverständnis der Technik zu erfüllen. Ropohl sieht aktuellen Bedarf, „das technologische Paradigma neu zu beleben".[8]

8 Ropohl, G., Allgemeine Technologie als Grundlage für ein umfassendes Technikverständnis. – In: Allgemeine Technologie zwischen Aufklärung und Metatheorie. Hrsg. v. Gerhard Banse. Berlin: Edition Sigma Verlag 1997. Seite 111.

Eine Allgemeine Technologie hätte die methodischen Grundlagen und das theoretische Netzwerk für die Technikwissenschaften zu liefern. Sie basiert auf Erkenntnissen der Naturwissenschaften und ist in die Entwicklung der Gesellschaftswissenschaften eingebunden.

Technik ist nicht nur Objekt technikwissenschaftlicher, sondern auch gesellschaftswissenschaftlicher Forschung. Die Allgemeine Technologie ist deshalb auch soziotechnisch orientiert.

Eine besondere Aufmerksamkeit verdient unter dem Aspekt der Differenzierung des Technologiebegriffs die Deutung der Allgemeinen Technologie nach inhaltlichen und systematischen Gesichtspunkten. Nach Günter Ropohl umfasst „die Allgemeine Technologie generalistisch-interdisziplinäre Technikforschung und Techniklehre und ist die Wissenschaft von den allgemeinen Funktions- und Strukturprinzipien der Sachsysteme und ihrer soziokulturellen Entstehungs- und Verwendungszusammenhänge".[9] In der Abbildung 9 ist das von Ropohl beschriebene Deutungsmodell einer Allgemeinen Technologie dargestellt.

Die Grundfunktion der Technik kann als Transformation der Naturwelt in das Nutzungspotenzial einer Hilfswelt des Menschen interpretiert werden, deren Zielorientierung auf eine qualitative Maximierung der Innovationsfunktion gerichtet ist. Es ist eine Aufgabe der Technikwissenschaften, eine solche innovationsorientierte Funktionsoptimierung zu erforschen und zu lehren.

Bilden sich zwischen Wissenschaftsbereichen mehrerer Disziplinen Durchdringungen von unterschiedlichen Elementarfunktionen zu neuen Gesamtfunktionen, entstehen interdisziplinär geprägte Verbundwissenschaften, wie beispielsweise die Mikrosystemtechnik.

Abbildung 9: *Modell einer Allgemeinen Technologie (nach Ropohl)*

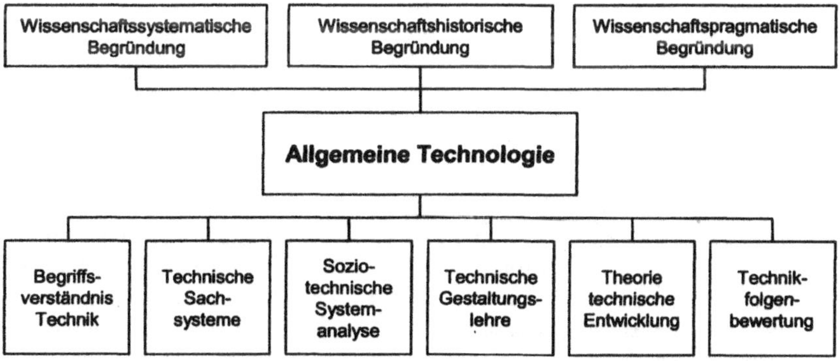

9 Ebenda Seite 113 - 114.

Eine systematische Gliederung der Technologiefelder kann nach verschiedenen Gesichtspunkten erfolgen. Es wäre wünschenswert, an ein allgemein gültiges Ordnungssystem der Technik anknüpfen zu können. Da dieses jedoch in geeigneter Differenzierung nicht existiert und auch sicherlich vom Standpunkt potenzieller Nachfrage unterschiedlich gewertet würde, muss einstweilen pragmatisch nach den jeweiligen Fragestellungen vorgegangen werden.

Die sich heute darstellenden Technologiefelder werden nach ihrer zeitlichen Entwicklung, nach ihrer Anwendungsbreite und nach ihrer Neuigkeit beurteilt. Obwohl die Grenze zwischen „Alten Technologien“ und „Neuen Technologien“ nicht scharf gezogen werden kann, hat sich im Schrifttum und im allgemeinen Sprachgebrauch ein Begriffsgemenge gebildet, das als Kriterium für Neuheit in erster Linie die Innovationswirkung heranzieht. Dabei wird eine disziplinäre Einteilung umso schwieriger, als sich Technologie zunehmend komplex, also interdisziplinär entwickelt. Auch haben sich die Grundlagenwissenschaften erweitert, insbesondere durch die tief greifende Entwicklung der Informationswissenschaften. Abbildung 10 zeigt einen Vorschlag, wie Schlüsseltechnologien systemtechnisch geordnet werden könnten.

Abbildung 10: *Ausprägung neuer Technologiefelder.*

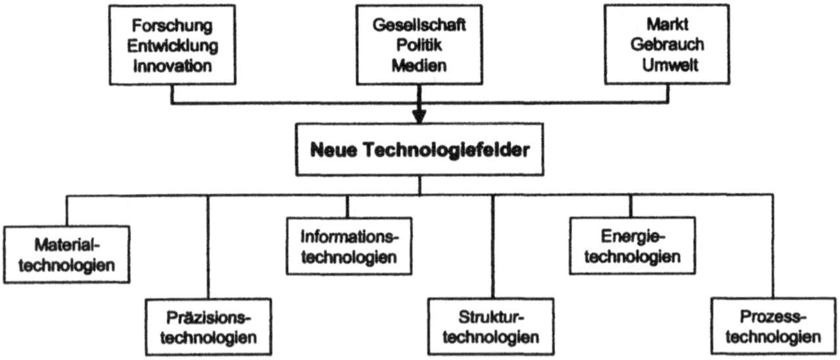

Eine wichtige Grundlage für die Weiterentwicklung der Technik ist die Materialwissenschaft. In den verschiedenen Technikdisziplinen wird zwischen Naturstoffen, Rohstoffen, Baustoffen, Werkstoffen und Biostoffen, aber auch zwischen Hilfsstoffen, Schadstoffen und Giftstoffen unterschieden. Die Materialtechnologien überdecken alle Innovationsphasen, sowohl durch Erweiterung des Stoffspektrums als auch durch Verfeinerung der Anwendungsqualitäten.

Neue Felder der Energietechnologien beziehen sich einerseits auf die gesamte Versorgungstechnik von Elektrizität, Wärme, Luft und Wasser sowie die gesamte Entsorgungstechnik, andererseits aber auch auf die Erschließung neuer Energiequellen. Das gesamte Entwicklungsfeld ist sehr komplex und reicht von industriellen Großtechnologien bis zu spezifischen bioenergetischen Systemen.

Auf dem Gebiet der Informationstechnologien steigt der Innovationsdruck in der gesamten Feldbreite weiter an. Sowohl die Verbesserung der Leistungsfähigkeit in der Mikrosystemtechnik als auch die Vielfältigkeit und Gebrauchsqualität der Software im Anwendungsmarkt haben neuen Technologiefeldern Auftrieb gegeben.

Der Begriff Strukturtechnologie ist relativ neu. Er bezieht sich auf den inneren Aufbau technischer Artefakte, der sich aus der ordnenden Gestaltung ergibt. Ihre Funktionalität wird durch ortsorientierte Relationen ihrer Elemente erreicht.

Neue Technologiefelder ergeben sich auch durch Steigerung der Funktionsgenauigkeit. Präzisionstechnologien führen zu neuen Qualitätsstufen und erweitern die Anwendungsfelder technischer Artefakte in bisher nicht erreichbare Wirkfelder wie in der Bio- und Medizintechnik. Die Entwicklung zur Mikro- und Nanotechnik schließt eine entsprechende Verfeinerung der Metrologie ein.

Die Transformation bestimmter Zustände von technischen Systemen erfolgt durch die Prozesstechnologie als Wandel von Material, Energie und Information. Sie stellt sich als Geräte-, Maschinen-, Anlagen-, Werk- und Großtechnik in sehr vielfältiger Ausführung dar und ist durch große Komplexität in allen Stufen der Innovationsphase gekennzeichnet.

2.3. *Selbstverständnis der Technikwissenschaften*

Angesichts der zunehmenden Komplexität und unaufhaltsamen Dynamik der Technik erwächst das Bemühen um eine Erneuerung des Selbstverständnisses der Technikwissenschaften. Es stellen sich Fragen nach dem Dialog mit anderen Wissenschaftsdisziplinen, aber auch Fragen nach dem eigenen Standort. Wir spüren das Fehlen einer integrativ orientierten Leitdisziplin der Technikwissenschaften.

Technik, Technologie und Technikwissenschaft bilden ein Begriffsgemenge unklarer Abgrenzung. Die Technikwissenschaften stellen in ihrer Gesamtheit kein geordnetes, im Einzelnen folgerichtig aufgebautes System von technologischen Erkenntnissen dar. Ihre Unterteilung in verschiedene Wissensbereiche und Aufgabenstellungen ist nicht immer eindeutig und vergleichbar.

Im Forschungsgegenstand der Technikwissenschaften kommt zugleich ihr Innovationspotenzial zum Ausdruck. Ihren Problemstellungen geht ein Bedarf an Lösungen voraus. Die Nähe zur praktischen Anwendung führt zur Frage nach der Zielorientierung der Technikwissenschaften. Als folgerichtig aufgebautes System von technologischen Erkenntnissen umfassen sie alle Methoden, die der Weiterentwicklung von Wissen zur Nutzanwendung dienen. Im Einzelnen richtet sich technikwissenschaftliche Forschung auf die systemwissenschaftliche Differenzierung ihrer Teilgebiete, auf die Untersuchung der Wechselwirkungen mit anderen Wissenschaften sowie auf die methodische Durchdringung der an sie gestellten Aufgaben.

Abbildung 11: *Wirkbereiche der Technikwissenschaften.*

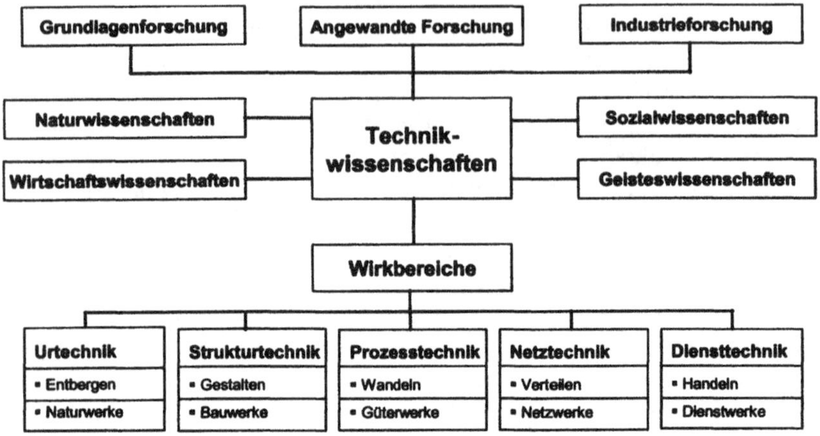

Technikwissenschaftliche Forschung wird einerseits zunehmend durch differenzierende Spezialisierung, andererseits aber auch durch steigenden Bedarf an natur-, wirtschafts- und sozialwissenschaftlicher Integration sowie durch kooperative Organisationsformen charakterisiert. Sie ist ihrem Wesen nach interdisziplinär ausgerichtet. Abbildung 11 zeigt den Versuch, die Technikwissenschaften in ihrer differenzierten Verknüpfung darzustellen. Mit seinen kooperierenden Teilsystemen aus Grundlagenforschung, angewandter Forschung und Industrieforschung begründet ein derartig interpretierter Wissensverbund zugleich die Möglichkeit exemplarischer Analysen einer für die Technikwissenschaft entwicklungsnotwendigen methodischen Vermittlung wissenschaftlicher Theoriebildung und industrieller Praxis.

Die Naturwissenschaften, Wirtschaftswissenschaften, Sozialwissenschaften und Geisteswissenschaften sind als Wirkungsfeld für die Entwicklung der Technikwissenschaft unentbehrlich (Abbildung 12).

Eine Gliederung der Technikwissenschaften in Einzeldisziplinen ist angesichts ihrer Komplexität und Verfeinerung nicht zwingend. Es stellt sich dennoch die Frage nach den Kriterien oder Prinzipien einer Klassifizierung.

Aufbauend auf einer grundlagenorientierten Wissensgewinnung ist es Aufgabe der Technikwissenschaften, geeignete Methoden zur praxisorientierten Erkenntnisgewinnung zu entwickeln. Hierbei ist die Multidisziplinarität in besonderer Weise zu berücksichtigen. Weiterhin sind die wissenschaftstheoretischen Voraussetzungen sowohl für die analytisch-ursächliche als auch für die synthetisch-konstruktive Methodik der Technik zu schaffen. Hierbei spielen die Wechselbeziehungen zwischen Theorie und Praxis eine vermittelnde und anregende Rolle.

Abbildung 12: *Multidisziplinäre Verknüpfung der Allgemeinen Technikwissenschaften.*

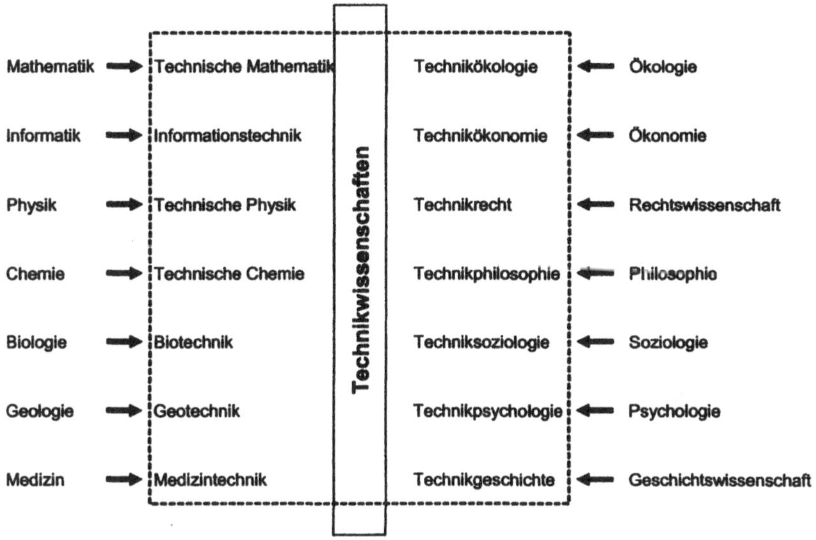

Diese müsste über den konventionellen Wirkungsbereich der Technik hinausreichen, Geistes- und Sozialwissenschaften nicht nur einbinden, sondern auch zum Dialog herausfordern.

Hieraus ergibt sich allerdings die Frage, ob die Technikwissenschaften auf einen „Dialog der Kulturen" vorbereitet sind. Zwar ist der Reifungsprozess der noch jungen Technikwissenschaften fachspezifisch teilweise weit fortgeschritten, aber dennoch bleibt ein Unbehagen bei der Frage, ob das Selbstverständnis der Ingenieure zu ihrer Wissenschaft bisher genügend entwickelt werden konnte. Beim Verlassen der Hülle ihrer sachorientierten Funktionswelt wird spürbar, dass die gewohnten Werkzeuge nicht mehr greifen. Sie müssen für den Dialog mit anderen Wissenschaftskulturen aufbereitet werden. Ingenieure müssen lernen, in einem erweiterten Spannungsfeld zu agieren, das ihnen nach Ausbildungs- und Berufsethos fremd ist. Es geht letztlich auch um die Bereitschaft zum politischen Handeln und damit um die Bereitschaft zur politischen Verantwortung. Diese Herausforderung führt zur Begründung einer metatechnischen Wissenschaftslehre, die uns das geistige Rüstzeug für den interdisziplinären Dialog der Wissenschaften mit Wirtschaft und Politik liefert.

Ein erstes und wichtiges Merkmal dieser integrierenden Metadisziplin der Technikwissenschaften sollte darin bestehen, dass sie von Ingenieuren begründet wird, um deren Selbstverständnis dann als Beitrag zur Anreicherung des allgemeinen kulturwissenschaftlichen Dialogs einzubringen.

Neben einer Allgemeinen Technikphilosophie sind spezielle Bereiche denkbar, die systemtechnisch, methodisch oder historisch geprägt sein könnten. Die vornehmliche Aufgabe liegt jedoch in der Begründung einer Lehre über die wirksamen Hintergründe und Zusammenhänge sich schöpferisch entwickelnder Technik.

Eine Allgemeine Technikwissenschaft hat als Lehre vom Wissen über den Kulturwandel durch Technik immer etwas mit Veränderung unseres Seins zu tun. Sie sucht Wege zur Reform unserer Industriegesellschaft und muss deshalb die Handlungspotenziale in Wissenschaft, Wirtschaft und Politik integrieren. Es wird immer deutlicher, dass wir die globalen Probleme unserer Zeit nicht mehr mit den traditionellen Methoden und Handlungssystemen lösen können. Das gilt insbesondere für ein sozial orientiertes Produktionssystem mit einem Wirtschaftswachstum, das fast ausschließlich auf Produktivitätssteigerung durch Rationalisierung beruht, ohne das gesellschaftliche Problem der steigenden Arbeitslosigkeit lösen zu können.

Durch eine zunehmende Verlagerung des Schwerpunktes der industriellen Produktion zu immateriellen Gütern ändern sich auch die Paradigmen der technikwissenschaftlichen Forschung. Die informationstechnisch erschlossene Kommunikation von global vernetztem Wissen wird Entfaltungsmöglichkeiten erreichen, die alle bisherigen Erwartungen übertreffen. Objektivationen dieser technologisch getriebenen Kreativität sind Maschinenprogramme und Systeme einer digitalisierten Welt der Technik, die nicht nur neue Gütermärkte bilden, sondern auch zu einer Neuorientierung der Wissenswelt führen. Vom Menschen konstruiert, entsteht aus einer umfassenden Akkumulation von theoretischem Wissen, praxisgeführten Erfahrungsprozessen, menschlichen Handlungsvermögen sowie einer empfindsamen Einführung in den inneren Zusammenhang der Natur eine Bewusstwerdung in unserem Denken, die in ein Metasystem zukünftiger Technologien einmündet.

Die für eine solche Reformierung unserer Industriegesellschaft zu entwickelnde Kreativität wird aber zugleich der Engpass für den Fortschritt sein. Im Wettbewerb der Technologien werden diejenigen Volkswirtschaften und Unternehmen auf Dauer vorn liegen, die aus innerer Kraft einen wissensgetriebenen Innovationsdruck erzeugen, der das Tempo des Fortschritts vorgibt. Genauso wichtig wird es sein, in allen Ebenen des Managements einen vertrauensbildenden Entscheidungsdruck zu erzeugen, der die Risiken des Neuen überwindet.

2.4. *Methodik der Technikwissenschaften*

Im Forschungsgegenstand der Technikwissenschaften kommt zugleich ihre Innovationsorientierung zum Ausdruck, die schöpferisches Handeln einschließt. Technikwissenschaftliche Problemstellungen sind anwendungsbezogen.

Technikwissenschaften haben die Aufgabe, die mannigfaltigen Erscheinungsformen der Technik zu erklären und Modelle für ihre optimale Gestaltung zu entwickeln. Methodisch ist technikwissenschaftliche Forschung theoretisch oder experimentell ausgerichtet, systemwissenschaftlich differenziert sie die Wechselwirkungen mit anderen Wissenschaften und fachspezifisch konkretisiert sie neue wissenschaftliche Problemfelder. Die Analyse der Erscheinungsformen von Technik und die Synthese des Neuen kennzeichnen ihre Arbeitsweise.

Die Anwendungsorientierung der Technikwissenschaften bildet ein in die Methodik übergreifendes Moment. Zielorientierte Problemlösungen erhalten ihren Sinn erst durch ihre Nützlichkeit aus technischer oder wirtschaftlicher Sicht.[10]

Die Forschungsmethodik hat sich als eine Funktion konkreter Wechselwirkungen zwischen industrieller Praxis und erkenntnisleitender wissenschaftlicher Theorie empirisch herausgebildet, wobei die Forderung nach innovativen Entwicklungen von Prozessen und Produkten ein zentrales Anliegen ist.

Erkenntnisdefizite in der Methodik technikwissenschaftlicher Forschung verweisen auf notwendige Analysen wissenschaftstheoretischer Art, auch im Sinne einer Neuordnung der Technikwissenschaften. Eine Vertiefung der Erkenntnisse über den Wissenschaftsbegriff in der Technik, über den Entwicklungsstand disziplinärer Integration und Differenzierung sowie über die Stellung von Technik und Wissenschaft innerhalb des Wissenschaftssystems ist von aktueller Bedeutung.

Mit wachsender Komplexität technikwissenschaftlicher Forschungsgegenstände sowohl in technologisch immanenter als auch in wirtschaftlicher und gesellschaftlicher Hinsicht nimmt der Differenzierungsgrad der Technikwissenschaften ständig zu. Technikwissenschaftliche Forschung ist einerseits durch Spezialisierung, andererseits aber auch durch steigenden Bedarf an natur-, wirtschafts- und sozialwissenschaftlicher Integration sowie durch kooperative Organisationsformen gekennzeichnet. Sie ist ihrem Wesen nach interdisziplinäre Gemeinschaftsarbeit. Abbildung 13 zeigt die Technikwissenschaften in ihrer differenzierten Methodik.

Die Vermittlung und Aufbereitung des grundlagenorientierten Wissens bildet eine erste und unverzichtbare Aufgabe der Technikwissenschaften. Aufbau und Zustandsänderungen technischer Systeme bedürfen über eine qualitative Beschreibung hinaus der Darstellung durch quantitative Methoden. Dies bedeutet die Einbindung der Mathematik sowohl zur abstrakten Erklärung technischer Funktionsverknüpfungen als auch zur Theoriebildung für die Weiterentwicklung der Technik überhaupt. Die Mathematisierung der verschiedenen technischen Wissenschaftsdisziplinen ist unterschiedlich entwickelt. Zwar kann nicht immer der Grad ihrer mathematischen Durchdringung als Reife ihres wissenschaftlichen Fortschritts gewertet werden, aber dennoch lässt sich feststellen, dass eine Theoriebildung als wichtiges und anzustrebendes Instrumentarium der Erkenntnisgewinnung letztlich die Begründung wissenschaftlicher Disziplinen voraussetzt. Die jeweilige Methodik technischer Forschung wird in ihrer disziplinen Spezifik vorbestimmt, und zwar durch ihr Anwendungsfeld in der Praxis und durch den realen Entwicklungsstand ihres Forschungsobjektes.

10 Problem und Methode in der Forschung. Hrsg. v. Heinrich Parthey. Berlin: Akademie-Verlag 1978.

Abbildung 13: *Differenzierte Methodik der Technikwissenschaften.*

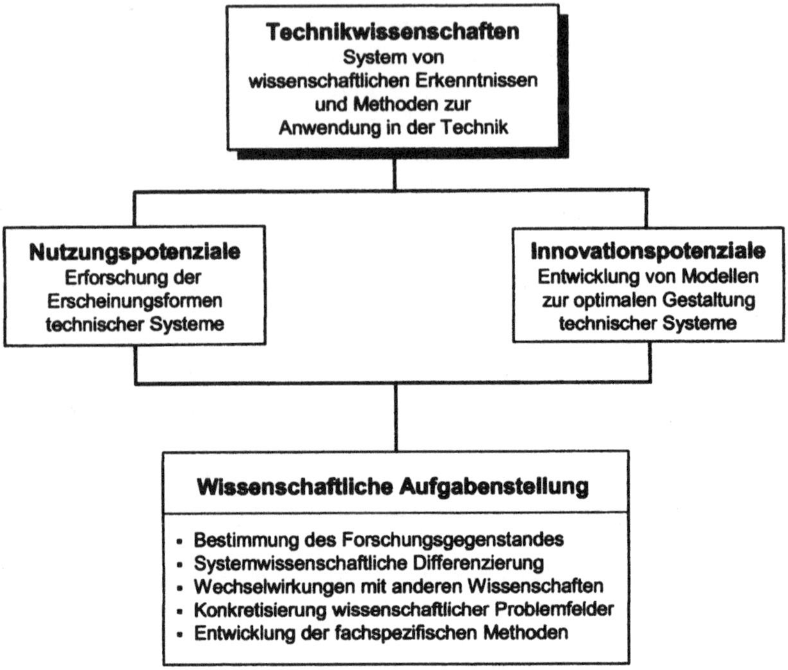

Aus der Innovationsdynamik der Technik leitet sich sehr oft ein Zeitzwang für technische Forschung ab. Sie lernt zwar aus der Vergangenheit, muss aber voraus denken und helfen, die Zukunft zu gestalten. Aber wie weit reicht der Horizont ihrer Voraussicht? Wie steht es mit der Zuverlässigkeit etwaiger Prognosen? Was können wir wirklich über die Zukunft wissen?

Alle technischen Produkte beinhalten ein Optimierungspotenzial. Es geht darum, Funktionen zu verbessern, Zuverlässigkeit zu steigern, Anstände zu überwinden, Erfahrungen zu sammeln, also Qualitätsstabilität zu erreichen. In diesem Sinne ist es Aufgabe der Technikwissenschaft, die Innovationen einzuleiten und zugleich Fehleranalysen des Geschaffenen zu betreiben.

Die Erkenntnisprozesse der Technikwissenschaften verlaufen zwar rational, sind aber nicht vorhersehbar und auch nicht widerspruchsfrei. Sie sind damit auch nicht planbar. Wohl aber lassen sich Erkenntnisprozesse formieren und beschleunigen.

In der Wissenschaftsarbeit ergibt sich aus dem Erfahrungsgewinn durch Erprobung sowie aus dem sachangemessenen Evaluationspotenzial der Industrie ein Primat der Empirie gegenüber der Theorie insofern, als technikbezogene Forschung in der Regel mit der empirischen Analyse bereits realisierter theoretischer Lösungen beginnt, neue Synthesen des dort erworbenen Erfahrungswissens erprobt, um dann zu neuen Prinziplösungen und deren Realisierung zu gelangen. Diese bilden schließlich die Grundlage neuer Theorien. Der methodische Weg führt also von einer letztlich praktischen Problemstellung über die Gewinnung empirischen Wissens durch Messung, Beobachtung, Experiment, Modellgenerierung und Simulation hin zur Aufstellung von Theorien und Paradigmen, die nicht nur erforschte Sachverhalte systematisch reflektieren, sondern auch auf die Praxis zurückweisende neue Forschungsperspektiven beinhalten.

Ebenso wie im Verhältnis von Empirie und Theorie wird das Primat der Praxis in den grundlegenden Methoden des Erfindens und Konstruierens deutlich. Beides zeichnet sich durch den Zusammenhang von Erfahrungswissen, analytisch-synthetischem Denken und funktionaler Kreativität aus. In der Technik resultieren Ideen und konstruktive Modelle meist aus gezieltem Suchen, experimentellem Vergleichen und anschließendem Auswählen optimaler Lösungsmöglichkeiten. Erfindungen entstehen auch durch vorgängige Theorien oder logische Deduktionen, aber häufiger noch durch Erfahrung und Induktion.

Die Methodik technikwissenschaftlicher Forschung steht, wie ihr Gegenstand selbst, unter dem Aspekt von Wissenschaftlichkeit erst in den Anfängen einer möglichen und notwendigen Entwicklung zu disziplinärer Eigenständigkeit. Der hohe Integrationsgrad von industrieller Praxis und Forschung bedingt auch in methodischer Hinsicht eine starke Dominanz der konkreten Anwendungserfordernisse, denen die methodologische Reflexion und Verallgemeinerung der praktischen Erfahrungen untergeordnet bleibt.

Diese Situation manifestiert sich in einer Reihe von Forschungsdefiziten. So fehlen spezifische Untersuchungen der methodologisch relevanten Einflussfaktoren auf den Forschungsprozess. Der konkrete Zusammenhang zwischen Forschungsbedarf, Problemstellung, Hypothesenbildung, Methodenorganisation, Theoriebildung und Evaluation bedarf der systematischen Analyse sowie der theoretischen Integration.

Die Aufgabenstellungen der Technikwissenschaften wären nicht vollständig, würde man die Erkenntnisdefizite in der fehlenden Analyse über den wissenschaftstheoretischen Status übersehen.

Die Methodik der Technikwissenschaften ist auch dadurch gekennzeichnet, dass sie sich als eine Funktion konkreter Wechselwirkungen zwischen industrieller Praxis und erkenntnisleitender wissenschaftlicher Theorie im Forschungsprozess empirisch herausbildet. Sie existiert bisher überwiegend und primär als implizierter Bestandteil der Forschungspraxis. Eine der grundlegenden Aufgaben ist es, Struktur und Wirkungsweise aller theoretischen und praktischen Bestimmungsgrößen zum Aufbau einer Forschungsmethodik zu analysieren. Ziel einer solchen Systematik ist letztlich die Definition eines eigenständigen Beitrags zur Theorie technischer Systeme aus ganzheitlicher Sicht.

2.5. *Innovationsfähigkeit der Technikwissenschaften*

Die Technikwissenschaften bilden durch die Dynamik ihres fortschreitenden Wandlungsprozesses einen permanenten Innovationsgradienten, der nicht nur die Richtung der technologischen Entwicklung, sondern durch seine Steilheit auch die Geschwindigkeit des Wandels bestimmt.

Die soziotechnische Komplexität des Gegenstandes technikwissenschaftlicher Innovationen erfordert Strategien einer auch methodisch angepassten Erweiterung. Sie müssen umfangreichen und komplizierten Problemstellungen sowohl theoretisch als auch praktisch gewachsen sein. Es geht in letzter Konsequenz um die Optimierung der Innovationsfähigkeit.

Technische Forschung zielt sowohl auf neue Erkenntnisse ihres Gegenstandes als auch auf die technologische und wirtschaftliche Umsetzung dieser Erkenntnisse in Produkt- und Prozessinnovationen industrieller Produktion. Letztere stellen die den Forschungsprozess ganzheitlich bestimmende Zielsetzung dar. Das heißt, technische Forschung ist in ihrem Kern Innovationstransfer (Abbildung 14).

Abbildung 14: *Technologietransfer als Innovationsprozess.*

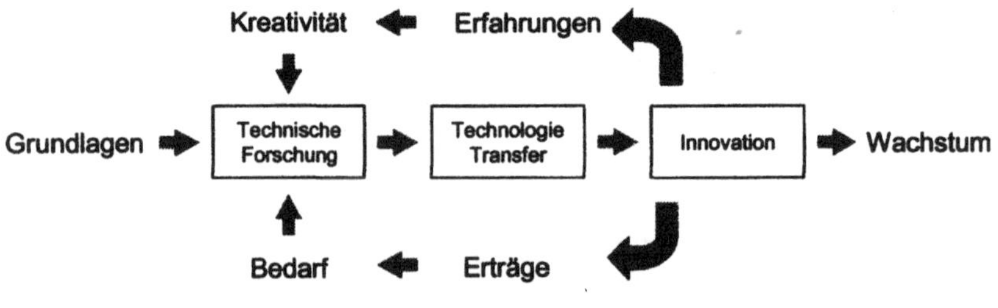

Die Triebkräfte dieser Forschung resultieren aus dem technologisch-wirtschaftlichen Bedarf der Praxis. Diese stellt zugleich die entscheidenden Maßstäbe zur Überprüfung und Bewertung der Problemlösungen bereit.

Forschungsbedarf besteht auch hinsichtlich der Bestimmung des Wirkungsgrades der verschiedenen institutionellen Formen, in denen technikwissenschaftliche Innovationen stattfinden und die ihrerseits die Methodik des Innovationsprozesses beeinflussen. Im Zentrum des Interesses stehen dabei neben der Technik selbst vor allem auch die Einflüsse, die zu ihrem Erfolg oder Scheitern beitragen.

Die Forschungsansätze zu technischen Innovationen spiegeln unterschiedliche wissenschaftliche Traditionen, Fachdisziplinen und Interessenlagen wider. Sie reichen von der wirtschaftswissenschaftlichen Innovationsforschung über die Technik- und Wirtschaftsgeschichte, die Industrie- und Techniksoziologie bis zur Ethnologie und der vergleichsweise neuen Technikgeneseforschung. Die Innovationsforschung, die in ihrem Ursprung den Wirtschaftswissenschaften zugeordnet wird, entwickelt zunehmend technologische Fragestellungen (Abbildung 15).

Abbildung 15: *Innovationsforschung im Wissenschaftsverbund.*

Im Übergangsbereich zwischen theoretischer und empirischer Innovationsforschung stehen die institutionell-historischen Erklärungen des technischen Wandels. Das Interesse dieser Forschungsrichtung ist darauf ausgerichtet, die technische und sozioökonomische Entwicklung aus einem historischen Blickwinkel darzustellen. Aus der Anschauung tatsächlicher Technologieverläufe lassen sich Typologien und Klassifikationen des technischen Wandels begründen und Hypothesen über die Zusammenhänge zwischen Innovationen und wirtschaftlicher Entwicklung aufstellen.

Die technologische Innovationsfähigkeit entspringt sinnlicher Kreativität und beweist sich durch das Machbare. Ihr Fortschritt wird von bewusster Rationalität geleitet. Er beruht auf wissenschaftlicher Forschung, auf Erfindungsfähigkeit im praktischen Gestalten und auf innovativem Handlungsvermögen. Die Innovationsfähigkeit wird von der Zweckrationalität zur Schaffung des Neuen durch personelle, technologische, ökonomische und politische Wirkfaktoren bestimmt (Abbildung 16).

Die zukünftigen Innovationsstrukturen verlangen nach mehr Wissen, und zwar auf jedem Ausbildungsniveau. Dabei sind Eigenschaften wie Zuverlässigkeit und Gründlichkeit ebenso gefragt wie Kreativität und Führungsfähigkeit. In modernen Produktionssystemen werden Spezialisten und Generalisten gefordert, die sich zu einem innovationszentrierten Arbeitsverbund ergänzen. In der Konsequenz muss über gänzlich neue Formen der Arbeit, also auch über neue Formen industrieller Innovationen in volkswirtschaftlichem Sinne, vor allem auch über den Wandel der Arbeitswelt nachgedacht werden.

Die Lösung des Beschäftigungsproblems kann als „Jahrhundertaufgabe" angesehen werden. Sie wird wahrscheinlich nur allmählich durch ein Zusammenwirken der bereits auf allen Ebenen diskutierten Vorschläge zu erreichen sein. Festzuhalten bleibt allerdings, dass die Sicherung von Arbeit in der industriellen Produktion langfristig vor allem durch einen Vorsprung in Forschung und Entwicklung, also durch Tech-

Abbildung 16: *Verbesserung der Innovationsfähigkeit.*

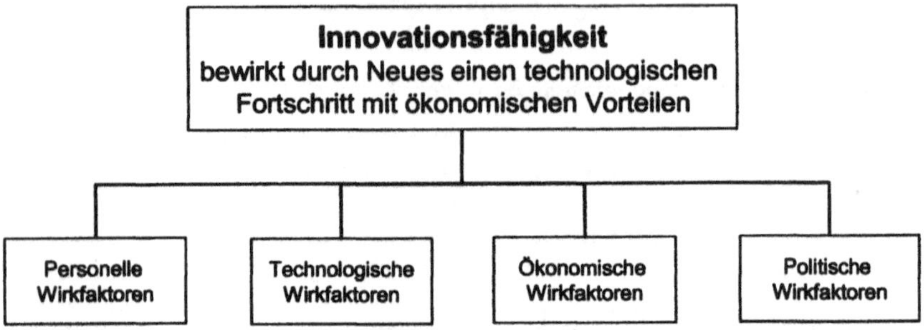

nologie und Innovation erreicht werden kann. Damit angesprochen ist nicht nur die Wissenschaft, sondern auch die vorgelagerte und begleitende berufliche Bildung.

Der ökonomische Imperativ technologischer Innovationen fordert größten Nutzen bei möglichst geringem Aufwand. Grundlage ist eine Maximierung der Leistungsintensität des Innovationspotenzials. Dieses bedeutet auch, eine zielgerichtete volle Entfaltungsmöglichkeit des technologischen Wissens zu schaffen. Die Ansätze hierfür liegen in einer permanenten Aktivierung des Innovationspotenzials sowohl innerhalb des Unternehmens als auch im erreichbaren Umfeld. Innovation ist kein Selbstläufer.

Nach Abbildung 17 wird die innovative Produktivität durch Kenngrößen für Ertrag und Aufwand gemessen. Dabei kann zwischen Hauptproduktivität, Nebenproduktivität sowie Störproduktivität unterschieden werden, so wie sie sich aus der Transformation der Eingangsgrößen Energie, Material und Information ergeben.

Die Durchsetzung der Marktführerschaft setzt eine kundenorientierte und marktnahe Innovatisierung in allen Unternehmensbereichen sowie Schaffung einer innovationsfreundlichen Kultur voraus (Abbildung 18).

Innovatisierung ist nicht allein Aufgabe von Forschung und Entwicklung. Sie betrifft die gesamte Prozesskette innerhalb des Unternehmens wie aber auch den Umgang mit dem Markt. Sie ist unternehmensspezifisch und deshalb von den Wettbewerbern nur schwierig zu kopieren – viel schwieriger jedenfalls als rein technische Produkterneuerungen.

In der öffentlichen Diskussion besteht Übereinstimmung hinsichtlich der Notwendigkeit, die Umsetzung von neuen Erkenntnissen der Forschung in industriell nutzbare Produkte zu beschleunigen. Ein Hemmnis ist durch die Vorbedingungen der Ideenproduktion gegeben. Die Entwicklung neuer Produkte, die Entdeckung neuer Methoden, Prinzipien und Vorgehensweisen erfordern neben Kreativität auch marktbezogene Sachkenntnis und spezifische Erfahrung. Die Ideenfindung ist überwiegend mit dem Eindringen in neue Gebiete verbunden. Innovationstransfer umfasst nicht nur mehrere Disziplinen übergreifende fachwissenschaftliche Kenntnisse,

Abbildung 17: *Produktivität von Innovationsprozessen.*

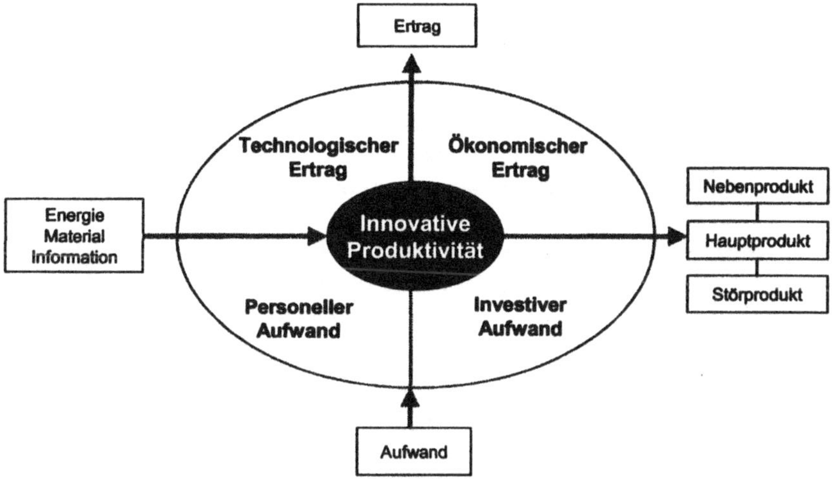

Abbildung 18: *Aktivierung von Innovationspotenzialen.*

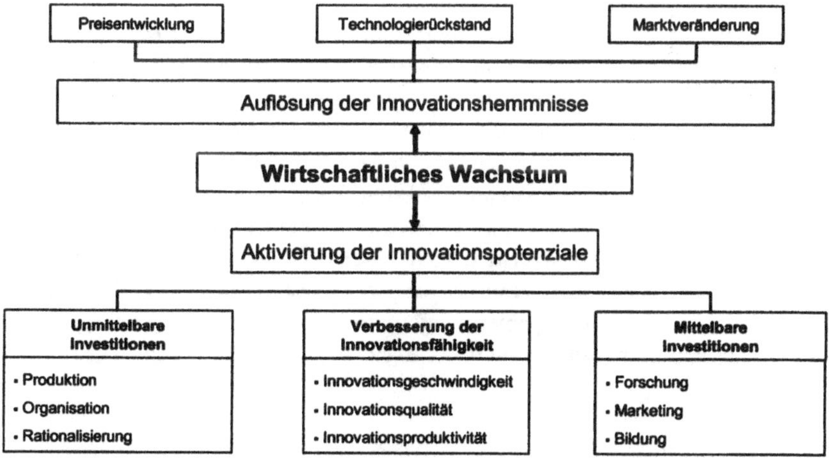

er beinhaltet auch prototypische Realisierungen, Managementwissen und den Aufbau angepasster Berufsqualifikationen.

Innovationsfähigkeit allein wird für kommende wirtschaftliche Herausforderungen nicht mehr ausreichend sein. Es geht vielmehr um den Wettbewerb im weltweiten Maßstab.

Zur Initiierung und Durchsetzung marktentscheidender Erneuerungsprozesse bedarf es eines Innovationsmanagements, das zwar von den Technikwissenschaften ausgeht, aber unternehmerisch gesehen immer unter dem Imperativ des wirtschaftlichen Erfolgs stehen muss.

Angesichts der weit reichenden Bedeutung der Technik für die Entwicklung der Gesellschaft ist Innovationsmanagement auch mit einem hohen ethischen Anspruch verbunden. Die Nutzbarmachung technischer Erkenntnisse muss deshalb über den Imperativ des wirtschaftlichen Erfolgszwanges hinaus auch den ethisch-sozialen Ansprüchen gerecht werden.

Eine entscheidende Aufgabe des Innovationsmanagements ist die qualifizierte Beherrschung aller Systemprozesse. Es gilt, weltweit Innovationspotenziale durch kooperatives und simultanes Forschen, Entwickeln, Produzieren und Vermarkten mit dem Ziel zu erschließen, die Umsetzungszeit für das Neue weiter zu verkürzen. Um qualitativ hochwertige Leistungen konkurrenzfähig erbringen zu können, bedarf es einer integrativen Kooperation zwischen Forschung und Praxis. Dabei ist der Wissenstransfer sowohl Bringschuld der Wissenschaft als auch Holschuld der Wirtschaft.

Vor diesem Hintergrund kann die Notwendigkeit zur Stärkung einer ganzheitlichen, marktorientierten Innovationsdynamik nicht genug betont werden. Es gilt, durch eine breite Offensive in Forschung, Lehre und industrieller Praxis die Voraussetzungen für eine permanente Innovationsfähigkeit zu schaffen. Die Organisation schöpferischen Denkens muss dynamisch entwickelt werden. Obwohl der Mensch individuell geprägt ist, wird sein innovatives Denken entscheidend durch das soziale Umfeld kreativer Wechselwirkungen beeinflusst.

Um das Neue zu gestalten, werden Führungskräfte benötigt, die mit fachlicher Kompetenz Ideen entwickeln, unterschiedliche Interessenlagen zu einem Konsens zusammenführen und in Leitvorstellungen umsetzen können. Dies erfordert Risikobereitschaft und gleichzeitig Verantwortungsbewusstsein, Eigenkreativität und erkennbares persönliches Engagement, verbunden mit Überzeugungsvermögen und Gemeinschaftsgeist. Es kommt auf den Dirigenten an.

Gerhard Banse

Technikwissenschaften – Wissenschaften vom Machen

1. *Hintergrund*

Theoretische Reflexionen begleiten den Prozess der Entwicklung und Institutionalisierung der Technikwissenschaften von Anfang an, wenn auch mit je unterschiedlicher inhaltlicher Ausrichtung, Intensität und Folgen. Verwiesen sei exemplarisch auf den so genannten Methodenstreit in der zweiten Hälfte des 19. Jahrhunderts und auf die Überlegungen zur Präzisierung des Erfindungsbegriffs zu Beginn des 20. Jahrhunderts. Gegenstand war stets auf diese oder jene Weise das „Selbstverständnis" der Technikwissenschaften (Ingenieurwissenschaften), ihrer Akteure (Ingenieure, Technikwissenschaftler) und ihrer Lehr- und Forschungseinrichtungen (Polytechnika, Technische Hochschulen, Technische Universitäten).

Seit Mitte der sechziger Jahre stehen die Technikwissenschaften und ihre Spezifik erneut im Zentrum wissenschaftlicher Denkbemühungen, vor allem der Technikphilosophie und der Wissenschaftstheorie, aber auch der Techniksoziologie, der Wirtschaftswissenschaften und der Technikgeschichte. Thematisch hat sich das Untersuchungsfeld stetig ausgeweitet. Es reicht derzeit allein aus technikphilosophischer Sicht – und das ist hier der Fokus – von den Beziehungen zwischen Natur- und Technikwissenschaften über Formen technikwissenschaftlichen Wissens bis zur Etablierung einer Allgemeinen Technologie (Allgemeine Technikwissenschaft). Zielstellung dafür ist nicht allein oder vorrangig, zu einem besseren Verständnis des Technikwissenschaftlichen (bezogen auf Wissen und Handeln, auf Strukturen und Prozesse, auf Zusammenhänge und Abhängigkeiten usw.) beizutragen, sondern die Gestaltung von Technik theoretisch zu fundieren: Fasst man mit der Sammelbezeichnung Technikwissenschaften bei all ihrer Differenziertheit und Vielgestaltigkeit diejenigen Disziplinen zusammen, deren Objektbereich die Technik hauptsächlich in Form von technischen Systemen, Materialien, Arbeitsverfahren und technologischen Prozessen ist, dann obliegt ihnen eine zweifache Funktion. Erstens sind technische Charakteristiken existierender technischer Sachsysteme zu erfassen, zu analysieren, zu verallgemeinern sowie nutzungsgerecht aufzubereiten, um so technische Systeme nutzen, verbessern bzw. zweckgerichteter „beherrschen" zu können. Zweitens sind neue technische Objekte und technologische Verfahren methodengeleitet zu antizipieren und zu planen sowie entsprechend externen Bedingungen zu bewerten, zu gestalten und zu optimieren.

Günter Spur hat in seinem Beitrag „Erscheinungsformen und Modelle technischer Systeme ..."[1] einen guten, wenn auch kursorischen Überblick über das breite Spektrum der behandelten wie zu behandelnden thematischen Bereiche gegeben, die zur „theoretischen Begründung der Technikwissenschaften" heranzuziehen sind. Damit will er einerseits hinsichtlich relevanter Fragestellungen Antworten geben oder zumindest Richtungen der Beantwortung verdeutlichen, andererseits den vorhandenen Wissensstand – Erreichtes, Noch-nicht-Erreichtes und zu Erreichendes – kennzeichnen. Mit diesem Unterfangen ist der Vorteil verbunden, viele der dem Thema gegenwärtig zuordenbaren Diskussionen sichtbar machen zu können. Als Nachteil ergibt sich jedoch, dass zumeist nur angedeutet werden kann bzw. auf einer allgemeinen Ebene verharrt wird, differenzierende Überlegungen weitgehend ausgespart bleiben. Das kann erstens infolge des Umfangs des Unternehmens einerseits und der Komplexität des behandelten Gegenstands andererseits wohl auch nicht anders sein. Zweitens – und sich daraus ergebend – ist die Literatur zur hier interessierenden Problematik aus wissenschaftstheoretischer, epistemologischer und methodologischer (neben der historischen, soziologischen und politikwissenschaftlichen) Perspektive kaum noch überblickbar, hat sich die Forschung auf diesem Gebiet stark ausgeweitet, liegen vielfältige, teilweise kontrovers diskutierte, teilweise (noch) unreflektierte Teil- und Detailerkenntnisse vor.[2] Vor diesem Hintergrund sind das „Einzel"wissen integrierende Problemsichten, die Ganzheitlichkeit (im Sinne von „Vernetztheit" und „Zusammengehörigkeit") des separat Erarbeiteten aufzeigende Ansätze, eine „Zusammenschau" des Vorhandenen anstrebende Denkeinsätze – wie von Spur vorgelegt – nicht nur angezeigt, sondern dringend erforderlich.

Für weitergehende Verallgemeinerungen in Richtung auf eine Allgemeine Technikwissenschaft, wie sie Spur vorschwebt (als Teil der „theoretischen Begründung der Technikwissenschaften"), ist zu berücksichtigen, dass es in dieser Hinsicht unterschiedliche, noch nicht ausreichend debattierte Positionen gibt. Deren Extreme bestehen auf der einen Seite im (berechtigten) Verweisen auf die Heterogenität und Verschiedenheit der Technikwissenschaften und des technischen Handelns, womit zugleich oftmals (ebenfalls nicht unberechtigt) nicht nur auf die Schwierigkeiten des Herausarbeitens von „Allgemeinem", „Invariantem" im Sinne einer Allgemeinen Technikwissenschaft (synonym: Allgemeine Technologie) hingewiesen wird, sondern auch (nun jedoch zumeist unberechtigt, voreilig bzw. „kurzschlüssig") deren Sinnlosigkeit, Marginalität oder gar Unmöglichkeit verdeutlicht werden soll. Auf der anderen Seite finden sich – spätesten seit Johann Beckmann, der an der Wende vom 18.

1 Spur, G., Erscheinungsformen und Modelle technischer Systeme: Ein Beitrag zur theoretischen Begründung der Technikwissenschaften. – In diesem Jahrbuch. S. 103 – 130.

2 Vgl. etwa nur Technik zwischen Erkenntnis und Gestaltung. Philosophische Sichten auf Technikwissenschaften und technisches Handeln. Hrsg. v. Gerhard Banse u. Käthe Friedrich. Berlin: edition sigma 1996; Technik – System – Verantwortung. Hrsg. v. Klaus Kornwachs. Münster u. a.: LIT-Verlag 2004; Wissenskonzepte für die Ingenieurpraxis. Technikwissenschaften zwischen Erkennen und Gestalten. Hrsg. v. Gerhard Banse u. Günter Ropohl. Düsseldorf: Verein Deutscher Ingenieure (VDI) 2004; Erkennen und Gestalten. Eine Theorie der Technikwissenschaften. Hrsg. v. Gerhard Banse, Armin Grunwald, Wolfgang König u. Günter Ropohl. Berlin: edition sigma 2006.

zum 19. Jahrhundert wirkte – immer wieder Versuche, im technischen Denken singuläre Details, erfolgreiche Zweck-Mittel-Realisierungen, akkumulierte Erfahrung und nachvollziehbare Struktur-Funktions-Zusammenhänge in Richtung verallgemeinerter Einsichten oder Handlungsanweisungen zu „transzendieren". Die Entwicklung des technischen Wissens ist so einerseits durch eine Anreicherung mit „Detailwissen", andererseits aber auch durch die Vermehrung der systematisierenden, vergleichenden, integrierenden und generalisierenden Wissensbestände gekennzeichnet. Die Bedeutung (wie Notwendigkeit) einer derartigen Herangehensweise in den Technikwissenschaften charakterisierte Karl Karmarsch vor über einhundert Jahren mit folgenden Worten: „Die allgemeine Technologie [...] betrachtet die Mittel (d. h. die Verfahrensarten, Werkzeuge und Maschinen) an sich und nicht sowohl in Beziehung zu ihrer Aufeinanderfolge bei einer bestimmten Fabrikation, als im Vergleiche mit anderen Mitteln, welche den nämlichen oder einen ähnlichen Erfolg beabsichtigen. Diese Behandlungsart des Gegenstandes gewährt ungemeines Interesse und einen sehr großen Nutzen, weil sie die beste Übersicht verschafft, das Urtheil und den Erfindungsgeist schärft, und einen Vorrath von wohlgeordneten Kenntnissen hervorbringt, aus welchem, wie aus einem alphabetischen Register [...] leicht und schnell das rechte Mittel für einen gegebenen Zweck hergelangt werden kann".[3]

Zentral ist für Spur – und dem stimme ich uneingeschränkt zu – die „Innovationsorientierung" der Technikwissenschaften, ihr „Innovationspotenzial" bzw. ihre „Innovationsfähigkeit".[4] Damit ist nicht nur die (praktische) Zielstellung technikwissenschaftliche Bemühens markiert, sondern auch deutlich gemacht, dass technische Sachsysteme durch „Denken, Planen und *Bauen*" entstehen, die „angestrebte Zweckerfüllung [...] praktische Wirksamkeit voraus[setzt]".[5]

Durch die Bindung der Technikwissenschaften an praktische Realisierung werden diese zu „Machenschaften" (eine Begrifflichkeit, die auf den Physiker Hans Peter Dürr zurückgeht[6]) bzw. zu „Wissenschaften vom Machen". Stärker akzentuiert werden auf diese Weise sowohl die „Gemachtheit" technischer Sachsysteme als „Menschenwerk" als auch die Mensch-Technik-Interaktion bei Herstellung wie Verwen-

3 Karmarsch, K., Handbuch der mechanischen Technologie. 2. Aufl. Bd. 1. Hannover: Verlag Helwing 1851. Einleitung.

4 Spur, G., Erscheinungsformen und Modelle technischer Systeme: Ein Beitrag zur theoretischen Begründung der Technikwissenschaften. – In diesem Jahrbuch. S. 122, 119, 126.

5 Ebd. S. 102. Das von Spur genannte „Tripel" für die Hervorbringung von technischen Sachsystemen ähnelt dem von Peter Klimentitsch von Engelmeyer am Beginn des 20. Jahrhunderts entwickelten „Dreiakt" des Wollens, des Wissens und des Könnens bzw. – in Anlehnung an die heutige Terminologie – der Zielsetzung, des Plans der Zielerreichung und der wirklichen materiellen Ausführung (vgl. Engelmeyer, P. K. von, Der Dreiakt als Lehre von der Technik und der Erfindung. Berlin: Carl Heymann Verlag 1910).

6 Vgl. Dürr, H. P., Das Netz des Physikers. München, Wien: Carl Hanser Verlag 1988. S. 172, 179. Dürr wollte damit – im Unterschied zu dem von mir Intendierten – darauf verweisen, dass die Generierung von Technik durch Ingenieure und Technikwissenschaftler vorwiegend handwerkliches Betreiben ohne wissenschaftliche Fundierung sei.

dung dieser Sachsysteme andererseits (soziotechnische Systeme mit kultureller „Rahmung"). Eine sich darauf beziehende theoretische Fundierung müsste so in erster Linie eine *Handlungs-*(und *Entscheidungs-*)Theorie sein, denn sie hat in erster Linie folgende Frage zu beantworten: „Welche erfahrungsgemäße oder theoretische Beschaffenheit hat das *Machen* einer Sache?".[7]

Deutlich gemacht werden von Spur jedoch auch Forschungsdefizite und -bedarfe hinsichtlich der weiteren Ausgestaltung der Allgemeinen Technikwissenschaft, etwa bezogen auf eine wissenschaftstheoretische Fundierung des Methodenrepertoires der Technikwissenschaften, auf eine Analyse konkreter Integrationsprozesse unterschiedlicher Wissensbestandteile (etwa natur-, technik-, sozial- und wirtschaftswissenschaftlicher Art) oder auf eine Untersuchung methodologisch und methodisch relevanter Einflussfaktoren auf den Forschungsprozess in den Technikwissenschaften.

In den nachfolgenden Überlegungen werden einige der von Spur hervorgehobenen „Facetten" der theoretischen Begründung der Technikwissenschaften aus der Sicht der Technikphilosophie aufgegriffen und weiter geführt.

2. *Vielfalt und Einheit*

Grundlegende Voraussetzung aller weiteren Überlegungen ist meines Erachtens die Einsicht in folgende „Dimensionen" der Technikwissenschaften:

- die *Differenziertheit* der Technikwissenschaften selbst, die von der Technischen Mechanik, den Werkstoffwissenschaften und der Getriebelehre über das Bauingenieurwesen, den Maschinenbau und die chemische Verfahrenstechnik bis zur Mikroelektronik, der Technischen Informatik sowie der Biotechnologie reicht;
- die *Spezifik des Gegenstandes* der Technikwissenschaften, d. h. der (Real-)Technik in ihrer Vielfalt (die sowohl mikromechanische Objekte und einfache Maschinenelemente als auch komplizierte chemische Synthesen und sogar weltumspannende Informations- und Kommunikationsnetze umfasst);
- die *Vielgestaltigkeit* der in den Technikwissenschaften zu realisierenden Zwecke und Aufgaben;
- das darauf bezogene *technikwissenschaftliche Handeln*, worunter der in spezifischer Weise organisierte – auch institutionalisierte –, zielbezogene und systematische Prozess der Gewinnung, Vermehrung, Darstellung, Nutzung und Weitergabe von technikrelevantem Wissen hinsichtlich „Erzeugung", „Verwendung" und „Entsorgung" von Technik verstanden werden soll.

7 Rumpf, H., Gedanken zur Wissenschaftstheorie der Technikwissenschaften. – In: Techne – Technik – Technologie. Hrsg. v. Hans Lenk u. Simon Moser. Pullach b. München: Verlag Dokumentation 1973. S. 92. – Diese Überlegung war ein wesentlicher Grund für die Herausgeber von „Erkennen und Gestalten", (nur) auf eine „Theorie der Technikwissenschaften" zu insistieren; vgl. Erkennen und Gestalten. Eine Theorie der Technikwissenschaften. A. a. O..

Diese wenigen Hinweise auf die „Dimensionen" der Technikwissenschaften legen nahe, von einer Vielfalt in den Technikwissenschaften auszugehen. Belegen lässt sich das exemplarisch auch über die Vielfalt inhaltlicher Funktionen:

- Beherrschung technologischer Prozesse;
- Variation von Parametern;
- Optimierung bekannter Strukturen, Prinzipien und ähnliches;
- Unterstützung von Entscheidungsprozeduren;
- Erklärung beobachteter Erscheinungen (zum Beispiel Schadensanalyse);
- Objektivierung von Wegen, Bedingungen und Zielen technischen Handelns;
- Überführung theoretischer Erkenntnisse in die technische Praxis;
- Überprüfung von Hypothesen, Theorien, Strategien („Pläne", „technologische Regeln", „Handlungsvorschriften");
- Bildung und Interpretation von Gesetzesaussagen und Theorien.[8]

Die Berücksichtigung (allein) dieser Vielfalt legt die Schlussfolgerung nahe, das die „Ausarbeitung einer *einheitlichen* Wissenschaftstheorie der Technikwissenschaften und einer Methodologie der technischen Verfahren und Handlungsweisen äußerst schwierig sein" wird.[9] Das ist zumindest auch ein Hinweis darauf, keine zu vereinfachenden Denkeinsätze oder vorschnelle Generalisierungen vorzunehmen.

3. *Allgemeines im Einzelnen*

Spur macht sich in seinen Überlegungen für die weitere Ausarbeitung einer (der?) Allgemeinen Technikwissenschaft bzw. Allgemeinen Technologie stark.[10] Allgemeine Technologie ist indes gegenwärtig mehr ein Programm denn ein aus- bzw. durchgearbeitetes Konzept. Zurückführen lässt sich dieses Programm auf den Göttinger Professor für „Weltweisheit" (Philosophie) und Ökonomie Johann Beckmann (1739-1811), der 1806 im „Dritten Stück" seines „Vorraths kleiner Anmerkungen über mancherley gelehrte Gegenstände" einen kurzen Text publiziert hat, den man als die „Geburtsurkunde" einer Allgemeinen Technologie bezeichnen kann: den „Entwurf der Algemeinen Technologie".[11]

8 Vgl. Banse, G., Funktion, Struktur und Formen der Modellmethode. – In: Erkenntnismethoden in den Technikwissenschaften. Eine methodologische Analyse und philosophische Diskussion der Erkenntnisprozesse in den Technikwissenschaften. Hrsg. v. Gerhard Banse u. Helge Wendt. Berlin: Verlag Technik 1986. S. 139.

9 Lenk, H., Zur Sozialphilosophie der Technik. Frankfurt am Main: Suhrkamp Verlag 1982. S. 54.

10 Vgl. Spur, G., Technologie und Management. Zum Selbstverständnis der Technikwissenschaften. München, Wien: Carl Hanser Verlag 1998. S. 67ff., 84ff.; Spur, G., Erscheinungsformen und Modelle technischer Systeme: Ein Beitrag zur theoretischen Begründung der Technikwissenschaften. – In diesem Jahrbuch. S. 122f. – Die in der 1998er Publikation gewählte Bezeichnung „Technosophie" für eine „integrativ orientierte Leitdisziplin der Technikwissenschaften" bzw. „integrierende Metadisziplin der Technikwissenschaften" (S. 67f.) wird von Spur aktuell nicht mehr verwendet.

Das zunächst auch von anderen Wissenschaftlern (wie etwa Karl Karmarsch) weiter verfolgte Konzept wurde aber – auch wegen der raschen Ausdifferenzierung der Technikwissenschaften ab Mitte des 19. Jahrhunderts – in den Hintergrund theoretischer Denkbemühungen gerückt. Erst in den vergangenen etwa dreißig Jahren ist nun die Diskussion um eine Allgemeine Technologie erneut belebt worden: es wurden verallgemeinernde und generalisierende Überlegungen bzw. Ansätze zu einer Allgemeinen Technologie von verschiedenen Wissenschaftlern aus der Sicht unterschiedlicher Wissenschaftsdisziplinen vorgelegt.[12] Die Allgemeine Technologie befasst sich mit dem Vergleich technologischer Prozesse und ihrer Bestandteile auf unterschiedlichen Ebenen und Niveaus mit dem Ziel, das Allgemeine und Wesentliche (nicht nur das Invariante) technologischer Erscheinungen zu erfassen, um Gesetzmäßigkeiten zu erkennen und Prinzipien, Vorschriften, Empfehlungen und Methoden zur Gestaltung der materiell-technischen Seite des Produktionsprozesses für die Anwendung bereitzustellen, deren Aussagen für alle bzw. eine abgrenzbare Summe technologischer Prozesse gültig sind und die in mehreren Bereichen und Zweigen der industriellen Produktion genutzt werden können. Das betrifft zum Beispiel Aussagen über den Stoff-, Energie- und Informationsfluss in technisch-technologischen Systemen oder die Gliederung des technologischen Prozesses in Subprozesse.[13]

In diesen allgemeintechnologischen Ansätzen kommt es somit zur Erfassung des Allgemeinen technischer Objekte und Prozesse in technischen Prinzipien, Grund- und Leitsätzen, Regularitäten, Aussagen über Wirkpaarungen und -anordnungen und ähnliches.

11 Vgl. Beckmann, J., Entwurf der Algemeinen Technologie. – In: Beckmann, J., Vorrath kleiner Anmerkungen über mancherley gelehrte Gegenstände. 3. Stück. Göttingen: Johann Friedrich Röwer 1806. S. 463 – 533 (auch in Beckmann, J., Vorrath kleiner Anmerkungen über mancherley gelehrte Gegenstände. Auszugsweiser Nachdruck. Hrsg. v. Manfred Beckert. Leipzig: Fachbuchverlag 1990. S. 137 – 207). – Vgl. auch Banse, G., Die Verbindung „wahrer Grundsätze“ und „zuverlässiger Erfahrungen“. Zur Möglichkeit und Wirklichkeit von Allgemeiner Technikwissenschaft nach Johann Beckmann. – In: Johann Beckmann (1739-1811). Beiträge zu Leben, Werk und Wirkung des Begründers der Allgemeinen Technologie. Hrsg. v. Günter Bayerl u. Jürgen Beckmann: Münster u. a.: Waxmann Verlag 1999. S. 329 – 350; Banse, G.: Johann Beckmann und die Folgen. Allgemeine Technologie in Vergangenheit und Gegenwart. – In: Allgemeine Technologie – Vergangenheit, Gegenwart, Zukunft. Hrsg. v. Gerhard Banse u. Ernst-Otto Reher. Berlin: trafo verlag 2002. S. 17 – 46.

12 Vgl. beispielsweise die Literaturangaben in Banse, G.: Johann Beckmann und die Folgen. Allgemeine Technologie in Vergangenheit und Gegenwart. – In: Allgemeine Technologie – Vergangenheit, Gegenwart, Zukunft. Hrsg. v. Gerhard Banse u. Ernst-Otto Reher. Berlin: trafo Verlag 2002. S. 22. Aktuell sei auf Ropohl, G., Allgemeine Technologie. Eine Systemtheorie der Technik. 2. Aufl. München, Wien: Carl Hanser Verlag 1999, sowie auf Wolffgramm, H., Allgemeine Technologie. T. 1 u. 2. Bad Salzdetfurth ü. Hildesheim: Verlag Franzbecker 1994, 1995, verwiesen.

13 Vgl. Banse, G. / Thiele, B., Technologie. In: Philosophie und Naturwissenschaften. Wörterbuch zu den philosophischen Fragen der Naturwissenschaften. Hrsg. v. Herbert Hörz, Heinz Liebscher, Rolf Löther, Ernst Schmutzer u. Siegfried Wollgast. Neuaufl. Bd. 2. Berlin: Dietz Verlag 1991. S. 884.

Hinsichtlich der Weiterentwicklung der Allgemeinen Technologie ist zu unterscheiden, ob sie entweder mehr beschreibende Systematisierungen und Verallgemeinerungen darstellt, die – allein oder vor allem – methodischen Zwecken dienen sollen (die ihrerseits von der technischen Ausbildung bis zur „technologischen Aufklärung" reichen), oder Aussagensysteme im Sinne einer technikwissenschaftlichen Metatheorie bzw. einer Grundlagentheorie bzw. -lehre der Technikwissenschaften umfasst, die gesetzmäßige Zusammenhänge technologischer Prozesse theoretisch erklärt und begründet sowie dieses Wissen in einer generalisierenden Perspektive (als Allgemeine Technikwissenschaft) zusammenführt – im Gegensatz zu den zahlreichen (oftmals ad-hoc-) Theorien der (einzelnen) Technikwissenschaften.

Als Beispiel für die erste Position kann folgende Aussage von Günter Ropohl dienen: „Wenn technologische Aufklärung im Speziellen das Allgemeine hervortreten lassen, wenn sie die innere Einheit technischer Problemstellungen und Lösungen verständlich machen soll, so muß sie sich auf eine ‚systematisch geordnete Menge von Aussagen' über den Bereich des Technischen schlechthin stützen können: Technologische Aufklärung bedarf einer systematisierenden und generalisierenden, allgemeinen Techniktheorie als fachdidaktische Basis".[14] Für die zweite Position sind die folgenden Aussagen von Spur exemplarisch: Allgemeine Technologie „ist als Grundwissenschaft der Technik zu verstehen. Sie beinhaltet das Streben nach Erkenntnis des Zusammenhangs von Technik und Kultur, aber auch den Wirkungen des technischen Fortschritts auf die Entwicklung der Gesellschaft". Sie „will ein neues Selbstverständnis der Technikwissenschaft entwickeln und damit aus der Hülle der sachorientierten Funktionswelt Technik heraustreten".[15]

Es ist einsichtig, dass beide Positionen gleich bedeutsam sind. Es ist auch einsichtig, dass beide Positionen nicht absolut zu trennen sind, sondern aufeinander Bezug nehmen. Deshalb sind sie meines Erachtens auch nur im Zusammenhang weiter ausgestaltbar. Allerdings sind differierende Ansprüche unübersehbar: Allgemeine

14 Ropohl, G., Gesellschaftliche Perspektiven und theoretische Voraussetzungen einer technologischen Aufklärung. – In: Technokratie als Ideologie. Hrsg. v. Hans Lenk. Stuttgart u. a.: Kohlhammer Verlag 1973. S. 227f. – Der Denkeinsatz der Aufklärung kann hier nicht dargelegt werden. In Bezug auf Technik vgl. etwa Banse, G., Die „Informationsgesellschaft" in einer pädagogischen Sackgasse? Sachzwang oder „Kultur der Aufklärung". In: Zur Didaktik der IT-Sicherheit. Der Boppard-Diskurs zur Technikfolgen-Abschätzung in querschnittlichen Fragen der IT-Sicherheit. Hrsg. v. Bundesamt für Sicherheit in der Informationstechnik (BSI). Ingelheim: SecuMedia Verlag 1999. S. 23ff. Festzuhalten ist, dass sich die Forderung nach Aufklärung nicht allein auf kognitive Problemlagen („Umfang der Erkenntnis", ein „Mehr" an Wissen) beschränkt, sondern dass dabei normative Aspekte („Wichtigkeit" in Bezug zur „Bestimmung des Menschen") gleichgewichtig einbezogen sind. Wer also „Aufklärung" allein mit mehr Informationen, mehr Transparenz usw. gleichsetzt, erfüllt den ursprünglichen Ansatz der Aufklärung nur zum Teil, da wertende Aussagen hinzukommen müssen, die sich auf den Menschen als Individuum wie als Bürger eines bestimmten Staates beziehen.

15 Spur, G., Technologie und Management. A. a. O., S. 68ff.

Technologie als Grundlage für technische (Allgemein-)Bildung orientiert sich vor allem an den Akteuren der Verwendungs- bzw. Nutzungszusammenhänge, während Allgemeine Technologie als technische „Grundlagendisziplin" vor allem auf die Akteure der Herstellungszusammenhänge zielt.[16]

Für die Weiterentwicklung der Allgemeinen Technologie gibt es idealhaft zwei Vorgehensweisen, die hier als deduktiv-konkretisierend und als induktiv-generalisierend bezeichnet seien. Deduktiv-konkretisierend bedeutet hier, von einem umfassenden theoretisch-philosophischen Entwurf („Gesamtschau") auszugehen und in Richtung konkreter technischer Einzelheiten zu untersetzen bzw. zu präzisieren. Induktiv-generalisierend soll dagegen eine Vorgehensweise bezeichnen, die von den einzelnen technischen Gegebenheiten ausgeht und aus diesen (zum Beispiel vergleichend und klassifizierend) Gemeinsamkeiten („Allgemeines") ableitet. Jede konkrete „allgemeintechnische Hervorbringung" basiert meines Erachtens auf einer Kombination dieser beiden Vorgehensweisen, braucht Abbild des Konkreten und Entwurf des Übergreifenden. Unterschiedlich ist gewiss das „Maßverhältnis" zwischen beiden, so dass dem einen ein Ansatz zu allgemein, zu spekulativ erscheint, der einem anderen noch zu sehr dem Konkreten verhaftet ist. Es gibt aber kein zeitloses Maß, sondern immer nur zweckbezogene Kombinationen beider Vorgehensweisen – deshalb sind vorhandene Ansätze an ihrem jeweiligen Zweck („Anspruch") zu messen.

Die Entwicklung einer Allgemeinen Technikwissenschaft wurde in der Gegenwart bislang vorrangig von „Technologiebegleitern" (mit oftmals beträchtlichem technischem und technikwissenschaftlichem „Hintergrundwissen") vorangetrieben, zumeist Technikphilosophen oder „Polytechniker", nicht jedoch von Technikwissenschaftlern selbst. Deshalb ist es auch hinsichtlich der Akzeptanz von Allgemeiner Technologie eine gewichtige Forderung, wenn der Technikwissenschaftler Spur betont, dass eine „metatechnische Wissenschaftslehre" „von Ingenieuren begründet wird, um deren Selbstverständnis dann als Beitrag zur Anreicherung des allgemeinen kulturwissenschaftlichen Dialogs einzubringen".[17]

16 Ernst-Otto Reher und ich haben dafür die Bezeichnungen „Technologieschöpfer" und „Technologiebegleiter" gewählt, vgl. Banse, G. / Reher, E.-O.: Einleitung. – In: Allgemeine Technologie – Vergangenheit, Gegenwart, Zukunft. A. a. O., S.12ff.

17 Spur, G., Erscheinungsformen und Modelle technischer Systeme: Ein Beitrag zur theoretischen Begründung der Technikwissenschaften. – In diesem Jahrbuch. S. 121. – Interessant ist der Hinweis von Spur auf den „kulturwissenschaftlichen Dialog", denn nach wie vor findet sich die Trennung der „zwei Kulturen" (vgl. Snow, C. P., The Two Cultures and the Scientific Revolution. Cambridge: Cambridge University Press 1959). Von allgemeintechnischer Seite wird auf unterschiedliche Weise Technik als „kulturelles Phänomen" konzeptualisiert, etwa durch „Technik als Kulturprodukt" (vgl. Banse, G., Johann Beckmann und die Folgen. Allgemeine Technologie in Vergangenheit und Gegenwart. A. a. O., S. 31f.) oder über Technik als Bestandteil „materieller Kultur" (vgl. Ropohl, G., Materielle Kultur als Bildungssubstanz. – In: Bildung im technischen Zeitalter. Sein, Mensch und Welt nach Eugen Fink. Hrsg. v. Annette Hilt u. Cathrin Nielsen. Freiburg, München: Verlag Karl Alber 2005. S. 126 – 146).

4. *Empirisches und Theoretisches*

Für Spur sind die Technikwissenschaften durch „ein Primat der Empirie gegenüber der Theorie"[18] gekennzeichnet.

Empirisches wie Theoretisches sind unterschiedliche Ebenen in der Bewegung des Denkens. Sie unterscheiden sich voneinander in der Art und Weise, in der der Hauptinhalt des Wissens erworben wird, in den benutzten (logischen) Ausdrucksformen und in ihrer praktischen Bedeutung.

Unter Empirischem (empirischem Wissen) soll das durch Empirie (d. h. das durch die praktisch-gegenständliche „Auseinandersetzung" des Menschen mit Technik) gewonnene Wissen verstanden werden. Es ist ein überwiegend Fakten feststellendes Wissen über (direkt oder indirekt) beobachtbare Sachverhalte einschließlich intuitiver Einsichten in Kausalzusammenhänge und Regularitäten sowie deren Wirkungsbedingungen. Methodische Hilfsmittel für die Generierung empirischen Wissens sind vor allem Beobachtung, Experiment und Messung, aber auch Erfahrungen im Umgang mit funktionierenden und versagenden technischen Systemen.

Theoretisches (theoretisches Wissen) ist ein hauptsächlich durch Theorien und allgemeine Aussagen charakterisiertes Wissen, das eine Einheit von „Abbild" und „Entwurf" („Konstruktion") darstellt. (Mit dieser Formulierung soll angedeutet werden, dass „Theoretisches" weder ein „rein" subjektunabhängiges „Bild" noch eine „rein" intrasubjektive Konstruktion der „Wirklichkeit" darstellt, sondern sowohl heteronom – durch das Erkenntnisobjekt – als auch autonom – durch das Erkenntnissubjekt – bestimmt ist.) Es bezieht sich auf nicht-beobachtbare „Gegenstände" bzw. auf (unmittelbar) nicht Beobachtbares. Die theoretische Ebene der Erkenntnis schließt neben der Problemerkenntnis und -formulierung sowie dem Aufstellen von Hypothesen vor allem den Theoriebildungsprozess und die Ableitung von „Vorschriften" für praktisches Handeln („Technische Prinzip-Vorschriften") ein. Das methodische Spektrum für die Generierung theoretischen Wissens reicht von der „einfachen" Induktion über Analogieschlüsse, Generalisierungen und Verallgemeinerungen bis hin mathematisierten Ableitungen und (computergestützten) Modellsimulationen.

In den Technikwissenschaften zeigt sich in den letzten Jahren (auch auf der Grundlage des Einsatzes moderner Informations- und Kommunikationstechnologien) eine zunehmende Verschiebung der Proportionen (nicht der Bedeutung!) zwischen empirischer und theoretischer Ebene: Auf der Grundlage umfangreichen empirischen Materials (gewonnen durch Experimente, Messungen, Simulationen, Tests usw.) kommt es zu einer immer weitergehenden Synthese in theoretischen Konstrukten. Diese wiederum regen ihrerseits die empirische Forschung an, indem zum Beispiel experimentell überprüfbare Schlussfolgerungen aus hypothetischen Ansätzen abgeleitet werden, auf Widersprüche zwischen Teiltheorien oder auf solche

18 Spur, G., Erscheinungsformen und Modelle technischer Systeme: Ein Beitrag zur theoretischen Begründung der Technikwissenschaften. – In diesem Jahrbuch. S. 124.

zwischen praktischen Erfahrungen und theoretischen Annahmen aufmerksam gemacht wird.

In der technikwissenschaftlichen Praxis sind Empirisches und Theoretisches untrennbar miteinander verknüpft, wie sich einerseits an typischen Problemsituationen, andererseits an prinzipiellen Lösungswegen technologischer Aufgaben zeigen lässt.[19]

Typische Problemsituationen in den Technikwissenschaften sind etwa

- die Datenerfassung und deren theoretische Auswertung;
- die Reduktion zu erfassender (zu berücksichtigender) Einflussfaktoren;
- die Einbeziehung empirisch ermittelter Werte in theoretische Ansätze;
- die Validierung von Computermodellen durch empirische Ergebnisse;
- die Aufdeckung von Gültigkeitsgrenzen bisheriger Berechnungsgrundlagen und theoretischer Ansätze („Vorstoß in technisches Neuland");
- die Berücksichtigung des Streufeldes von Charakteristika und Kenngrößen;
- die Auswertung von Betriebserfahrungen mit gleichartigen Bauteilen zur Informationsgewinnung.

Zu prinzipiellen Lösungswegen technischer Probleme siehe Abbildung 1. Sie zeigt, dass es – idealtypisch – zwei Möglichkeiten gibt. Erstens existieren Lösungsformen, die von mathematischen Gleichungen ausgehen, aus denen bestimmte Einzelzustände abgeleitet werden können. Derartige Gleichungen basieren ihrerseits auf einer Beschreibung der jeweiligen Elementarprozesse oder -beziehungen. Zweitens gibt es Lösungsformen, die auf Messungen bestimmter Kenngrößen (also Einzelzuständen) aufbauen und die die Ableitung bestimmter Funktionsgleichungen ermöglichen.

Deutlich wird, dass eine sinnvolle Bearbeitung technikwissenschaftlicher Aufgabenstellungen eine sinnvolle Kombination dieser „idealen" Lösungswege zu Grunde legen muss, da auf diese Weise das jeweils Ungünstige durch das jeweilige Günstige kompensiert werden kann.

Diese Kombination bzw. Wechselwirkung soll abschließend mit Abbildung 2 verdeutlicht werden, in der unterschiedliche Modelle zur Gewinnung von Wissen über technologische Abläufe bzw. Zusammenhänge hinsichtlich Anwendungsbreite von Modellen und Gültigkeitsgrad des Wissens über technologische Objekte dargestellt sind.

Dieses untrennbare Zusammenwirken von Empirie und Theorie bzw. von Theorie und Praxis in den Technikwissenschaften bedeutet für die Entwicklung dieser Wissenschaften auch, beiden gleichermaßen Beachtung zu schenken, keine der beiden Seiten zu bevorzugen oder zu vernachlässigen – sie müssen sich in einem angemessenen, „gleichgewichtigen" Verhältnis zueinander befinden. In der „Einleitung" der Herausgeber von „Erkennen und Gestalten" heißt es deshalb auch: „Theorie ohne Praxis ist

19 Vgl. Banse, G., Anmerkungen zur Wissenschaftstheorie der Technikwissenschaften. – In: Technik – System – Verantwortung. Hrsg. v. Klaus Kornwachs. Münster u. a.: LIT-Verlag 2004. S. 255 – 265.

Abbildung 1: *Prinzipielle Lösungswege technischer Aufgaben*

Natur- und technikwissenschaftlich determinierte *Beschreibung der jeweiligen Elementarbeziehungen, Elementarprozesse* usw.	*Messung bestimmter Kenngrößen* als Erscheinung bestimmter Elementarbeziehungen und Herleitung von statistischen Ableitungen für Abhängigkeiten.
Daraus folgt:	**Daraus folgt:**
Mathematische Gleichung, aus der bestimmte Einzelzustände abgeleitet werden (können)	Aus Einzelzuständen werden statistische Funktionsgleichungen abgeleitet.
Deduktion	Induktion
günstig:	*günstig:*
• Gleichungen mit breitem Gültigkeitsbereich • Zahl der Kenngrößengleichungen kann klein gehalten werden • elegante Übertragungsmöglichkeiten	• gute Praxisnähe der Kenngrößenvorausberechnung bei ausreichender Genauigkeit
ungünstig:	*ungünstig:*
• zur mathematischen Beschreibung sind Vereinfachungen / Idealisierungen vorzunehmen • formulierte Zusammenhänge fordern Eigenschaftsparameter, die nicht zur Verfügung stehen	• enger Definitionsbereich der auf diese Weise gewonnenen Gleichungen • hoher experimenteller Aufwand

lahm, aber Praxis ohne Theorie ist blind.' Mit diesen zwei Sätzen wird der Stellenwert des Theoretischen für das Praktische in genereller Weise charakterisiert. […] Einerseits darf sich die technische Theorie nicht zu weit von der technischen Praxis entfernen, wenn sie diese anregen und befruchten will (‚Theorie ohne Praxis ist lahm...'), andererseits ist die technische Praxis nicht nur gut beraten, sondern heute ‚bei Strafe des Untergangs' dazu verpflichtet, auf die technische Theorie zurückzugreifen (‚…Praxis ohne Theorie ist blind')".[20]

5. *Das Methodensystem der Technikwissenschaften*

„Erkenntnisdefizite in der Methodik technikwissenschaftlicher Forschung verweisen auf notwendige Analysen wissenschaftstheoretischer Art".[22] Auf diese Methodenseite soll abschließend eingegangen werden.

Technikwissenschaftliches Vorgehen bedeutet – analog dem Vorgehen in anderen Wissenschaften – ein methodisches Vorgehen, in dem unterschiedliche geistige und

20 Erkennen und Gestalten. Eine Theorie der Technikwissenschaften. A. a. O., S. 15f..

21 Nach Hartmann, K., Systemtechnische Aspekte der modernen Technologie am Beispiel der Stoffwirtschaft. – In: Allgemeine Technologie. Vergangenheit, Gegenwart, Zukunft. Hrsg. v. Gerhard Banse u. Ernst-Otto Reher. Berlin: trafo-Verlag 2002. S. 107.

Abbildung 2: *Formen des Wissens über Technologien bezogen auf den Wissensumfang über das Objekt.*[21]

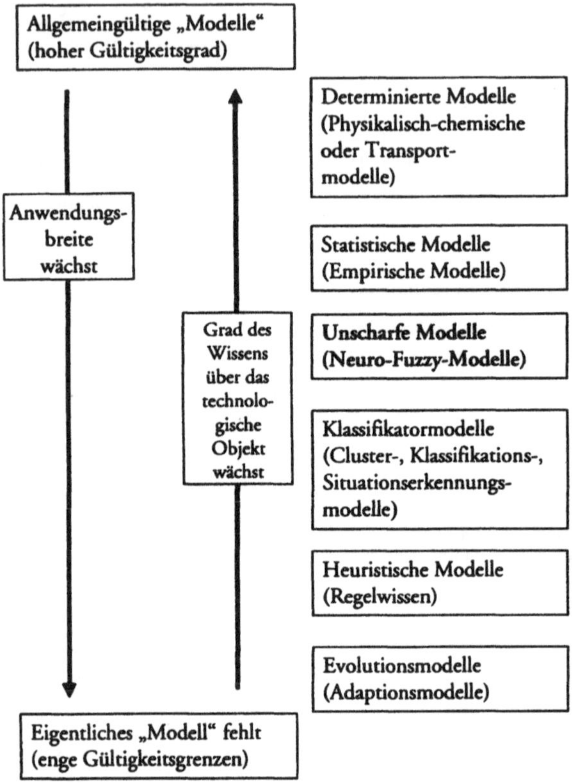

praktische Aktivitäten eng miteinander verbunden sind, die man hinsichtlich ihrer Planbarkeit mit Johannes Müller in Routine-, algorithmisch-planbare, unscharf (heuristisch) planbare und nicht-planbare Aktivitäten unterscheiden kann.[23]

22 Spur, G., Erscheinungsformen und Modelle technischer Systeme: Ein Beitrag zur theoretischen Begründung der Technikwissenschaften. – In diesem Jahrbuch. S. 123. – Vgl. zum Folgenden auch Banse, G., Erfinden im Spannungsfeld von Methodik, Heuristik und Kreativität. – In: Johann Beckmann und die Folgen Erfindungen – Versuch der historischen, theoretischen und empirischen Annäherung an einen vielschichtigen Begriff. Hrsg. v. Gerhard Banse u. Hans-Peter Müller. Münster u. a.: Waxmann Verlag 2001. S. 27 – 47.

23 Vgl. Müller, J., Charakter der gedanklichen (intelligenten) Bearbeitungsprozesse in den Technikwissenschaften. In: Erkenntnismethoden in den Technikwissenschaften. Eine methodologische Analyse und philosophische Diskussion der Erkenntnisprozesse in den Technikwissenschaften. A. a. O., S. 82.

Der Problembearbeitungs- und -lösungsprozess im Bereich der Technikwissenschaften ist nun mit (mindestens) einer (erschwerenden) Besonderheit konfrontiert, denn die zu lösenden Probleme sind häufig nicht vollständig, sondern oft nur unvollständig formulierte, nicht „exakt" oder „wohldefinierte", sondern „schlecht" definierte,[24] „bösartige", „verzwickte" („wicked")[25] Probleme, d. h. es liegen oftmals „verschwommene Ziele" und „unklare Bedingungen"[26] vor. Damit kann eine „Intransparenz von Bearbeitungsvorgängen"[27] verbunden sein, die in „unscharfen Entscheidungen",[28] in einer „Hypothetizität"[29] des Ergebnisses des Problemlösungsprozesses bzw. in „implizitem Wissen"[30] ihren Niederschlag finden.

Eine erste Annäherung an eine Systematik technikwissenschaftlicher Methoden könnte darin bestehen, einerseits zwischen Untersuchungsmethoden (bezogen auf bestehende bzw. vorhandene technische Lösungen) und andererseits Entwurfsmethoden (für verbesserte, optimierte oder neue technische Lösungen) zu unterscheiden. Die in den Bereich der Untersuchungsmethoden gehörenden methodischen Vorgehensweisen dienen in erster Linie der Gewinnung qualitativer und quantitativer Aussagen. Sie ähneln in vielfacher Hinsicht denen in den so genannten experimentellen Naturwissenschaften: Beobachtung, Messung, Experiment und Simulation sowie die Auswertung von „Betriebserfahrungen" haben von Anfang an einen festen Platz auch in den Technikwissenschaften; in der methodischen Abfolge zeigen sich vielfach Analogien zwischen der Vorgehensweise in den Naturwissenschaften und in den Technikwissenschaften (obwohl auch Unterschiede bzw. Weiterungen

24 Vgl. Ropohl, G.: Technisches Problemlösen und soziales Umfeld. – In: Technik und Philosophie. Hrsg. v. Friedrich Rapp. Düsseldorf: VDI-Verlag 1990. S. 116.

25 Vgl. Buchanan, R., Wicked Problems in Design Thinking. – In: Design Issues. History, Theory, Criticism (Cambridge, MA). 8 (1992), no. 2, pp. 5-21; Rittel, H. W. J. / Webber, M. M., Dilemmas in a General Theory of Planning. – In: Rittel, H. W., Planen, Entwerfen, Design. Ausgewählte Schriften zur Theorie und Methodik. Hrsg. v. Wolf D. Reuter. Stuttgart u. a.: Kohlhammer Verlag 1994. S. 21.

26 Vgl. Pahl, G., Wissen und Können in einem interdisziplinären Konstruktionsprozeß. – In: Wechselbeziehungen Mensch – Umwelt – Technik. Hrsg. von Gisbert Frhr. zu Putlitz u. Diethard Schade. Stuttgart: Schäffer-Pöschel Verlag 1997. S. 40.

27 Vgl. Hubka, V. / Eder, W. E., Einführung in die Konstruktionswissenschaft. Übersicht, Modell, Anleitungen. Berlin u. a.: Springer-Verlag 1992. S. 118f.

28 Vgl. Müller, J., Arbeitsmethoden der Technikwissenschaften. Systematik, Heuristik, Kreativität. Berlin u. a.: Springer-Verlag 1990. S. 53.

29 Vgl. Banse, G., Technisches Handeln unter Unsicherheit – unvollständiges Wissen und Risiko. – In: Technik zwischen Erkenntnis und Gestaltung. Philosophische Sichten auf Technikwissenschaften und technisches Handeln. A,. a. O., S. 105 – 140; Häfele, W., Natur- und Sozialwissenschaften zwischen Faktizität und Hypothetizität. – In: Wissenschaftsmilieus. Wissenschaftskontroversen und sozialkulturelle Konflikte. Hrsg. v. Joseph Huber u. Georg Thurn. Berlin: edition sigma 1993. S. 159 – 172.

30 Vgl. Heymann, M. / Wengenroth, U., Die Bedeutung von „tacit knowledge" bei der Gestaltung von Technik. – In: Die Modernisierung der Moderne. Hrsg. v. Ulrich Beck u. Wolfgang Bonß. Frankfurt am Main: Suhrkamp Verlag 2001. S. 106 – 121; Polanyi, M., Implizites Wissen. Frankfurt am Main: Suhrkamp Verlag 1985.

benannt werden können – für die experimentelle Methode in den Technikwissenschaften hat das zum Beispiel Johannes Müller herausgearbeitet[31]). Hieraus sind kaum Anhaltspunkte für das Selbstverständnis der Technikwissenschaften, für ihre Eigenständigkeit zu gewinnen.

Anders hingegen sieht es bei den Entwurfsmethoden aus. Die Schaffung sowohl verbesserter als auch neuer technischer Lösungen unterscheidet sich methodisch nicht nur von der Untersuchung vorhandener Technik, sie unterscheidet auch wesentliche Teile der Technikwissenschaften von den „klassischen" Naturwissenschaften (vor allem von der Physik). Methodengestützt ist in dieser Hinsicht vor allem zweierlei zu leisten: Erstens ist das für den Entwurfs- bzw. Konstruktionsprozess („designing", „design process") erforderliche Wissen aus vorhandenen Beständen zu „organisieren" bzw. fehlendes Wissen zu generieren. Dabei handelt sich sowohl bei dem „Organisierungs-" als auch bei dem Generierungsprozess um „nichttriviale" Verfahren der Zusammenführung und Integration („Verknüpfung", nicht „Addition") unterschiedlicher technischer und nicht-technischer Wissensanteile. Nichttrivial bedeutet hier, dass es sich dabei in den seltensten Fällen um schematisch vollziehbare oder routinemäßig abarbeitbare, sondern in hohem Maße um kreative, auch auf Intuition, Phantasie, Erfahrung und Kompetenz gegründete Vorgehensweisen handelt, die somit auch stark individuell geprägt sind.) Zweitens ist der „Übergang" von deskriptivem, beschreibendem (vor allem Gesetzes-)Wissen zu präskriptivem, „handlungsleitendem" oder „-vorschreibendem" prozeduralem Wissen (zum Beispiel in Form von Aufforderungen, Handlungsanweisungen, Prinzip-Vorschriften, Plänen oder Anleitungen) bzw. zum Handeln selbst („Machen", „Herstellen") zu vollziehen. Generell wird für das Entwurfshandeln davon ausgegangen, dass es sich dabei um die (eine) gedankliche Vorwegnahme von (technisch) Neuem, so (noch) nicht Vorhandenem handelt (Antizipation). (Der Frage, inwieweit das „Neue" tatsächlich „neu" ist, d. h., wie groß – gemessen an externen Kriterien – die Differenz, der „Abstand" zum Bestehenden, zum „Alten" ist, wird, da für die hier interessierende Problematik unerheblich, nicht nachgegangen).

Entwurfs- oder Konstruktionshandeln umfasst den gesamten Prozess des „Findens" technischer Lösungen von der Aufgabenstellung über ihre Präzisierung, die Konzeptfindung und die Gestaltfestlegung im Rahmen eines Entwurfs bis hin zur Erarbeitung der endgültigen Fertigungs- und Montageunterlagen mit Gebrauchs- und Entsorgungsanweisungen für ein Produkt – womit also die den Entwurfsprozess „abschließende" bzw. „vollendende" gesellschaftliche „Durchsetzung", die „Bewährung des Neuen am Markt" keinesfalls ausgeschlossen, sondern immanenter Bezugspunkt dieses Handelns ist. Dass das unter großindustriellen und stark arbeitsteiligen Bedingungen häufig ein räumlich, zeitlich wie personell getrennt ablaufender Prozess sein kann

31 Vgl. Müller, J., Funktionen und Struktur der experimentellen Methode. – In: Erkenntnismethoden in den Technikwissenschaften. Eine methodologische Analyse und philosophische Diskussion der Erkenntnisprozesse in den Technikwissenschaften. A. a. O., S. 129 – 139.

(aber nicht muss – zumal sich Entwurfshandeln nicht nur unter großindustriellen und stark arbeitsteiligen Bedingungen vollzieht!), darf nicht dazu führen, den inneren Zusammenhang aller Phasen des Geneseprozesses technischer Neuerungen aus dem Blick zu verlieren. Ausgehend von einer vorgegebenen Zwecksetzung bzw. Aufgabenstellung, die als (technische) Funktion oder (technisches) Verhalten einschließlich der relevanten „Randbedingungen" ökonomischer, ökologischer, ästhetischer usw. Art möglichst präzise formuliert werden muss (zum Beispiel in Form eines Lastenheftes), besteht die Aufgabe des Entwerfens (systemtheoretisch) in der Synthese einer Menge von geeigneten Elementen zu einem System mit einer Struktur, das diese Funktion oder dieses Verhalten (bei Beachtung vielfältiger Randbedingungen) zu erfüllen bzw. zu realisieren gestattet (funktionserfüllende Struktur). Diese – als technisches „Gebilde" bzw. technisches Sachsystem „vergegenständlichte" – (funktionserfüllende) Struktur muss, mit anderen Worten, in der Lage sein, den beabsichtigten „Übergang" von einem Zustand Z_1 („Ausgangszustand") in einen Zustand Z_2 („Endzustand") zu bewirken.

Das Entwurfshandeln als technikwissenschaftliche Form der Systemsynthese hat zwei interessante Konsequenzen. Erstens: Da Entwurfshandeln immer von den geforderten Systemeigenschaften bzw. dem angestrebten Systemverhalten zur möglichen bzw. notwendigen Systemstruktur voranschreitet, eine bestimmte Funktion bzw. ein bestimmtes Verhalten jedoch durch verschiedene Strukturen realisiert werden kann, sind für die Erreichung einer technischen Zielstellung mehrere Lösungen real möglich (Lösungsschar), unterschiedliche Prinzipien, konstruktive Anordnungen oder technologische Abläufe nicht nur denkbar, sondern auch praktisch verwirklichbar. Zur Verdeutlichung: Bei einer Aufgabenstellung mit 6 Variablen und jeweils 3 möglichen Variationen sind $3^6 = 729$ mögliche Systemvarianten gegeben. Dabei wird diese Gesamtzahl von Lösungsmöglichkeiten durch miterfasste sinnlose und äquivalente Lösungen, aber auch durch (noch) nicht ausführbare Varianten infolge Verstoßes gegen externe Forderungen und Restriktionen praktisch stark verringert. Zweitens: Damit ist die Notwendigkeit verbunden, die einzelnen Lösungen bzw. Lösungsmöglichkeiten zu bewerten. Deshalb gehören zum Bestand der Technikwissenschaften auch Aussagen über die Zweckmäßigkeit bzw. Angemessenheit („Adäquatheit") technischer Systeme (bezogen etwa auf das Lastenheft), die neben technischen auch nichttechnische Parameter berücksichtigen, Werturteile bezüglich technischer Objekte, technologischer Prozesse und methodischer Vorgehensweisen sowie Methoden zur Bewertung verschiedener Lösungen. In diesem Zusammenhang sei auch auf die VDI-Richtlinie 3780 „Technikbewertung – Begriffe und Grundlagen" vom März 1991 verwiesen.

Entwurfshandelns ist unter anderem durch folgende Charakteristika gekennzeichnet:

(a) Das Entwurfshandeln ist eine konkretisierende Vorgehensweise: vom abstrakten Prinzip (funktionserfüllende Struktur) ausgehend wird gestaltend, dimensionierend, bemessend und optimierend zum funktionsfähigen technischen (Sach)-System bei Berücksichtigung vielfältiger „Randbedingungen" vorangeschritten.

(b) Das Entwurfshandeln ist ein bewusstes, zur Zielerreichung notwendiges „Überschreiten" des Vorhandenen in Form eines (planmäßigen, intuitiven, methodenbasierten, heuristischen, ...) „Suchprozesses".
(c) Dieser Prozess erfolgt in der Regel unter Informationsmangel bzw. bei unvollständiger bzw. „unscharfer" Information, d. h. zu Beginn des (als Planungsvorgang verstandenen!) Entwurfsprozesses sind zum Beispiel nicht alle relevanten Informationen verfügbar, es ist auf sich verändernde einschließlich neuer Zielvorgaben oder „Rand"bedingungen vor allem wissenschaftlicher, technischer, politischer, ökonomischer oder juristischer Art zu reagieren („Dynamisierung der Begleitumstände").
(d) Die Vielzahl der zu Beginn des Entwurfs-Prozesses verfügbaren Informationen selbst muss (fast stets) reduziert werden, um sie „operationalisierbar" zu machen bzw. zu halten.
(e) Da es keine eineindeutige – und damit logisch zwingende bzw. exakt herleitbare – Zuordnungsmöglichkeit von Funktion und Struktur eines (technischen) Systems und damit verbunden unterschiedliche Lösungsmöglichkeiten eines technischen Problems gibt, lässt sich für das Entwerfen und Konstruieren auch keine allein schematisch oder algorithmisch abarbeitbare Schrittfolge angeben, die zum beabsichtigten Ziel führt.

Diese Charakteristika können als erschwerende Bedingungen aufgefasst werden. Deshalb trifft Spur auch folgende Aussage: „Auf Grund der hohen Komplexität und meist vorhandenen Wechselwirksamkeit der einzelnen Störparameter ist eine theoretisch abgeleitete Vorhersage des Qualitätsverhaltens technischer Systeme sehr erschwert."[32]

Schließlich sei noch darauf verwiesen, dass die Methoden der Technikwissenschaften – genauer: dass das methodische Vorgehen in den Technikwissenschaften (egal, ob als Untersuchung oder als Gestaltung) – drei Erfordernissen Rechnung tragen müssen bzw. muss: erstens die Berücksichtigung der Komplexität technischer Aufgabenstellungen, zweitens die Gewährleistung einer (weitestgehenden) Ganzheitsbetrachtung angestrebter oder realisierter technischer Lösungen, und drittens die Zugrundelegung einer tätigkeitsbezogenen Herangehensweise an die technische Problemlösung. Die Forderung nach Berücksichtigung der Komplexität rückt methodologisch die Beachtung der Vielfalt von Einflussfaktoren, Abhängigkeiten, Zusammenhängen, Lösungsvarianten usw. in das Zentrum der Aufmerksamkeit des Problembearbeiters. Das methodologische Prinzip der Ganzheitsbetrachtung zwingt dazu, bei der Problembearbeitung und -lösung die gegenseitigen Verflechtungen der einzelnen Struktur- und Prozesseinheiten von der übergreifenden Zielstellung bzw. „Einbindung" her zu analysieren und zu synthetisieren. Tätigkeitsbezogene Betrachtung schließlich bedeutet die Bereitstellung solch eines Wissens, das für die auszuführenden Tätigkeiten relevant ist. Es ist somit der Prozess der Generierung,

32 Spur, G., Erscheinungsformen und Modelle technischer Systeme: Ein Beitrag zur theoretischen Begründung der Technikwissenschaften. – In diesem Jahrbuch. S. 107.

Konstruktion, Nutzung und „Entsorgung" technischer Lösungen in der Wechselwirkung von Objekt und Subjekt des technischen Handelns zu erfassen.

6. *Fazit*

Sowohl innerhalb der (deutschen) Technikphilosophie als auch der (allgemeinen) Wissenschaftstheorie spielten die Ingenieur- bzw. Technikwissenschaften sowie das Ingenieurhandeln bislang nur eine untergeordnete Rolle:

In der (deutschen) Technikphilosophie überwog die Beschäftigung mit dem „Phänomen" Technik vorrangig als soziotechnische bzw. soziokulturelle „Hervorbringung". Differenziertheit und Ambivalenz der Technisierungsfolgen, Komplexität der Mensch-Technik-Beziehungen, Mechanismen und Faktoren der Technikgenese, Möglichkeiten und Probleme der Technikfolgenbeurteilung sowie Grundlagen und Methoden der Technikbewertung waren (und sind) bevorzugte Themen der aktuellen Debatte. Diese findet entweder auf einer sehr allgemeinen Ebene („die" Technik) oder bezogen auf einzelne technische Entwicklungsrichtungen (vor allem Kernenergetik, genetic engineering, Medizintechnik sowie Informations- und Kommunikationstechnologien) statt. Indem sich auf technische Sachsysteme („Artefakte") und deren Verwendung bzw. Nutzung konzentriert wurde (und wird), bleibt der vorgängige, weitgehend (technik-)wissenschaftsbasierte Entstehungs- bzw. Herstellungsprozess dieser Sachsysteme ausgeblendet.

Die (allgemeine) Wissenschaftstheorie konzentrierte sich vorrangig auf die (mathematisierten) Naturwissenschaften, vornehmlich die Physik in Form von Mechanik. Behandelt wurden das Beschreiben, Analysieren, Erklären und eventuell Prognostizieren von Ereignissen über Beobachtung, Messung, Experiment und die „Anstrengung des Geistes" (vor allem in Form von Problemformulierung, Hypothesenbildung, Induktion, Deduktion, Analogieschluss usw.). Wurde dieses Vorgehen wissenschaftstheoretisch ex post „rekonstruiert", gelangten Zwecksetzungen, sprachliche Mittel, methodische, kognitive oder normative Voraussetzungen und ähnliches in das Zentrum der Aufmerksamkeit. In dieser Perspektive wurden (und werden) Ingenieurwissenschaften infolge ihrer „Andersartigkeit" zumeist entweder lediglich als angewandte Naturwissenschaften betrachtet (was im Extrem zu der Auffassung geführt wird, dass technologische Regeln „degenerierte", „unexakte" Naturgesetze seien[33]) oder sie werden den Naturwissenschaften entgegengesetzt (ohne jedoch diese Entgegensetzung genauer zu kennzeichnen).

Im Bereich der „Technikforscher" (hiermit sind im Unterschied zu den spezialisierten Technikwissenschaftlern diejenigen Wissenschaftler gemeint, die eine stärker generalisierende Sicht auf Technik und vor allem Technikwissenschaft befördern)

33 Vgl. etwa Zoglauer, Th., Über das Verhältnis von reiner und angewandter Forschung. – In: Technik zwischen Erkenntnis und Gestaltung. Philosophische Sichten auf Technikwissenschaften und technisches Handeln. A. a. O., S. 92f.

gibt es zwischenzeitlich jedoch einen Konsens darüber, dass die Technikwissenschaften bei all ihrer Vielfalt eine Spezifik aufweisen,[34] die es weiter zu beforschen gilt – nicht als Selbstzweck, sondern vor allem (und hier wiederhole ich mich bewusst) im Hinblick auf (die Verbesserung von) „Funktionalität", „Rationalität" und „Innovativität" technischen Handelns.[35]

Die Technikwissenschaften stellen – und das wird sowohl aus dem Spur-Beitrag als auch aus dem Vorstehenden deutlich – einen interessanten Untersuchungsgegenstand dar. Viele kognitive, methodologische, normative und – im engeren Sinne – wissenschaftstheoretische Fragestellungen unterscheiden sich von denen in vielen anderen Wissenschaften. Das hängt in erster Linie damit zusammen, dass die Technikwissenschaften als „Machenschaften" (zweckbezogenes Hervorbringungshandeln) verstanden werden müssen und dass deren (praktisches End-)Ergebnis „Real"technik ist – und diesen Umstand gilt es stets zu berücksichtigen. „Real"technik bedeutet hier Unterschiedliches. Zunächst wird damit darauf aufmerksam gemacht, dass technische Sachsysteme *in einer realen Welt* über eine bestimmte Zeitspanne hinweg funktionieren müssen, nicht in einer idealen oder Laborwelt, in der Störendes gedanklich oder praktisch isoliert wird bzw. werden kann. Das gilt auch für den Herstellungs- bzw. Erzeugungszusammenhang, der zwar mit einer Idee beginnt, aber erst mit dem vergegenständlichten Produkt endet. Stets ist die reale „Umgebung" mit ihrer Vielfalt von Einflussfaktoren, Wechselwirkungen und Änderungen im Blick zu behalten – obwohl diese oftmals in ihrer Ganzheit nicht umfassend erfassbar, in ihren Auswirkungen nicht vollständig abschätzbar und in ihren Veränderungen kaum prognostizierbar sind. Und schließlich hat es der Verwendungszusammenhang technischer Sachsysteme mit realen Menschen und realen Institutionen zu tun. Technik muss (ver)kaufbar, akzeptabel und bedienbar sein. Abbildung 3 macht deutlich, welchen Einfluss (allein) die „realen" gesellschaftlichen Rahmenbedingungen (natürliche Bedingungen, vor allem Rohstoffe, Energiequellen und der Mensch mit seiner biotisch-psychischen „Grundausstattung", sowie gesellschaftlich-kulturelle Bedingungen vor allem Stand des wissenschaftlichen und technischen Wissens und Könnens, Stand der Technik, politische Verfasstheit, gesellschaftliche Werte und Normen) und die individuellen Dispositionen (Sinnperspektiven und Lebenshaltungen; persönliche Neigungen, Werte und Präferenzen sowie Hoffnungen, Erwartungen, Ängste und Befürchtungen) auf den Bereich des Technischen haben.[36]

34 Vgl. neben den in Fußnote 2 genannten Publikationen auch Autorenkollektiv, Spezifik der technischen Wissenschaften. Moskau: Verlag MIR / Leipzig: Fachbuchverlag 1980; Diskussionseinheit „Technik und Naturwissenschaft". – In: EuS – Ethik und Sozialwissenschaften. Streitforum für Erwägungskultur (Opladen). 7 (1996), H. 2-3, S. 423 – 501.

35 Spur, G., Erscheinungsformen und Modelle technischer Systeme: Ein Beitrag zur theoretischen Begründung der Technikwissenschaften. – In diesem Jahrbuch. S. 108.

36 Vgl. Technikbewertung – Begriffe und Grundlagen. Erläuterungen und Hinweise zur VDI-Richtlinie 3780. Hrsg. v. VDI-Hauptgruppe Der Ingenieur in Beruf und Gesellschaft. Düsseldorf: VDI 1991, S. 67f.

Abbildung 3: *Entwicklung und Auswahl technischer Möglichkeiten unter dem Einfluss allgemeiner Rahmenbedingungen und individueller Dispositionen*[37]

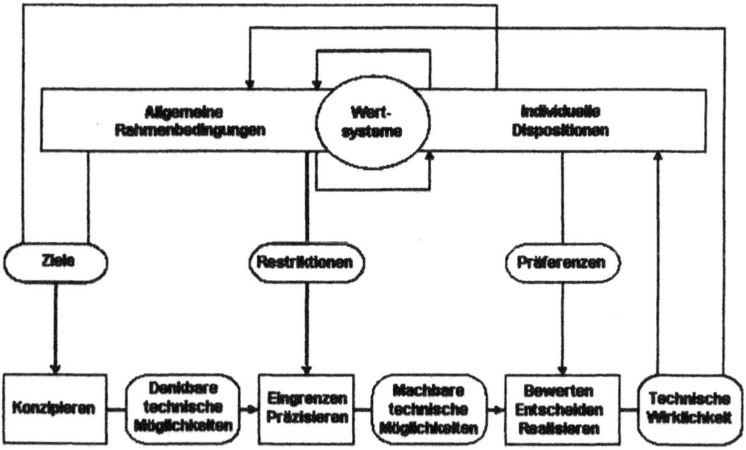

Das alles bedingt Besonderheiten und Eigenarten, die erstens zu neuen theoretischen oder methodischen Fragestellungen führen und zweitens die Übertragbarkeit von entsprechenden Erkenntnissen aus anderen Bereichen der Wissenschaftsforschung begrenzen.

Günter Spur beendet seinen Beitrag mit der (metaphorischen) These „Es kommt auf den Dirigenten an." Er meint damit Führungskräfte, „die mit fachlicher Kompetenz Ideen entwickeln, unterschiedliche Interessenlagen zu einem Konsens zusammenführen und in Leitvorstellungen umsetzen können".[38] Indes lässt sich als Anti-These ebenso metaphorisch formulieren: „Das Orchester spielt ohne Dirigenten."[39] Das Orchester wären im Fall der (generalisierenden interdisziplinären) Technikforschung vor allem Philosophen, Wirtschaftswissenschaftler, Historiker, Psychologen, Kulturwissenschaftler, Soziologen, Politik- und Technikwissenschaftler. Zu These wie Anti-These fand ich im Internet folgende interessante Bemerkung: „Immer wieder wird das Managen eines Unternehmens oder eines Teams mit dem Dirigieren ei-

37 Nach VDI-Richtlinie 3780 „Technikbewertung. Begriffe und Grundlagen". Düsseldorf: VDI 1991.

38 Spur, G., Erscheinungsformen und Modelle technischer Systeme: Ein Beitrag zur theoretischen Begründung der Technikwissenschaften. – In diesem Jahrbuch. S. 130. – Spur hat hier vor allem das Management von Innovationsprozessen im Blick.

39 Diesen Gedanken fand ich das erste Mal vor mehr als zwanzig Jahren als Titel eines Buches, in dem Überlegungen zur Selbstorganisation im Bereich des Technischen enthalten sind; Pospelov, D. A., Das Orchester spielt ohne Dirigenten. Betrachtungen über die Entwicklung einiger technischer Systeme und ihrer Steuerung (in russischer Sprache). Moskau: Verlag Wissenschaft 1984.

nes Orchesters verglichen. Der Dirigent ist dafuer verantwortlich, dass aus den unterschiedlichsten Toenen der einzelnen Musiker eine musikalische Darbietung wird, wie es sich der Komponist und der Dirigent selbst vorstellen. […] Dabei hat jeder Dirigent besondere Faehigkeiten, wie er die genannten Instrumente einsetzt.

Nun gibt es auch Orchester ohne Dirigenten, die ‚trotzdem' gute und erfolgreiche Musik machen. Zum Beispiel das Orpheus Chamber Orchestra aus New York. Die 27 Musiker organisieren sich selbst. Und sie tun es so gut, dass viele Manager aus Unternehmen sich in den Proben ansehen, wie das funktioniert. […] Inzwischen beraet das Orchester auch direkt interessierte Manager."[40]

Als Synthese ergibt sich, dass es zumindest im Bereich der „multiperspektivischen" Technikforschung und zur theoretischen Begründung der Technikwissenschaften sowohl auf den (ideenreichen und engagierten) „Dirigenten" als auch auf das (interdisziplinäre) „Orchester" ankommt.

40 URL: http://www.business-wissen.de/de/newsletter-archiv/newsletter48.html [25. Oktober 2006]. Als weiterführende Quellen werden http://www.wirtschaftspsychologie-abo.de und http://www.business-bestseller.com genannt.

SIEGFRIED GREIF

Erfindungen im Spektrum wirtschaftlicher und gesellschaftlicher Strukturen und Entwicklungen – theoretische Grundlagen und empirische Befunde

1. *Begriffsbestimmungen*

1.1. *Erfindung*

Unter einer Erfindung versteht man eine schöpferische Leistung, die etwas Neues zum Gegenstand hat und dieses in die Gestalt einer Sache, eines Werkes oder eines Gedankengebäudes bringt. Der Begriff der Erfindung beschreibt einerseits den Prozess der erfinderischen Tätigkeit und andererseits das Ergebnis eines solchen Prozesses.

Ausgangspunkt und Kernpunkt einer Erfindung ist die Inspiration. Sie hat geheimnisvolle Wurzeln. Besonders große Werke oder Erkenntnisse werden gerne in die Nähe göttlicher Eingebung und Offenbarung gerückt. So besteht eine Verbindung zwischen einer mystischen und der realen Welt.

Da Erfindungen verschiedene Inhalte haben und verschiedene Bereiche des Lebens betreffen können, bietet sich eine Kategorisierung in drei Blöcke an:[1]

- Technische Problemlösungen
- Künstlerische Schöpfungen
- Wissenschaftliche Theorien.

Unser Hauptinteresse richtet sich auf den technischen Bereich. Die künstlerischen Erfindungen treten hier in den Hintergrund. Zum Komplex der wissenschaftlichen Theorienbildung gehören naturwissenschaftliche und geisteswissenschaftliche Erfindungen und somit auch soziale und organisatorische Neuerungen. Sie stehen vielfach in einer kausalen Wechselbeziehung mit den anderen Erfindungskategorien und sind insoweit auch von Belang für den technischen Bereich.

1 Vgl. dazu: Schneider, E., Erfinder in der BRD. Nürnberg: Institut für Freie Berufe an der Universität Erlangen-Nürnberg 1973. S. 12ff.; Wahl, H., Marketing von Inventionen. Wiesbaden: Deutscher Universitäts-Verlag 1998. S. 7ff. und die dort angegebene Literatur.

1.2. *Technik*

Zu Begriff und Inhalt von Technik gibt es eine umfangreiche Literatur mit verschiedenen Ansätzen und Ergebnissen.[2] In einem weiten Sinn und in großer Dichte lässt sich Technik als Gesamtheit der Mittel und Verfahren einer Tätigkeit definieren.

Vertreter eines weiten Technikbegriffs ist zum Beispiel Oswald Spengler mit der Feststellung: „Die Technik ist die Taktik des ganzen Lebens. Sie ist die innere Form des Verfahrens im Kampf, der mit dem Leben selbst gleichbedeutend ist."[3] In diesen Rahmen bezieht er auch das Verhalten von Tieren mit ein, wie „die Technik des Löwen, der eine Gazelle überlistet". An Spengler anschließend, könnte auch der Werkzeuggebrauch bei Tieren herangezogen werden, bei der Überlegung, ob bestimmte Verhaltensmuster von Tieren der Technik zuzuordnen sind.

Im engeren Sinn ist die Technik auf die Welt der Menschen bezogen. Dies ist die verbreitete Sichtweise, die auch im Einklang mit Herkunft und Entwicklung des Begriffes steht. Er beruht auf dem griechischen „techne" (Kunst, Geschick, Handwerk, Wissenschaft), hat sich zum französischen „technique" entwickelt und im 18. Jahrhundert Eingang in den deutschen Sprachraum gefunden: Hydrotechnica (Wasserbaukunst, 1724), Technica (1744), danach Technik (Kant 1781).[4]

Die neuere interdisziplinäre Technikforschung versteht unter Technik:[5]

- die von Menschen gefertigten, nutzenorientierten, materiellen Gebilde
- die menschlichen Handlungen zu deren Entstehung
- die menschlichen Handlungen in deren Verwendung.

1.3. *Technische Erfindung*

Verdichtet man den Komplex der Technik auf die technische Erfindung, entsteht weiterer Definitionsbedarf. Wann eine Erfindung als technisch gelten kann, lässt sich an bestimmten Merkmalen festmachen. Als wesentliche Merkmale technischer Erfindungen werden in der einschlägigen Literatur genannt:[6]

- Naturgesetzlichkeit,
- Bearbeitung durch Menschenhand und
- Zweckmäßigkeit.

Eine technische Erfindung darf nicht im Widerspruch zu Naturgesetzen stehen. Das ist auch der Fall, wenn die Naturgesetze, auf denen eine Erfindung beruht, zum

2 Vgl. dazu: Interdisziplinäre Technikforschung. Hrsg. v. Günter Ropohl. Berlin: Erich Schmidt Verlag 1981.

3 Spengler, O., Der Mensch und die Technik. München: C. H. Beck 1931. S. 7f.

4 Pfeifer, W. et al., Etymologisches Wörterbuch des Deutschen, 2. Auflage. München: Deutscher Taschenbuch Verlag 1997. S. 1420.

5 Vgl. dazu: Technik – In: Brockhaus PC Bibliothek. Wiesbaden: F. A. Brockhaus 2002; Spur, G., Erscheinungsformen und Modelle technischer Systeme: Beitrag zur theoretischen Begründung der Technikwissenschaften, in diesem Band.

6 Vgl. dazu: Wahl, H., a. a. O., S. 9 f. und die dort angegebene Literatur.

Zeitpunkt ihrer Entstehung noch nicht bekannt sind. Die technische Erfindung wird der Welt der Menschen zugeordnet. Ohne menschliches Zutun geht es nicht. Das Merkmal der Zweckmäßigkeit zielt darauf, dass die technische Erfindung menschliche Bedürfnisse befriedigt.

Einen anderen Ansatz wählt Günter Ropohl mit seiner Definition. Danach weist eine Erfindung einen technischen Charakter dann auf, wenn sie Wandlung, Transport oder Speicherung von Materie, Energie oder Information bewirkt.[7]

Die Definitionen und Abgrenzungen der Begriffe Technik und Erfindung und ihrer Inhalte sind akademischer Natur und unverbindlich. Demgegenüber setzt der Staat eine verbindliche und rechtsbegründende Norm, nämlich im Patentrecht. Patente werden nur für technische Schöpfungen erteilt. Dabei wird der Begriff der Technik folgendermaßen definiert: Technisch ist eine Lehre zum planmäßigen Handeln unter Einsatz beherrschbarer Naturkräfte zur Erreichung eines kausal übersehbaren Erfolgs, der die unmittelbare Folge des Einsatzes beherrschbarer Naturkräfte ist.[8]

Die oben genannten Kriterien Naturgesetzlichkeit, Bearbeitung und Zweckmäßigkeit tauchen hier wieder auf. Dieser Basis haben Rechtsprechung und Patentamtspraxis ergänzende Kriterien hinzugefügt:

- Ausführbarkeit,
- Wiederholbarkeit und
- Aufgabe und Lösung.

Eine Erfindung ist ausführbar, wenn sie objektiv verwirklicht werden kann und ausreichend offenbart ist, dass ein Fachmann sie ausführen kann. Das Erfordernis der Wiederholbarkeit einer Erfindung ergibt sich aus dem Begriff der technischen Lehre. Nur wer die eingesetzten Naturkräfte auch wirklich auf Dauer beherrscht, hat eine dem Patentschutz zugängliche Erfindung gemacht. Eine Erfindung, die nur einmal gelungen ist, die aber nicht noch einmal ausgeführt werden kann, gibt daher keine Lehre zum technischen Handeln. Aufgabe und Lösung sind Bestandteil jeder Lehre zum technischen Handeln. Aufgabe (oder Problem) ist nicht nur die subjektive Frage und das angestrebte Ziel, von denen der Erfinder ausgeht, sondern auch der objektive technische Erfolg. Wird durch eine Erfindung ein Problem gelöst, das über das hinausgeht, was der Erfinder eigentlich erreichen wollte, so wird im Patentrecht ein Rückschluss gezogen, vom Ergebnis auf eine entsprechende Aufgabe. Lösung ist die Angabe der technischen Mittel, mit denen die Aufgabe zum Erfolg geführt wird.

Das Gefüge von Problem, Aufgabe und Lösung, das im Patentbereich praxisorientiert definiert und gehandhabt wird, ist nicht auf dieses begrenzte Gebiet beschränkt. Es hat in seinem allgemeinen wissenschaftlichen Gehalt natürlich ganz

7 Ropohl, G., Eine Systemtheorie der Technik. München-Wien: 1979, S. 162ff.

8 Für die Ausführungen zum Patentrecht wurden insbesondere herangezogen: Schulte, R., Patentgesetz mit Europäischem Patentübereinkommen. Kommentar, 6. Auflage. Köln-Berlin-Bonn-München: Carl Heymanns Verlag 2001; Bernhardt, W. / Kraßer, R., Lehrbuch des Patentrechts, 4. Auflage. München: C. H. Beck 1986.

andere Dimensionen. Dieses weite Feld wird hier nicht betreten. Dazu darf auf die einschlägige Literatur verwiesen werden.[9]

1.4. *Entdeckung*

In begrifflicher und inhaltlicher Nähe zur Erfindung steht die Entdeckung. Hierzu gibt es eine große Zahl von Definitionsansätzen und Aussagen. Auch das Patentrecht leistet hierzu einen Beitrag und liefert eine offizielle Definition: Entdeckung ist das Auffinden von etwas Vorhandenem, das bisher nicht bekannt war. Sie ist reine Erkenntnis und gibt als solche keine Regel zum technischen Handeln und ist somit auch keine Erfindung.[10]

Diese Abgrenzung der beiden Begriffe hat sich erst allmählich herausgebildet. Bis zur Mitte des 19. Jahrhunderts wurden die Begriffe Entdeckung und Erfindung synonym verwandt. Das ist in den frühen Patentgesetzen der Fall, dem amerikanischen von 1790 und dem französischen von 1791, wie auch in den folgenden Patentgesetzen der einzelnen europäischen Länder, begleitet von der dazugehörigen Rechtsprechung.[11] Erst gegen Mitte des 19. Jahrhunderts wurde die Trennung im allgemeinen Sprachgebrauch wie im Patentrecht vollzogen.

Die Trennung der Begriffe und ihrer Inhalte, wie zum Beispiel die Patentfähigkeit, hat einerseits Klarheit gebracht, andererseits aber auch neue Probleme gezeitigt, nämlich bei der Zuordnung bestimmter wissenschaftlicher bzw. technischer Bereiche. So wurden zum Beispiel im ausgehenden 19. Jahrhundert und im beginnenden 20. Jahrhundert Neuerungen in der Chemie ausdrücklich den Entdeckungen zugeordnet und deshalb für nicht patentierbar erklärt, eine Einschätzung, die später verworfen wurde.[12]

Heute konzentriert sich die Diskussion hauptsächlich auf die zwei Bereiche Computerprogramme und Biotechnologie. Bei ersterem liegt die Problematik im Doppelcharakter von Computerprogrammen. Einerseits ist Software als solche der Mathematik

9 Parthey, H. / Schlottmann, D., Problemtypen in den Technikwissenschaften. – In: Erkenntnismethoden in den Technikwissenschaften. Hrsg. v. Gerhard Banse u. Helge Wendt. Berlin: Verlag Technik 1986. S. 44 – 53; Parthey, H. / Wächter, W., Das Problem und seine Struktur in der wissenschaftlichen Forschung. – In: Problemstruktur und Problemverhalten in der wissenschaftlichen Forschung. Hrsg. v. Heinrich Parthey, Heinrich Vogel u. Wolfgang Wächter. Rostock: Universität Rostock 1966. S. 21 – 38. Die Arbeiten enthalten umfassende Literaturanalysen.

10 Schulte, R., a. a. O..

11 Vgl. Beier, F. / Straus, J., Der Schutz wissenschaftlicher Forschungsergebnisse. Weinheim/B.: Verlag Chemie 1982. S. 14ff.; von Kleinschrod, C., Die internationale Patentgesetzgebung. Erlangen: Verlag Ferdinand Enke 1855. S. 20ff.

12 Vgl. Kohler, J., Lehrbuch des Patentrechts. Mannheim-Leipzig: Verlag J. Bensheimer 1908. S. 25f.; Greif, S., Patentschriften als wissenschaftliche Literatur. – In: Wissenschaft und Digitale Bibliothek: Wissenschaftsforschung Jahrbuch 1998. Hrsg. v. Klaus Fuchs-Kittowski, Hubert Laitko, Heinrich Parthey und Walther Umstätter. Berlin: Gesellschaft für Wissenschaftsforschung 2000. S. 225.

zuzuordnen und aus patentrechtlicher Sicht kein Gegenstand der Technik und somit nicht patentierbar. Andererseits ist Software Kernbestandteil vieler technischer Systeme; man kann sie daher auch als eigenständiges Werkzeug auffassen.[13]

Ebenso problematisch ist der Bereich der Biotechnologie, insbesondere im Hinblick auf die Patentfähigkeit von genetischen Informationen und Lebewesen. Während die Diskussion auf einigen Feldern noch andauert,[14] haben sich an anderer Stelle bereits Ergebnisse herauskristallisiert und konsolidiert und einen Niederschlag in Gesetzesform gefunden. So wurde das deutsche Patentrecht - in Umsetzung der europäischen Richtlinie über den rechtlichen Schutz biotechnologischer Erfindungen - im Jahre 2005 dahingehend geändert, dass biologische und genbezogene Sachverhalte ausdrücklich einbezogen und die Grenzen der Patentfähigkeit festgelegt wurden.[15] Bemerkenswert ist der in §1 Patentgesetz eingeführte neue Passus: „Biologisches Material ... kann auch dann Gegenstand einer Erfindung sein, wenn es in der Natur schon vorhanden war." Hier rücken Erfindung und Entdeckung wieder zusammen.

1.5. *Innovation*

Im Zusammenhang mit der Erfindung steht die Innovation. Beide Begriffe und ihre Inhalte liegen funktional so nahe beieinander, dass sie im allgemeinen Sprachgebrauch oftmals als identisch angesehen und gleichgesetzt werden. Innovation hat sich in den letzten Jahren zu einem Modewort entwickelt, dass sich nicht nur bei Werbetextern, sondern auch bei Politikern und Managern und selbst bei Wissenschaftlern großer Beliebtheit erfreut.[16] Der Begriff der Innovation (vom Lateinischen innovatio - Erneuerung) bedeutet allgemein Einführung einer Neuerung und geht damit weit über die technische Dimension hinaus. Innovation meint auch soziale, organisatorische und sonstige Neuerungen.

Joseph Alois Schumpeter - einer der bedeutendsten Nationalökonomen des 20. Jahrhunderts - hat den Begriff der Innovation eingeführt, und zwar in seinem Werk „Theorie der wirtschaftlichen Entwicklung" von 1912.[17] Nach Schumpeter bezeich-

13 Vgl. Krempl, S., Digitale Erfindungen. – In: Süddeutsche Zeitung (München). 61(2005)64, S. 13.

14 Vgl. Bolesch, C., Ethische Zerrissenheit. Das Europaparlament debattiert über die Stammzellen-Forschung. – In: Süddeutsche Zeitung (München). 62(2006)134, S. 8.

15 Gesetz zur Änderung des Patentgesetzes. – In: Blatt für Patent-, Muster und Zeichenwesen (München). 107(2005)3, S. 93ff.

16 Vgl. Harhoff, D., Wissenschaft als Innovationsquelle. – In: Wirtschaft & Wissenschaft (Essen). 12(2004)3, S. 42; Beise, M., Entdecker gesucht. – In: Süddeutsche Zeitung (München). 61(2005)273, S. 21; Seibt, G., Innovation gegen Tradition. – In: Süddeutsche Zeitung (München). 61(2005)215, S. 17.

17 Zu Schumpeters Werk siehe die Übersichten bei: Brockhaus, F. (Hrsg.), Schumpeter. – In. Brockhaus Enzyklopädie, 17. Auflage, Bd. 17. Wiesbaden: F. A. Brockhaus 1973. S. 71f.; Hinterhuber, H., Innovationsdynamik und Unternehmensführung. Wien-New York: Springer Verlag 1975. S. 5ff.

net Innovation die Erzeugung und Einführung einer technischen oder organisatorischen Neuerung. Er bewegt sich damit im Bereich der Wirtschaft und zwar auf der Unternehmensebene.

Die schon von Schumpeter getroffene Unterscheidung ist wichtig - Erfindungen, Patente, Ideen, Konzepte sind in diesem Sinne keine Innovationen, sondern erst der Rohstoff für Innovationen.[18] Erst wenn die Umsetzung im Markt, im Unternehmen, in einer Organisation hinzutritt, wird daraus eine Innovation. Allerdings sind Innovationen riskant - sie können auch fehlschlagen. Eine Erfolgsfeststellung ist mit dem Begriff Innovation zunächst nicht verbunden.

Die Freiheit der Wissenschaften erlaubt natürlich auch weitergehende Sichtweisen. Eine solche vertritt zum Beispiel Heinrich Parthey. Er verlangt von einer Innovation auch noch den wirtschaftlichen Erfolg.[19]

Die engere Sichtweise ist die gebräuchliche, denn der Begriff der Innovation unterliegt einer gewissen weltweiten Normierung. Im Rahmen der OECD wurden im Frascati-Handbuch bestimmte Begriffe aus dem Bereich von Wissenschaft und Technologie definiert und für die einschlägigen nationalen und internationalen Statistiken festgelegt.[20] Danach sind Innovationen neue oder verbesserte Produkte oder Dienstleistungen, die auf dem Markt eingeführt worden sind oder neue oder verbesserte Verfahren, die neu eingesetzt werden. Dieser Innovationsbegriff besitzt offiziellen Charakter. Er wird vom Bundesministerium für Bildung und Forschung so benutzt, beispielsweise im Bundesbericht Forschung.[21] Auch die vom Stifterverband für die Deutsche Wissenschaft geführte Wissenschaftsstatistik beruht auf dieser Basis.[22]

1.6. *Innovationsprozess*

An dieser Stelle bietet es sich an, die Stellung von Erfindungen im gesamten Innovationsprozess zusammenfassend und näher zu betrachten. Hier ein Versuch der Schematisierung des Innovationsprozesses im weitesten Sinne, von der göttlichen Eingebung bis zum schnöden Geld (siehe Abbildung 1). Die einzelnen Phasen sind größeren Bereichen zugeordnet: Der freischwebende Geist der Metaphysik; es folgen Wissenschaft, Technik und Markt.

18 Vgl. Harhoff, D., a. a. O., S. 42.

19 Parthey, H., Formen von Institutionen der Wissenschaft und ihre Finanzierbarkeit durch Innovationen. – In: Wissenschaft und Innovation: Wissenschaftsforschung Jahrbuch 2001. Hrsg. v. Heinrich Parthey und Günter Spur. Berlin: Gesellschaft für Wissenschaftsforschung 2002. S. 9 – 39.

20 Organisation for Economic Co-operation and Development. OECD, Frascati-Manual 2002 – The Measurement of Scientific and Technical Activities. Proposed Standard Practice of Surveys of Research and Experimental Development. Paris: OECD 2002.

21 Bundesministerium für Bildung und Forschung. Bundesbericht Forschung 2004. Bonn-Berlin: BMBF 2004. S. 172.

22 Stifterverband für die Deutsche Wissenschaft, Forschung und Entwicklung in der Wirtschaft – FuE-Datenreport 2003/04. Essen: Stifterverband 2004. S. 53ff.

Abbildung 1: *Phasen des Innovationsprozesses*

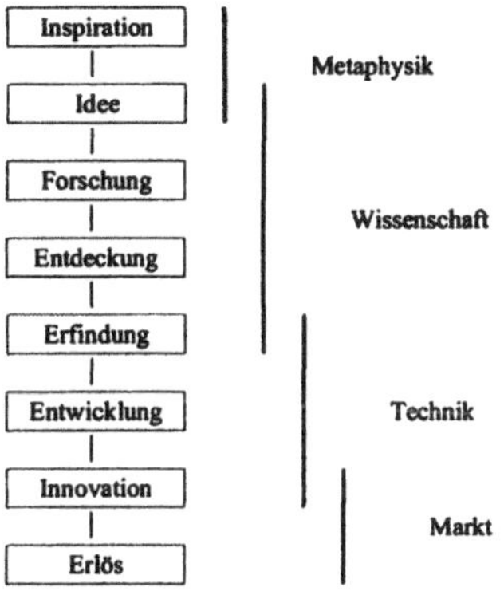

Diese Zuordnungen sind natürlich nicht exakt, das zeigen schon die Überschneidungen. Hier geht es mehr um eine generelle Übersicht. Für tiefergehende, spezielle Analysen zu den Abgrenzungen der Bereiche einerseits, und ihrem Zusammenspiel andererseits, insbesondere zu den Bereichen Wissenschaft und Technik, sei auf die einschlägige Literatur verwiesen.[23] Die Abfolge der einzelnen Phasen ist nicht zwingend. eine Entwicklung kann auf verschiedenen Phasenebenen beginnen oder auch enden. Einzelne Ebenen können auch übersprungen werden, so kann zum Beispiel eine Idee auch unmittelbar eine Erfindung gebären.

Dass der hier aufgezeigte Phasenablauf nicht nur theoretischer, sondern auch tatsächlicher Natur ist, belegen die Ergebnisse verschiedener Untersuchungen. So ist zum Beispiel der Zusammenhang zwischen dem Input an Forschung und Entwicklung und dem Output an Erfindungen und Innovationen auch mit Zahlen unterlegt.[24]

23 Scholz, L., Technologie und Innovation in der industriellen Produktion. Göttingen: Verlag Otto Schwartz 1974; Bornholdt, W., Planung technischer Neuerungen. Göttingen: Eichhorn-Verlag 1978; Interdisziplinäre Technikforschung, Hrsg. v. Günter Ropohl, a. a. O.; Parthey, H. / Schlottmann, D., Problemtypen in den Technikwissenschaften, a. a. O.; Brockhoff, K., Forschung und Entwicklung, 3. Auflage. München: Oldenbourg Verlag 1992; Greif, S., Der Beitrag der Wissenschaft zur Produktion technischen Wissens. – In: Ifo-Studien. Zeitschrift für empirische Wirtschaftsforschung (Berlin). 45(1999)4, S. 541 – 559. Siehe dazu auch die Beiträge in diesem – dem Generalthema Wissenschaft und Technik gewidmeten – Band.

24 Grenzmann, C. / Greif, S., Relationship Between R&D Input and Output. – In: Innovation, Patents and Technological Strategies. Hrsg. v. OECD. Paris: OECD 1996. S. 71 – 88; Greif, S., Forschung und Entwicklung und Patente. – In: F&E-Management in der Pharma-Industrie. Hrsg. v. Richard Herzog. Aulendorf: Editio Cantor 1995. S. 229 – 239; Ernst, H., Patentinformationen für die strategische Planung von Forschung und Entwicklung. Wiesbaden: Deutscher Universitätsverlag 1996. S. 140ff.

2. *Gesellschaftliche Systeme*

Neben der Einordnung der Erfindung in ein sachlich orientiertes Entwicklungsschema und eine konkret definierte Begriffswelt, erscheint auch die Einordnung in ein gesellschaftliches System interessant. Um hierbei tiefere und differenzierte Einblicke zu gewinnen, wird der Gesamtkomplex Gesellschaft in einen Fächer von Subsystemen aufgegliedert.[25] Er besteht aus folgenden Positionen:

- Wissenschaft,
- Technik,
- Politik,
- Wirtschaft,
- Recht,
- Gesellschaft,
- Kultur und
- Religion.

1.7. *Wissenschaft*

Wie im Phasenschema dargetan, sind wissenschaftliche Erkenntnisse und Entdeckungen vielfach die Voraussetzung für Erfindungen. Einen solchen Zusammenhang zwischen Grundlagenforschung und Innovation beleuchtet folgendes Beispiel.[26] Im Jahre 1986 wurde ein neuer Supraleiter entdeckt. Das Ereignis war wissenschaftlich so bedeutsam, dass den beiden erfolgreichen Forschern, Johannes Georg Bednorz und Karl Alexander Müller, bereits im Folgejahr 1987 der Nobelpreis für Physik verliehen wurde. Die Entdeckung hat einen Schwarm von Erfindungen ausgelöst, die im weiteren zu Innovationen geführt haben und die in verschiedenen Bereichen in erfolgreicher Anwendung sind, zum Beispiel beim Transrapid. Das Marktvolumen für die Supraleittechnologie ist rasch gewachsen. Der weltweite Jahresumsatz liegt im Jahre 2005 schätzungsweise bei 10 Milliarden Euro.

Der Zusammenhang zwischen Wissenschaft und Erfindung funktioniert auch in umgekehrter Richtung. Erfindungen produzieren neues Wissen, welches es der Wissenschaft vielfach erst ermöglicht, neue Erkenntnisse zu gewinnen. Neue Stoffe und Werkzeuge, sowie Mess-, Regel- und Analyse-Technik sind oft die Voraussetzungen für Grundlagenforschung und Entdeckungen. So ist es z.B. dem Erfindungskomplex

25 Die hier verwandte Aufgliederung orientiert sich an einer Systematisierung von: Fischer, K., Wahrheit, Konsens und Macht – Systematische Codes und das prekäre Verhältnis zwischen Wissenschaft und Politik in der Demokratie. – In: Gesellschaftliche Integrität der Forschung: Wissenschaftsforschung Jahrbuch 2005. Hrsg. v. Klaus Fischer u. Heinrich Parthey. Berlin: Gesellschaft für Wissenschaftsforschung 2006. S. 9 – 44.

26 Greif, S., Forschungstätigkeit und Innovationspotentiale. – In: Statistische Monatshefte Niedersachsen (Hannover). (2001) Sonderausgabe, S. 10f. und die dort genannten Materialien.

Elektronen-Synchrotron, einem ringförmigen Teilchenbeschleuniger, zu verdanken, dass ab und zu neue Elemente aus dem Bereich der Transurane entdeckt werden.

1.8. *Technik*

Zum Komplex Technik und Erfindungen ist bei den Begriffsbestimmungen bereits wesentliches gesagt worden. So kann man sich hier kurz fassen. Technik ist der Ausgangspunkt, Mittel zur Durchführung und Inhalt von Erfindungen. Da Erfindungen neue Technik hervorbringen, bestimmen sie den fortschreitenden Stand der Technik und den technischen Wandel.

Erfindungen stehen oft nicht für sich allein, sondern bilden Erfindungskomplexe oder ganze Technologien. So sind zum Beispiel in einem Automobil gleichzeitig mehrere hundert Erfindungen in Anwendung; und an der gesamten Entwicklung des Automobils sind mehrere tausend Erfindungen beteiligt.

Eine Analyse nach der technischen Orientierung zeigt, dass die Forschungs- und Entwicklungstätigkeit in der Wirtschaft auf folgende Erfindungsgegenstände gerichtet ist:[27]

- Produkte 66 Prozent,
- Verfahren 21 Prozent und
- Produkte und Verfahren 13 Prozent.

Der wissenschaftlich-technische Gehalt der einzelnen Erfindungen ist naturgemäß sehr unterschiedlich, er reicht von der kleinen Verbesserung bis zur epochalen Basisinnovation. Nach einer Untersuchung des Ifo-Instituts für Wissenschaftsforschung verteilen sich die Erfindungen wie folgt:[28]

- Basiserfindungen 17 Prozent,
- Neue Produkte und Verfahren 30 Prozent und
- Verbesserungserfindungen 53 Prozent.

Die Qualitätsverteilung von Erfindungen ist nicht nur ein statisches Phänomen, wie es sich in den Ergebnissen der Querschnittsanalyse darstellt, sondern auch ein dynamisches. Der typische Entwicklungsverlauf einer neuen Technologie führt vom wissenschaftlichen Durchbruch über die darauf aufbauenden Erfindungen mit hohen Fortschrittsraten zu einem Schwall von Folgeerfindungen mit kleiner werdenden technischen Fortschritten.[29]

27 Stifterverband für die Deutsche Wissenschaft, a. a. O., S. 53 ff.

28 Täger, U., Probleme des deutschen Patentwesens im Hinblick auf die Innovationsaktivitäten der Wirtschaft. München: Ifo-Institut für Wirtschaftsforschung 1989. S. 222 ff.

29 Greif, S., Der Beitrag der Wissenschaft zur Produktion technischen Wissens, a. a. O., S. 543.

1.9. *Politik*

Alle Industrieländer haben politische Institutionen und Prozeduren eingerichtet, welche die technische Entwicklung entsprechend gesellschaftlichen Erfordernissen und politischen Zielen steuern sollen. Dabei sind zwei Tendenzen in der Technologiepolitik zu unterscheiden. Der eine Ansatz zielt darauf, die technische Entwicklung zu fördern; das wird üblicherweise Innovationspolitik genannt. Der andere Ansatz dagegen sucht die technische Entwicklung zu beschränken und ist mit dem Begriff der Technikbewertung verbunden.[30]

Eine Vorstellung über den Umfang der staatlichen Einflussnahme zur Lenkung von Wissenschaft und Technik kann ein Blick auf das Finanzierungsvolumen vermitteln. In Deutschland liegen die staatlichen Ausgaben für Forschung und Entwicklung (Bund und Länder) in den letzten Jahren (den ersten des 21. Jahrhunderts) bei 16 Milliarden Euro pro Jahr.[31]

Ganz überwiegend ist die Technologiepolitik nach vorne gerichtet, aber auch das Gegenteil kommt vor. Ein solcher Fall ist der Bereich der Kernforschung; er wurde weitgehend aus der Förderung genommen. Dazu heißt es im Bundesbericht Forschung 2004:[32] Der Ausstieg aus der Nutzung der Kernenergie ist zentraler Programmpunkt der Bundesregierung im Energiebereich. Demzufolge liegt ein Schwerpunkt auf der Beseitigung kerntechnischer Pilot- und Versuchsanlagen.Die Versuchskernkraftwerke in Niederaichbach und Großwelzheim wurden vollständig beseitigt und bis zur grünen Wiese zurückgebaut. Der Hochtemperaturreaktor Hamm-Uentrop wurde abgeschaltet. Das Schneller-Brüter-Projekt Kalkar wurde abgebrochen und in einen Freizeitpark umgewandelt. Daneben gibt es eine Reihe weiterer Stillegungsprojekte, zum Beispiel in den Forschungszentren Jülich und Karlsruhe der Hermann-von-Helmholtz-Gemeinschaft.

Im Gefolge dieser politischen Vorgaben ist auch die Erfindungstätigkeit in Deutschland, gemessen in Patentanmeldungen auf dem Gebiet der Kernphysik, entsprechend rückläufig.

Neben solchen gezielten und direkten Maßnahmen staatlicher Politik ergeben sich auch indirekte Wirkungen aus dem politischen Geschehen. So wird beispielsweise der grundlegende Wandel im Arzneimittelbereich, der im letzten Viertel des 19. Jahrhunderts stattgefunden hat, auf die von Bismarck begründete Sozialgesetzgebung zurückgeführt.[33] Der umfassende Versicherungsschutz gegen Krankheitsfolgen

30 Vgl. Ropohl, G., Das neue Technikverständnis. – In: Interdisziplinäre Technikforschung. Hrsg. v. Günter Ropohl, a. a. O., S. 11 – 23; Küng, E., Steuerung und Bremsung des technischen Fortschritts. Tübingen: Mohr/Siebeck 1976.

31 Bundesministerium für Bildung und Forschung, Bundesbericht Forschung 2004, a. a. O., S. 174ff.

32 Bundesministerium für Bildung und Forschung, Bundesbericht Forschung 2004, a. a. O., S. 238f.

33 Siehe dazu: Lütge, F., Deutsche Sozial- und Wirtschaftsgeschichte, 3. Auflage. Berlin-Heidelberg-New York: Springer-Verlag 1966. S. 527ff.

hat einen sprunghaft gestiegenen Bedarf an Arzneimitteln mit entsprechenden Aktivitäten in Forschung und Entwicklung und in der Industrialisierung der Produktion ausgelöst.[34]

Es gibt aber auch den umgekehrten Wirkungszusammenhang zwischen Politik und Erfindung, nämlich, dass Erfindungen die Politik beeinflussen. So haben die wissenschaftlichen Erkenntnisse und die daraus resultierenden Erfindungen auf dem Gebiet der Gentechnik politische Reaktionen zur Bewertung und Reglementierung bewirkt. Ein anderes Beispiel ist die Atombombe. Diese Erfindung, die vor über 60 Jahren gemacht wurde, beeinflusst die nationale und internationale Politik seitdem durchgehend, bis zum heutigen Tage. Gleichzeitig hat sie eine generelle Skepsis gegenüber wissenschaftlichen Forschungsergebnissen und dem technisch Machbaren ausgelöst.

1.10. *Wirtschaft*

Stand und Entwicklung einer Volkswirtschaft werden wesentlich durch das verfügbare naturwissenschaftlich-technische Potential und dessen Erweiterung durch technischen Fortschritt bestimmt. Das markiert den hohen Stellenwert, der dem Erfindungsgeschehen in einem Land zukommt.

Die letztlich zu Wirtschaftswachstum und Strukturwandel führenden Entscheidungen werden aber nicht im Makrobereich, also auf der Ebene der Volkswirtschaft, gefällt, sondern vollziehen sich im Mikrobereich auf Unternehmensebene. Sie determinieren die technische Entwicklung.[35] So werden Erfindungsaktivitäten grundsätzlich nur dann vorgenommen, wenn sie ökonomisch sinnvoll erscheinen.

Hierbei gibt es Wechselwirkungen zwischen Technik und Ökonomie.[36] Einerseits wird Erfindungstätigkeit von der Angebotsseite induziert, d.h. Unternehmen produzieren und nutzen neue technische Möglichkeiten zur Herstellung neuer Güter auch ohne vorhandenen Bedarf und bieten diese auf dem Markt an. Das Angebot soll dann die Nachfrage schaffen. Etwa 20 Prozent der Erfindungen gehören zu dieser Kategorie.[37]

34 Nattermann, A., Nattermann über sich selbst (Firmenschrift). Köln: Nattermann 1977.

35 Vgl. Staudt, E., Betriebswirtschaftliche Theoriebildung zwischen Verhaltenswissenschaften und Technik. – In: Interdisziplinäre Technikforschung. Hrsg. v. Günter Ropohl, a. a. O., S. 111 – 121; Faix, A., Patente im strategischen Marketing. Berlin: Erich Schmidt Verlag 1998.

36 Das gilt auch für den vorgeschalteten Bereich der Wissenschaft. Siehe dazu: Beckmann, M., Wissenschaftsökonomie. – In: Umweltverträgliches Wirtschaften als Problem von Wissenschaft und Politik. Hrsg. v. Heinz König. Berlin: Duncker & Humblot 1993. S. 147 – 155; Bonitz, M./Scharnhorst, A., Wissenschaft und Ökonomie – wissenschaftsmetrische Bemerkungen. – In: Wissenschaft und Innovation: Wissenschaftsforschung Jahrbuch 2001. Hrsg. v. Heinrich Parthey u. Günter Spur, a. a. O., S. 85 – 95.

37 Vgl. Staudt, E., a. a. O., S. 111f.; Fleischmann, G., Technische Entwicklung und ökonomische Steuerung. – In: Interdisziplinäre Technikforschung. Hrsg. v. Günter Ropohl, a. a. O., S. 123f.; Kaufer, E., Technischer Wandel in der Marktwirtschaft. – In: Kaufer, E. / Hinz, H. / Hoppmann, E., Innovationspolitik und Wirtschaftsordnung. Köln-Berlin-Bonn-München: Carl Heymanns Verlag 1979. S. 5.

Demgegenüber geht die nachfrageorientierte Erfindungstätigkeit von einem vorhandenen Bedarf auf einem Markt aus. Die Aussicht auf Gewinn richtet die technische Entwicklung auf die Bedürfnisse der potentiellen Kunden aus. Hier bestimmt die Nachfrage das Angebot und somit die Erfindungsaktivitäten. Rund 80 Prozent der Erfindungen sind auf dieser Seite angesiedelt. Die Erfindungstätigkeit von Unternehmen ist nicht nur darauf ausgerichtet, einen Markt zu bedienen, also nach außen gerichtet, sondern auch nach innen, mit dem Ziel, die Produktivität von Abläufen zu steigern. In diesem Falle sind Nachfrage und Angebot in einer Hand.

Insgesamt sind die Unternehmen der Wirtschaft die größten Produzenten und Anwender von Erfindungen. In Deutschland stammen rund 80 Prozent der zum Patent angemeldeten Erfindungen aus dem Wirtschaftssektor. Demgegenüber sind die freien Erfinder mit 16 Prozent und der Bereich der Wissenschaft mit rund 4 Prozent nachrangige Herkunftsbereiche.[38]

1.11. *Recht*

Die staatliche Rechtsordnung – die auch Ausdruck der Wirtschafts- und Gesellschaftsordnung ist – bildet einen generellen normativen Rahmen, in welchen sich die Erfindungsaktivitäten und ihre Ergebnisse einfügen müssen. Spezielle Rechtsvorschriften beziehen sich dann auf bestimmte Gebiete und Gegenstände.Da ist zum einen die Institutionalisierung der positiven Impulse zur Förderung von Forschungs- und Erfindungstätigkeit. Zum anderen sind Rechtsvorschriften auch beschränkender Natur.

Die Errichtung, die Herstellung und die Verwendung technischer Anlagen und Geräte wird von der Einhaltung von Anforderungen, die in Rechtsnormen enthalten sind, abhängig gemacht. Mit diesen Regelungen soll verhindert werden, dass von den technischen Gegenständen besondere Gefahren für die Allgemeinheit und für den Einzelnen ausgehen.[39]

Ein Beispiel ist der Arzneimittel-Bereich. Hier ist die rechtliche Normierung durch gesetzliche Vorgaben von langer Tradition und sehr streng. Eine pharmazeutische Erfindung muss eine umfangreiche Reihe vorgegebener Test- und Zulassungsbedingungen erfüllen. Durch die Contergan-Katastrophe in den 60er Jahren sind diese Vorschriften noch verschärft und ausgeweitet worden. So liegen zwischen der Erfindung eines Medikaments und seiner Zulassung auf den Markt oft zehn und mehr Jahre.

Eine besondere Position im Komplex Recht und Erfindungen nimmt das Patentrecht ein. Rechtlich ist die Form, technisch der Inhalt und wirtschaftlich die Wirkung. So ergibt sich ein Zusammenspiel dreier grundlegender Subsysteme. Unter einem Patent versteht man das vom Staat verliehene Schutzrecht für eine technische

38 Greif, S., Der Beitrag der Wissenschaft zur Produktion technischen Wissens, a. a. O., S. 545f.

39 Vgl. Lukes, R., Technik und Recht. – In: Interdisziplinäre Technikforschung. Hrsg. v. Günter Ropohl, a. a. O., S. 185ff.

Erfindung, welches dem Patentinhaber für maximal 20 Jahre die ausschließliche wirtschaftliche Nutzung der Erfindung vorbehält. Der Zugang zum Patentschutz ist an die Erfüllung bestimmter Kriterien geknüpft. Es sind dies: Neuheit, Erfindungshöhe und gewerbliche Anwendbarkeit.

Die entscheidende Begründung zur Rechtfertigung eines Patentsystems sind in der Schutzfunktion und in der Informationsfunktion zu sehen.[40] Die Schutzfunktion besteht darin, dass die Aussicht auf Patentschutz die Erfindungs- und Innovationstätigkeit und die damit verbundene Forschung und Entwicklung anregen soll. Die Informationsfunktion beruht auf der Offenbarungs- oder Vertragstheorie. Sie geht davon aus, dass zwischen dem Erfinder und der Allgemeinheit ein Austauschvertrag abgeschlossen wird, aufgrund dessen der Erfinder seinen Besitz an geheimem Wissen aufgibt um dafür einen Ausschließlichkeitsschutz für die Verwertung dieses Wissens einzutauschen. Eine weitere wichtige Funktion des Patentwesens ist die: Durch die Anmeldung zum Patent wird eine Erfindung zum handelbaren und transferierbaren Gut.

Ausschließlichkeitsrechte für Erfindungen haben eine lange Tradition. Aus dem Altertum ist bekannt, dass in der (in Süditalien gelegenen) griechischen Stadt Sybaris - etwa um 600 v. Chr. - dem Erfinder einer neuen Suppe für ein Jahr das alleinige Nutzungsrecht daran zugesprochen wurde.[41]

Im Mittelalter waren solche Privilegien in ganz Europa verbreitet. Ihre Verleihung lag regelmäßig in der Gnade von Landesfürsten oder entsprechenden Machtinstitutionen. Auf das frühe Privilegienwesen geht auch der Begriff des Patents zurück. Litterae patentes - offener Brief ist die öffentliche Urkunde, die das ausschließliche Nutzungsrecht begründet.

Das moderne Patentwesen sieht seinen Ursprung im Patentgesetz der Republik Venedig von 1474, also mit Beginn der Neuzeit.[42] Hier wurde zum ersten Mal der Rechtsanspruch auf ein Patent begründet. Entsprechende Patentgesetze folgten im Laufe der Zeit in England (1624), den USA (1790) und Frankreich (1791). Im 19. Jahrhundert wurden in einzelnen deutschen Ländern Patentgesetze eingeführt, zum Beispiel in Preußen 1815, in Bayern 1825. Ein einheitliches deutsches Patentrecht gibt es seit 1877 mit der Errichtung des Kaiserlichen Patentamts in Berlin. Soweit der kleine Exkurs ins Patentrecht.

40 Zu den Grundlagen des Patentwesens siehe: Troller, A., Immaterialgüterrecht. Basel-Stuttgart: Helbing & Lichtenhahn 1959; Machlup, F., Die wirtschaftlichen Grundlagen des Patentrechts. Weinheim/B.: Verlag Chemie 1962: Kaufer, E., Patente, Wettbewerb und technischer Fortschritt. Bad Homburg: Athenäum Verlag 1970; Greif, S., Die Informationsfunktion von Patenten. Göttingen: Verlag Otto Schwartz 1982; Bernhardt, W. / Kraßer, R., a. a. O..

41 Siehe: Troller, A., a. a. O., S. 9 und die dort angegebenen Quellen.

42 Zur Geschichte des Patentwesens siehe: von Kleinschrod, C., a. a. O.; Kohler, J., a. a. O.; Damme, F., Der Schutz technischer Erfindungen als Erscheinungsform moderner Volkswirtschaft. Berlin: Verlag Otto Liebmann 1910; Machlup, F., a. a. O.; Kurz, P., Weltgeschichte des Erfindungsschutzes. Köln-Berlin-Bonn-München: Carl Heymanns Verlag 2000.

Insgesamt ergibt sich ein gegenseitiger Wirkungszusammenhang zwischen Recht und Erfindungen: Erfindungen provozieren Rechtsvorschriften; Rechtsvorschriften beeinflussen die Erfindungstätigkeit.[43]

1.12. *Gesellschaft*

Erfindungen können Einflüsse auf gesellschaftliche Strukturen und Entwicklungen haben. So haben die Erfindungen, welche die industrielle Revolution im späten 18. Jahrhundert ausgelöst und im 19. Jahrhundert getragen haben, die Welt verändert. Es entstand eine neue Gesellschaftsschicht, die Arbeiterklasse, und im Gefolge davon politische Gruppierungen. Es kam zu Revolutionen und Kriegen, die im 20. Jahrhundert die ganze Welt gespalten haben, in ein kapitalistisches und in ein kommunistisches Lager. Das wirkt bis zum heutigen Tag nach, im weltweiten Maßstab, wie auch im inneren Gefüge einzelner Länder. So spiegeln sich zum Beispiel in demokratischen Ländern in den politischen Parteien und in anderen gesellschaftlichen Organisationen die gewachsenen Interessengruppierungen und -gegensätze wider. So gibt es beispielsweise Parteien, die sich ausdrücklich als Arbeiterparteien verstehen und es gibt beständige Konflikte zwischen Gewerkschaften und Wirtschaftsverbänden. Verkürzt lässt sich resümieren, dass dies alles Folgen aus der Erfindung der Dampfmaschine sind.

Der durch Erfindungen ausgelöste technische Fortschritt hat die Arbeitswelt neu gestaltet. Nicht nur bei den Arbeitsmitteln, von Papier und Bleistift zum Computer, sondern vor allem durch Rationalisierungsmaßnahmen in der Wirtschaft Insgesamt ist aus einer Arbeitsgesellschaft eine Freizeitgesellschaft geworden. Hierzu möchte ich zwei bedeutende Erfinder und Unternehmer nennen: Robert Bosch in Deutschland und Henry Ford in Amerika mit ihren erfolgreichen Erfindungen im Automobilbereich. Sie haben den Acht-Stunden-Arbeitstag eingeführt, und damit entscheidende Impulse für die weitere Entwicklung ausgelöst.[44]

Gleichzeitig haben Erfindungen den allgemeinen Lebensstandard erhöht. Dazu Henry Ford: „Ich werde ein Motorfahrzeug für die breite Masse bauen. Ich werde das Automobil demokratisieren."[45] So wie das Auto sind viele andere Dinge vom Luxusgut zum Gebrauchsgut geworden, wie zum Beispiel Telephon, Fernsehen, Computer und viele technische Geräte, die den Alltag erleichtern. Hierzu gehören auch die gewonnenen Möglichkeiten der Mobilität von Menschen, Sachen und Informationen.

Ein anderer Aspekt im Komplex Gesellschaft und Erfindungen ist in der Veränderung der Altersstruktur der Bevölkerung zu sehen. Erfindungen im Gesundheitsbereich einerseits sowie die Erfindung der Antibaby-Pille andererseits sind mitbestim-

43 Siehe dazu: Schmidtchen, D. / Leder, M., Die Produktion von Recht. – In: Journal of Institutional and Theoretical Economics (Tübingen). 146(1990)4, S. 749 – 757.

44 Heuss, T., Robert Bosch – Leben und Leistung. München: Wilhelm Heyne Verlag 1975. S. 115f.; Henry Ford. – In: Die Großen der Moderne. Hrsg. v. O. Serges, o. V., Sonderausgabe 2001, S. 160f.

45 Serges, O. a. a. O., S. 161.

mend für einen demographischen Wandel in unserer Gesellschaft, der auch in die Zukunft projiziert werden kann. Dazu ein Blick auf die durchschnittliche Lebenserwartung in Deutschland. Sie liegt im Jahre 2004 bei 85 Jahren; im Jahre 1871 waren es lediglich 41 Jahre.[46] Die Prognosen sagen einen weiteren kontinuierlichen Anstieg der Lebenserwartung voraus; sie soll im Jahre 2050 bei 90 Jahren liegen.[47]

So bedeutsam Erfindungen auch sein mögen, es wird ihnen und ihren Erzeugern vielfach die gesellschaftliche Anerkennung versagt. Landläufig und leichtfertig werden Erfinder oft nur als Spinner bezeichnet. Angesichts früherer Verhältnisse erscheint das noch passabel. Im Mittelalter wurden Erfinder gelegentlich auch als Zauberer eingestuft, die mit dunklen Mächten im Bunde standen, und das konnte das Leben kosten.[48]

In der Welt der Intellektuellen besteht ein Spannungsverhältnis zwischen Technik und Geisteswissenschaften, wobei der Technik ein minderer Stellenwert eingeräumt wird. Diese Einschätzung lässt sich von der Antike bis in die heutige Zeit verfolgen.[49] In der Welt des täglichen Lebens sind Technik und Geisteswissenschaften dann jedoch vereinigt und zwar auf niederem Niveau. Gegenüber dem gesellschaftlichen Stellenwert, den Stars der Unterhaltungsbranche und der Fußballwelt genießen, ist alles andere nachrangig.

1.13. *Kultur*

Kultur ist ein weiter und vielschichtiger Begriff. Definitionen bieten z.B. Lexika-Artikel an:[50] Danach ist Kultur ein geistig-sozialer Entwicklungsstand sowie die Gesamtheit der Errungenschaften auf geistiger, künstlerischer und humanitärer Ebene. Dazu gehört die Gestaltung der menschlichen Lebenswelt durch Sprache, Handwerk, Kunst und gesellschaftliche Einrichtungen. Zur Kultur gehören Religion, Ethik und Recht ebenso wie Wissenschaft und Technik, Bildung, Kunst, Musik und Philosophie.

Die Bedeutung von Erfindungen in diesem Komplex ist zum einen genereller Natur, in dem sie zum wirtschaftlichen Wohlstand einer Gesellschaft beitragen, welcher

46 Quelle: Statistisches Bundesamt, Wiesbaden 2006.

47 Vaupel, J., Deutschlands größte Herausforderung. – In: Frankfurter Allgemeine Zeitung (Frankfurt/Main). (2004)84, S. 41.

48 Vgl. Fischer, L., Werner Siemens und der Schutz der Erfindungen. Berlin: Verlag Julius Springer 1922.

49 Vgl. dazu beispielsweise: Schneider, H., Die Gaben des Prometheus. Technik im antiken Mittelmeerraum. – In: Propyläen Technikgeschichte, Bd. 1. Hrsg. v. Wolfgang König. Berlin: Propyläen Verlag 1997. S. 54; Spengler, O., Der Mensch und die Technik, a. a. O., S. 2f.; Mittelstraß, J., Das Wissen, der Markt und das Elfenbein – Vom schwierigen Verhältnis zwischen Geist und technischer Kultur. – In: Wirtschaft & Wissenschaft (Essen). 13(2005)1, S. 40 – 49.

50 Harenberg, B. (Hrsg.), Kultur. – In: Harenberg-Kompaktlexikon, Bd. 2. Dortmund: Harenberg Lexikon Verlag 1996. S. 1699; Pfeifer, W. et al., Kultur. – In: Etymologisches Wörterbuch, a. a. O., S. 743.

erst die materielle Basis für die Kultur bildet. In erster Linie ist hier der Staat Sachwalter, auf allen Ebenen der öffentlichen Verwaltung.

Eine größere Nähe zwischen finanzierendem Sektor und agierender Kulturwelt findet sich im Zusammenhang mit der Wirtschaft. Neben den großen Industriestiftungen besteht eine Vielzahl weiterer – im Stifterverband für die Deutsche Wissenschaft organisierten – fördernder Unternehmen und Einzelpersonen.[51] Eine spezielle Einrichtung ist der Kulturkreis der deutschen Wirtschaft. Er wurde 1951 gegründet, umfasst etwa 400 Mitglieder und unterhält Förderprogramme in Architektur, Bildender Kunst, Literatur und Musik.[52] Auffallend ist, dass die Auflistung der einzelnen Unternehmen, die sich in diesem Rahmen kulturfördernd engagieren,[53] praktisch alle größeren deutschen Patentanmelder umfasst.[54] Der Zusammenhang zwischen der Innovationskraft mit den daraus resultierenden Erträgnissen eines Unternehmens und seinen Intentionen und Möglichkeiten bezüglich eines kulturellen Engagements ist kausal-plausibel.

Unmittelbare Zusammenhänge zwischen Kultur und Erfindungen werden bei einzelnen Segmenten erkennbar. Im Bereich der Ästhetik mit Musik, Theater und Kunst sind dies beispielsweise die fortgeschrittenen technischen Möglichkeiten zur Aufnahme, Übertragung und Wiedergabe von Bild und Ton. Auch Entwicklungen in der Lichttechnik kann man hier nennen, zum Beispiel Laser- und Holographie-Effekte, die in der Bühnentechnik Verwendung finden oder als eigenständige Kunstwerke in Erscheinung treten können. Im Bereich der Wissenschaften möchte ich beispielhaft auf das Bibliothekswesen verweisen, mit Neuerungen bei der Buchproduktion, dem elektronischen Publizieren und schließlich der digitalen Bibliothek.[55] So erweisen sich Erfindungen in vielfältiger Weise als Einflussgrößen des Kulturgeschehens.

1.14. *Religion*

Die Religion kann die Erfindungstätigkeit in Umfang und Richtung wesentlich beeinflussen. Dazu zwei Beispiele:

Der Islam hat in seiner Geschichte zwei gegenläufige Entwicklungen zu verzeichnen. Die frühen Muslime studierten die Werke der griechischen Wissenschaftler so-

51 Siehe dazu: Niemeyer, H., Stiftung und gemeinschaftsgestaltende Leistung. – In: Wirtschaft & Wissenschaft (Essen). 13(2005)3, S. 38 – 43.

52 Beise, M., Kulturkreis der deutschen Wirtschaft. – In: Süddeutsche Zeitung (München). 62(2006)99, S. 27.

53 Beise, M., Kultur und Wirtschaft. – In: Süddeutsche Zeitung (München). 62(2006)126, S.22f.

54 Siehe dazu: Deutsches Patent- und Markenamt, laufende Jahresberichte und Publikationsreihen. München.

55 Siehe dazu: Wissenschaft und Digitale Bibliothek: Wissenschaftsforschung Jahrbuch 1998. Hrsg. v. Klaus Fuchs-Kittowski, Hubert Laitko, Heinrich Parthey u. Walther Umstätter. Berlin: Gesellschaft für Wissenschaftsforschung 2000.

wie die Werke der Perser, Inder und Chinesen. Das Ergebnis war, dass Naturwissenschaften und Mathematik eine Blütezeit erlebten. Im Gefolge der wissenschaftlichen Entwicklung wurde auch das Erfindungswesen befruchtet, z.B. in der Baukunst mit neuen Konstruktionen und Baustoffen. Auch in den Bereichen Chemie und Optik sind Neuerungen entstanden.[56] Im 15. Jahrhundert erstarkte eine wissenschaftsfeindliche Strömung. Die Islam-Gelehrten entfernten sich von Naturwissenschaften und Technik. Sie begannen, sich nur noch mit der Religion zu befassen, insbesondere mit dem islamischen Recht Durch die enge Bindung der Bevölkerung an die Religion, verstärkt durch die Tatsache, dass der Islam in vielen Ländern Staatsreligion ist, gilt diese Situation bis zum heutigen Tage.

Das findet naturgemäß auch einen Niederschlag in der Erfindungstätigkeit. In der islamischen Welt – das sind 14 Länder, die durchweg über ein Patentsystem verfügen – werden pro Jahr in der Summe rund 1500 Erfindungen zum Patent angemeldet.[57] Das ist etwa die Hälfte dessen, was allein die Firma Robert Bosch in Deutschland an Erfindungen produziert.[58]

Das christliche Abendland hat eine andere Entwicklung genommen. Das frühe Christentum räumte der handwerklichen Technik einen relativ hohen Stellenwert ein und setzte sich damit deutlich von der Antike ab.[59] Die Reformation hat neue Impulse ausgelöst und eine Entfaltung von Wissenschaft und Technik bewirkt. Ein wesentlicher Beitrag ist die Lehre von Johann Calvin, wonach geschäftlicher Erfolg die Gnade Gottes widerspiegelt. Max Weber hat die protestantische Ethik als Schlüssel für den Aufstieg des europäischen Kapitalismus identifiziert.[60] Seit Beginn der Aufklärung im 18. Jahrhundert ist die Bedeutung der christlichen Religion als Einflussgröße für wissenschaftliches und wirtschaftliches Handeln laufend zurückgegangen. Für das heutige Wirtschafts- und Erfindungsgeschehen ist sie praktisch ohne Belang.

56 Siehe dazu: Mahathir bin Mohamad, Der Islam isoliert sich selbst. – In: Süddeutsche Zeitung (München). 61(2005)269, S. 2; Hägermann, D., Technik im frühen Mittelalter. – In: Propyläen Technikgeschichte, Bd. 1, a. a. O., S. 316 – 505; Kulischer, J., Allgemeine Wirtschaftsgeschichte des Mittelalters und der Neuzeit, Bd. 1. Berlin: Rütten & Loening 1954; Stein, W., Kulturfahrplan. Berlin: F. A. erbig Verlag 1954.

57 World Intellectual Property Organization. WIPO, Industrial Property Statistics. Genf: laufende Jahrgänge.

58 Deutsches Patent- und Markenamt, Jahresbericht. München: laufende Jahrgänge

59 Siehe dazu: Klemm, F., Geschichte der Technik. Reinbek bei Hamburg: Rowohlt Verlag 1983; Hägermann, D., a. a. O.; Stein, W., a. a. O.

60 Zu Max Webers Werk siehe den Übersichtsartikel: Brockhaus, F. (Hrsg.), Weber, Max. – In: Brockhaus Enzyklopädie, Bd. 20, a. a. O., S. 86f.

2. *Historische Entwicklung*

2.1. *Entwicklungslinien*

Erfindungen und darauf basierende Technik sind so alt wie die Menschheit. Zur Bestimmung des Alters der Menschheit gibt es verschiedene Ansätze. Bis ins 18. Jahrhundert orientierte man sich vornehmlich an Angaben aus der Bibel; auch die Gelehrten. So erklärte der Vizekanzler der Universität Cambridge (Dr. Lightfoot) um die Mitte des 18. Jahrhunderts: Der Mensch wurde von Gott geschaffen. Dies geschah am 23. Oktober 4004 vor Christi Geburt, um 9 Uhr morgens.[61]

Jüngere Forschung setzt bei der Erfindung an und macht den Menschen daran fest. Der Anfang der Entwicklungslinie, die zum heutigen Menschen führt, wird dem homo habilis zugeschrieben, der vor zweieinhalb Millionen Jahren in Erscheinung trat.[62] Diese Datierung gilt auch für die ältesten gesicherten Werkzeug-Funde (Knochen und Stein). Von dieser Null-Linie ausgehend, wurde eine Entwicklung in Gang gesetzt. Es ist die Geschichte der Menschheit, die Geschichte der Gesellschaft und ihrer Subsysteme, insbesondere auch die Geschichte der Entwicklung von Wissenschaft und Technik.

Die Evolution kann in Gestalt eines Baumes illustriert werden, der sich im Ablauf der Geschichte immer weiter entwickelt hat.[63] Erfindungen und Innovationen fächern den Evolutionsbaum auf, indem neue Produktionsmöglichkeiten und Betätigungsarten abzweigen. So ist es zugleich der Prozess zunehmender Arbeitsteilung und Spezialisierung sowie zunehmenden Informationsgehalts in Wirtschaft und Gesellschaft. Der Evolutionsbaum zeigt Gabelungen und hervorsprießende Zweige. Eine Gabelung steht für eine Basisinnovation, für die Eröffnung eines neuen Weges, einer neuen Arbeitsweise oder Technologie und schließlich neuer Gewerbe- und Industriezweige. Die Weiterentwicklung auf den bestehenden Gebieten, die durch Basisinnovationen etabliert worden sind, sind Verbesserungsinnovationen. Sie bewirken das Längenwachstum der Zweige am Evolutionsbaum. Es gibt auch Zweige, die im Leeren enden. Hier sind bestimmte Technologien bzw. Gewerbezweige ausgestorben: Möglicherweise im Zuge eines Strukturwandels zugunsten einer besseren Technik. Möglicherweise aber auch durch fehlenden Technologietransfer oder fehlendes Interesse einfach in Vergessenheit geraten. Das gilt zum Beispiel für Beton.[64] Er war bereits in der römischen Antike bekannt und in Anwendung. Im Mittelalter geriet er in Vergessenheit. Um 1800 wurde er wieder erfunden; seit etwa 1850 ist er in der allgemeinen Verwendung. Ein anderes Beispiel ist der Blitzableiter.[65] Auch er

61 Siehe: Löther, R., Der Entwicklungsgedanke in der Geschichte der Naturerkenntnis. – In: Quo vadis, Universum? Hrsg. v. Herrmann Ley, Herbert Hörz u. Rolf Löther. Berlin: Dietz-Verlag 1965. S. 51 und die dort angegebene Quelle.

62 Vgl. Brockhaus, F. (Hrsg.), Homo habilis. – In: Brockhaus PC Bibliothek, a. a. O..

63 Vgl. Mensch, G., Das technologische Patt. Frankfurt/Main: Umschau-Verlag 1975. S. 50ff.

64 Vgl. Gööck, R., Erfindungen der Menschheit. Blaufelden: Sigloch Edition o. J. S. 324ff.

Abbildung 2: *Evolutionsbaum.*

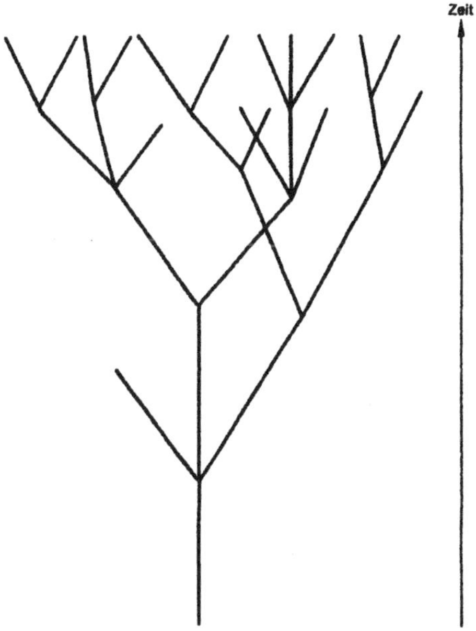

war bereits in der Antike bekannt und geriet in Vergessenheit. Erst im 18. Jahrhundert wurde er – aus einem Zweig der Beschäftigung mit der Elektrizität heraus – wieder erfunden, von Benjamin Franklin 1752.

2.2. *Altertum*

Nochmals zum Ausgangspunkt. Zu der einfachen Werkzeugherstellung des Urmenschen kam der Gebrauch des Feuers hinzu. Bekanntermaßen hat Prometheus den Menschen das Feuer gebracht. Dazu gibt es einen zeitlichen Hinweis: Die früheste gesicherte Feuerstelle ist rund 700.000 Jahre alt.[66] Ein Entwicklungssprung – etwa um 8.000 v. Chr. – war der Übergang von Jagen und Sammeln zum Ackerbau. Im folgenden erfand und entwickelte der Mensch Methoden des Ackerbaus und der Viehzucht mit dazu gehörenden Gerätschaften sowie Verfahren zur Herstellung von Textilien, Töpfereien und Metallen.[67]

65 Vgl. Neuburger, A., Erfinder und Erfindungen. Berlin-Wien: Ullstein 1913. S. 94ff.

66 Vgl. Gööck, R., a. a. O., S. 34,339; Schneider, H., a. a. O.; Brockhaus, F.(Hrsg.), Altsteinzeit. – In: Brockhaus PC Bibliothek, a. a. O..

In Mesopotamien und Ägypten gehört der Umgang mit dem Wasser zu den frühen erfinderischen Leistungen. Die Deich-, Kanal- und Bewässerungsbauten an Euphrat, Tigris und Nil gehen bis in das 6. Jahrtausend v. Chr. zurück. Zu den technischen Hochleistungen gehören auch die Pyramiden- und Tempelbauten. Diese gewaltigen Aufgaben wurden durch eine absolute Staatsmacht, die zugleich die religiöse Macht war, ermöglicht und getragen. Ihr standen Massenheere arbeitender Menschen zur Verfügung. Weitere wichtige Erfindungen aus diesem Kulturkreis sind unter anderem: Rad und Radwagen, Segelschiff, Glas, Papyrus, Gerberei, Wage. Entscheidende Impulse hierzu dürften der – um 3000 v. Chr. beginnenden – Entwicklung der Städtekultur in Mesopotamien und Ägypten zuzuschreiben sein.

In der griechischen Antike liegt die große kulturelle Leistung in der Entwicklung eines wissenschaftlichen Bewusstseins, mit der Betrachtung der Welt als einer dem Menschenverstand zugänglichen Ordnung und mit der Bildung von Theorien. Der Schritt von der Theorie zur praktischen Anwendung wurde kaum getan. Der freie Mann widmete sich dem Staate, der reinen Wissenschaft und der Literatur. Technisches Schaffen war im wesentlichen Aufgabe der Sklaven. So war erfinderische Tätigkeit insgesamt mehr auf Ästhetisches als auf Praktisches ausgerichtet. Die Bereiche von Keramik, Plastik und Architektur gewannen hohen künstlerischen Rang. Eine Ausnahme bildet die Militärtechnik. Hier entwickelte sich ein praxisorientierter Erfindungsreichtum; insbesondere zu nennen sind Schiffbau, Geschütze und Techniken zur Verteidigung und Erstürmung von Festungen.[68]

Die Römer entwickelten - im Gegensatz zu den Griechen - einen starken Sinn für das Praktische. Organisatorisch von einer ausgedehnten Staatstechnik, mit der Verfügung über Heere arbeitender Menschen, getragen, erzielte das römische erfinderische und realisierende Schaffen Großleistungen im Straßen-, Brücken-, Aquädukten-, Kriegsmaschinen-, Hoch- und Bergbau.

Mit dem ausgehenden Altertum kam der technische Fortschritt für einige 100 Jahre fast zum Stillstand.

2.3. *Mittelalter*

Eine Markierung zur Wende zwischen dem Altertum und dem Mittelalter ist das Jahr 529, als Justinian die platonische Akademie in Athen schloss, und als der heilige Benedikt das Kloster Monte Cassino gründete.[69] In den benediktinischen Mönchs-

67 Die Ausführungen zur historischen Entwicklung orientieren sich wesentlich an: Klemm, F., a. a. O.; König, W., a. a. O.; Gööck, R., a. a. O.; Brockhaus, F. (Hrsg.), Technik. Geschichte. – In: Brockhaus Enzyklopädie, Bd. 18, a. a. O., S. 520 – 522. Daneben werden im einzelnen weitere Quellen herangezogen.

68 Eine bemerkenswerte Bereicherung der Militärtechnik gelang Archimedes, dem im 3. Jahrhundert v. Chr. lebenden großen Mathematiker und Erfinder: Bei der Belagerung von Syrakus durch die feindlichen Römer setzte er deren Flotte mit großen Hohlspiegeln in Brand (Avi Yonah, M. / Shatzmann, J., Enzyklopädie des Altertums. Zürich: Edition Atlantis o. J. S. 63).

regeln ist eine Keimzelle des kulturellen und technischen Wandels zu sehen. Das „ora et labora – bete und arbeite“ steht für ein radikal neues kosmologisches Verständnis. Der Mensch ist frei und dazu aufgerufen, durch seiner Hände Arbeit an der Schöpfung Gottes mitzuwirken.

Aus der klösterlichen Welt stammt auch die Erweiterung der überlieferten Dreiteilung der Wissenschaft durch Hugo von St. Victor in der ersten Hälfte des 12. Jahrhunderts.[70] Er setzt neben die herkömmlichen Wissenschaften der Theorik (Physik, Mathematik, Metaphysik), der Praktik (Ethik, Ökonomik, Politik) und der Logik (Grammatik, Rhetorik, Dialektik) eine vierte Wissenschaft, die Mechanik (die mechanischen Künste). Diese neue Sichtweise fand allgemeine Akzeptanz und zeigt von der höheren Bewertung des handwerklichen und technischen Schaffens in jener Zeit und schuf den Nährboden für erfinderische Aktivitäten.

So gelang es dem christlichen Mittelalter, eine Zivilisation aufzubauen, die nicht mehr wie die Antike auf den Schultern von Sklaven ruhte, sondern sich mehr und mehr nicht-menschlicher Kräfte bediente. Hierzu zählen Arbeitsgeschirre und -gerätschaften für den Einsatz von Pferden und Ochsen sowie Techniken zur Nutzung von Wind und Wasser als Mühlenantriebe.

Im Laufe der Zeit ging die Bedeutung der Klöster als Stätten erfinderischen Schaffens zurück. Mit dem Aufblühen der Städte entwickelte sich eine städtische Handwerkskultur. Gleichzeitig erwuchs jedoch ein Hemmnis durch die Zünfte und Gilden. Sie sahen sich als Hüter einer statischen Ordnung, in der Neuerungen eine Gefahr darstellten. So heißt es zum Beispiel in der Thorner Zunfturkunde von 1523: Kein Handwerksmann soll etwas Neues erdenken, erfinden oder gebrauchen.[71] Bemerkenswert ist, dass der Beginn der industriellen Revolution mit der Auflösung der Zünfte, d.h. mit der Einführung der Gewerbefreiheit zusammenfällt.

Insgesamt jedoch überwogen die fortschrittsorientierten Kräfte die hemmenden. So brachte das Mittelalter neben den bereits genannten, eine Reihe weiterer bedeutender Erfindungen hervor. Beispielsweise wurden beim Bau von Segelschiffen wesentliche Fortschritte erzielt, ebenso im Bereich der Landwirtschaft durch die Einführung der Drei-Felder-Wirtschaft. Erfunden und entwickelt wurden Spinnrad und Trittwebstuhl, Drehbank mit Wippe und die Gewichtsräderuhr. Die gotische Bauhütte vollbrachte im Sakralbau hohe Leistungen. Im 14. Jahrhundert wurde der Hochofen und das Schießpulvergeschütz erfunden. Dies und die Erfindung des Buchdrucks (Mitte des 15. Jahrhunderts) beeinflussten in der Folgezeit das gesamte Wirtschafts- und Geistesleben nachhaltig.

69 Vgl. Kaufer, E., Technischer Wandel, a. a. O., S. 3.

70 Vgl. Klemm, F., a. a. O., S. 47f.

71 Kunz, P., a. a. O., S. 25f.

2.4. *Neuzeit*

Die Neuzeit begann mit einer Rückbesinnung auf die alte Zeit. Die Renaissance (16. Jahrhundert) suchte die herkömmlichen technischen Verfahren wissenschaftlich zu begründen und knüpfte dabei an der Kultur und der Wissenschaft der Antike an. Das neue wissenschaftlich-technische Denken schuf auch die Voraussetzung dafür, technische Fragen durch das Experiment zu klären und gezielte experimentelle Forschung zu betreiben. Das technische Schaffen zielte zunehmend auch auf großtechnische Bereiche. In der Textil-, Berg- und Hüttentechnik entstanden Großbetriebe.

Das 17. Jahrhundert, das des Barock, brachte die neue messende Physik (Galileo Galilei) und Fortschritte in der experimentellen Forschung. Daraus erwuchs eine Reihe wissenschaftlicher Instrumente und Apparate, wie beispielsweise Mikroskop, Fernrohr, Barometer, Thermometer, Rechenmaschine, Luftpumpe und Pendeluhr. Daneben entstanden auch großtechnische Erfindungen. Zu nennen ist hier die erste atmosphärische Dampfmaschine von D. Papin zur Entwässerung von Bergwerken. Experimentelle Arbeit und technisches Schaffen erhielten besondere Impulse in Ländern mit reformierten Kirchen und Sekten.

Das 18. Jahrhundert ist die Epoche des Rationalismus und der Aufklärung. die religiösen Bindungen lockerten sich weiter, die Bedeutung des Metaphysischen trat in den Hintergrund. Stattdessen wurde die Verstandeskräfte betont. Die Verbindung von Erfahrung und Verstand eröffnete Naturwissenschaften und Technik einen neuen Zeitabschnitt. Eine systematische, auf wissenschaftlichen Erkenntnissen bauende, rationale Technik begann damit ihren Weg. James Watt entwickelte eine Dampfmaschine, die eine starke Steigerung der Kohlen- und Erzförderung und den Aufschwung der Textilindustrie ermöglichte. Neuerungen in der Hochofentechnik und die Erfindung des Gussstahls machten die großtechnische Verwendung des Eisens möglich. Die Verfügbarkeit über Eisen und Energie führte zu neuen Arbeitsmaschinen. Die industrielle Revolution war geboren und auf den Weg gebracht.

Das 19. Jahrhundert war die Epoche der raschen Industrialisierung. Träger der Technisierung war das von dem Gedanken des Liberalismus erfüllte Bürgertum in der Ausprägung des freien Unternehmers. Mit der Industrialisierung schwand die alte Gewerbeordnung. Der Stand der Industriearbeiter bildete sich heraus; eine soziale Bewegung entstand. Die Dampfmaschine erfuhr eine umfassende Ausbreitung mit weitreichenden Auswirkungen auf das Verkehrswesen (Eisenbahn, Dampfschiff) und Arbeitsmaschinen aller Art. Im späten 19. Jahrhundert kamen die Verbrennungsmotoren mit zunehmender Anwendungsbreite auf. Daneben entwickelten sich - auch von einer steigenden Anwendung der Wissenschaften auf die Technik getragen - die Elektrotechnik und die Chemie in wenigen Jahrzehnten zu umfassenden Industrien mit großer Erfindungs- und Innovationskraft. Begleitet und gefördert wurde diese Entwicklung durch die immer zahlreicher entstehenden technischen Schulen und Hochschulen.

Im 20. Jahrhundert spezialisierte sich die Technik - im Gleichschritt mit einer zunehmenden Erfindungstätigkeit - immer stärker. Die Massenfabrikation zusammengesetzter Gegenstände, verbunden mit der Austauschbarkeit der einzelnen Teile sowie die Einführung des Fließbandsystems brachten erhebliche Produktionsfortschritte mit weitreichenden Wirkungen. In der Fabrik des bereits erwähnten Henry Ford ergaben sich beispielsweise gleichzeitig nebeneinander: Arbeitszeitverkürzung, Lohnsteigerung, Einstellung von Arbeitskräften, Verbilligung des Produkts Automobil. Durch das Automobil und das Flugzeug hat die Mobilität ganz neue Dimensionen erfahren. Mit der Entwicklung der Hochfrequenztechnik (Funktechnik, Rundfunk, Fernsehen, Radar) wurde der Weg zur elektronischen Technik (Elektronenröhre, Halbleiter) eröffnet, mit gewaltigen und andauernden Fortschritten in den Bereichen der Nachrichten- und Computertechnik. Daneben war der Ausbau der chemischen Großsynthesen wichtig (Ammoniak, Kohlenwasserstoffe, Kunststoffe, Chemiefasern). Die Raketentechnik und die Kernenergietechnik, deren eigentliche Entwicklung im zweiten Weltkrieg begann, führten zur Weltraumfahrt und zu neuen Energiequellen.

Induzierender und indizierender Begleiter des naturwissenschaftlich-technischen Geschehens sind die Erfindungen. Deren quantitative Dimension stellt sich zum Ende des Jahrhunderts - in der Momentaufnahme eines Jahresergebnisses - folgendermaßen dar: Im Jahre 2000 wurden weltweit rund 830.000 Erfindungen zum Patent angemeldet.[72] Hierbei handelt es sich um Erstanmeldungen im Herkunftsland des Erfinders. Von diesen 830.000 Patentanmeldungen stammen 380.000 aus Japan und 180.000 aus den USA, an dritter Stelle steht Deutschland mit rund 50.000 Erfindungen im Jahr.[73] Die Tendenz ist weltweit leicht steigend, ebenso in Japan und USA. In Deutschland ist das Niveau etwa gleichbleibend.

Insgesamt sind Wissenschaft und Technik im Laufe der Entwicklung immer näher zusammengerückt und bewegen sich auch weiterhin in gegenseitiger Nähe. Aus wissenschaftlichen Erkenntnissen anwendbare Erfindungen zu machen, ist die Forderung der Politik und das Bestreben der Wirtschaft.

2.5. *Entwicklungszyklen*

Wie bereits erwähnt, ist die historische Entwicklung kein kontinuierlicher Prozess. Der technische Wandel, und das damit einhergehende wirtschaftliche Geschehen, bewegen sich in Schüben und Wellen voran.

72 World Intellectual Property Organization. WIPO, Industrial Property Statistics 2000. Genf: WIPO 2002.

73 Die hohe Zahl für Japan bedarf einer Erläuterung. Sie beruht auf der traditionellen Anmeldepraxis, für jeden Patentanspruch ein eigenes Patent anzumelden, wohingegen eine deutsche Anmeldung üblicherweise mehrere Ansprüche enthält. Das gilt auch für die meisten anderen Länder. Als Erfahrungswert hat sich die Faustregel entwickelt, dass etwa drei japanische Patentanmeldungen einer deutschen entsprechen.

Ein bekannter Vertreter der diskontinuierlichen Sichtweise ist der russische Wirtschaftswissenschaftler Nikolai Kondratiew, der in einer Abhandlung des Jahres 1926 die nach ihm benannten langen Wellen der Konjunktur, mit einem Zyklus von etwa 40 Jahren, beschrieb.[74] Daneben gibt es eine Reihe von Untersuchungen, die sich mit dieser Materie beschäftigen, speziell auch mit der Diskontinuität der Entwicklung von Wissenschaft, Erfindungen und Innovationen. Je nach Ansatz und Untersuchungsgegenstand zeitigen sie naturgemäß unterschiedliche und spezifische Ergebnisse bezüglich Intensität und zeitlicher Abfolge von Entwicklungszyklen.[75]

Stellt man diese Erkenntnisse in einen umfassenden weltgeschichtlichen Rahmen, gelangt man zu einer hochaggregierten Kulturzyklus-Theorie. Einer ihrer bedeutendsten Vertreter ist Oswald Spengler. Er entwickelte eine allgemeine Morphologie der Weltgeschichte, in der er den Formenwandel der als Großorganismen verstandenen Kulturen beschreibt.[76] Ihr Verlauf ist durch das Entwicklungsschema von Blüte, Reife und Verfall bestimmt, dem sie in deterministischem Zwang unterliegen. Eine zentrale Rolle spielt dabei der Kampf ums Dasein, zu dessen Bewältigung der Mensch die Technik entwickelt.

Das Werden und Vergehen von Kulturen ist auch mit räumlichen Verschiebungen verbunden. Spengler unterscheidet acht Kulturkreise:

- Ägypten,
- Babylonien,
- Indien,
- China,
- Griechisch-römische Antike,
- Arabien,
- Mexiko und
- Abendland.

Die abendländische Gegenwart sieht Spengler - analog zur spätrömischen Epoche - bereits jenseits von Blüte und Reife, jedoch nicht in einem katastrophalen Untergang, sondern in einem allmählichen Erlöschen der Schöpferkraft.

74 Vgl. Brockhaus, F. (Hrsg.), Kondratiew. – In: Brockhaus Enzyklopädie, Bd. 10, a. a. O., S. 407; Mensch, G., a. a. O., S. 45ff.

75 Aus dem Kreis der einschlägigen Literatur können hier nur einige Arbeiten beispielhaft genannt werden: Mensch, G., a. a. O.; Heubes, J., Grundzüge der Konjunkturtheorie. München: Verlag Franz Vahlen 1986; Kleinknecht, A., Innovation Patterns in Crisis and Prosperity. London: Macmillan Press 1987; Freeman, C., Technical innovation and long waves in world economic development. – In: Futures. The journal of forecasting and planning. 13(1981)4, S. 238 – 338; Wagner-Döbler, R., Wachstumszyklen technisch-wissenschaftlicher Kreativität. Frankfurt/Main: Campus 1997; Scharnhorst, A., Zum Verhältnis von sprunghafter zu gradueller Entwicklung. – In: Wissenschaft und Innovation: Wissenschaftsforschung Jahrbuch 1999. Hrsg. v. Siegfried Greif u. Manfred Wölfling. Berlin: Gesellschaft für Wissenschaftsforschung 2003. S. 81 – 100.

76 Spengler, O., Der Untergang des Abendlandes. (2 Bände). München: C. H. Beck 1923. (33. Auflage).

Mit dieser großen weltgeschichtlichen Sicht der Dinge schließt sich das Gesamtbild von Erfindungen im Spektrum wirtschaftlicher und gesellschaftlicher Strukturen und Entwicklungen.

KLAUS FISCHER

Innovation als chaotischer Prozess

Unter Innovation soll hier der Akt oder Prozess der Entdeckung, Erfindung oder Konstruktion von bisher Unbekanntem verstanden werden. Die Reaktionen des Umfeldes, also die Diffusion der entsprechenden Information, die Rezeption oder Nichtrezeption, die Durchsetzung oder das Scheitern am Markt, mögliche Widerstände und Transformationen sind in unserer Terminologie nachgelagerte Aspekte des Innovationsprozesses, die man analytisch und sachlich vom Akt der Erfindung oder Entdeckung trennen kann. Koppelt man beides, dann macht man den Terminus „gescheiterte Innovation" zu einem Oxymoron. Es kann nur das rezipiert und wirksam werden, was in einem primären Akt der Erfindung oder Entdeckung als potentielles Agens von Veränderungen in die Welt gekommen ist. Doch unzweifelhaft gibt es wissens- und wissenschaftssoziologisch hochinteressante Fälle, in denen Entdeckungen oder Innovationen unbeachtet geblieben sind oder sich nicht durchsetzen konnten. Dies lenkt den Blick auf zwei strategisch zentrale Phasen und Aspekte des Innovationsprozesses:

1. auf die Art und Weise, wie der Prozess der Entdeckung oder Erfindung abläuft, sowie auf die Bedingungen, unter denen Innovationen und Entdeckungen dieses oder jenes Typs mehr oder weniger häufig geschehen;
2. auf die Determinanten des Rezeptions- und Durchsetzungsprozesses als Voraussetzungen dafür, dass Innovationen oder Entdeckungen in der Welt wirksam werden.

Es ist plausibel anzunehmen, dass zumindest die „Initialzündung" in Phase 1 unabhängig von Phase 2 ist und dass der Prozess der Rezeption nur auf der Grundlage einer bereits vorliegenden Neuerung einsetzen kann.[1] Wir werden sehen, dass es sowohl im einen wie im anderen Bereich chaotische Strukturen gibt.

„Innovation" verwende ich weiterhin als wertneutralen Begriff. Innovationen können bedeutend oder unbedeutend, verwerflich oder moralisch, nützlich oder unnütz und in jedem vorstellbaren Sinn gut oder schlecht sein. Anders gesagt, Innovation ist

1 PR-Luftnummern von Wissenschaftsvermarktern wie die „zerstörungsfreie" (und damit ethisch „korrekte") Klonierung embryonaler Stammzellen lassen wir hier außer acht. Wenn die Adressaten diesen Behauptungen Glauben schenken (schenken müssen?), weil der nichtökonomisierte Teil der Wissenschaft von der gegenwärtigen Wissenschaftspolitik systematisch ausgetrocknet wird, kann die Unterscheidung zwischen echten Innovationen und Scheininnovationen allerdings schwierig werden. Eine nur noch von ökonomischen und PR-Motiven getragene „show-bizz science" wäre dann ein würdiges Analogon zu den Pseudo-Dokumentationssendungen, die als „scripted reality shows" bei einigen Privatsendern seit Jahren mit offenbar großem Erfolg laufen.

unabhängig von konkretem Fall und Kontext weder ein positiv noch ein negativ besetzter Begriff. Die Mini-Atombombe ist ebenso eine Innovation wie das Gehirnimplantat zur Behandlung der Parkinson-Krankheit, das neue Schnittmuster für die nächste Frühjahrscollection eines Modedesigners ebenso wie der Nachweis von Gravitationswellen.

Man sollte vielleicht daran erinnern, dass eine positive Wertschätzung von Neuerungen keineswegs selbstverständlich ist. Im Mittelalter war „Neuerer" eher ein Schimpfwort, das den Vorwurf der Ketzerei beinhaltete, als eine Auszeichnung und in der Renaissance meinte man mit Neuerung vor allem Erneuerung, also eine Rückwendung zu den griechischen Wurzeln oder eine Wiederentdeckung von Verlorengeglaubtem. Das gilt selbst für die religiösen Reformatoren. Noch Kopernikus rechtfertigte seine neue Theorie durch Rückgriff auf antike Autoritäten. Erst bei Francis Bacon im frühen 17. Jahrhundert. wird das Erfinden von noch nie Dagewesenem zu einem Kennzeichen einer zukünftigen Gesellschaft – Bacons *New Atlantis*, eine Staatsutopie, in der wir bereits alle Elemente einer Wissenschaftsgesellschaft finden. Es dauerte aber noch bis ins 18. Jahrhundert., bis die positiven Konnotationen des Begriffs Innovation überwogen. Das erste wirkliche Jahrhundert der Innovation – des „Fortschritts" – war das neunzehnte (im sogenannten Abendland und in den technisch und wissenschaftlich gebildeten Schichten). Von da an fürchtete man nicht mehr die Neuerungssucht, sondern die Stagnation, die zuvor als Problem gar nicht existierte.

Innovationen gibt es in allen Bereichen des Lebens: in Kunst und Kultur, in Sprache und Alltag, in Politik und Ökonomie, in Wissenschaft und Technik. Wenn *wir* hier von Innovation reden, meinen wir zumeist die beiden letzten Bereiche. Dennoch gibt es selbst in dieser Beschränkung eine unerwartete Typenvielfalt von Innovationen und Entdeckungen. Jeder dieser Typen, aber auch jeder Einzelfall innerhalb der Typen, weist Besonderheiten, spezifische Bedingungen und Konstellationen auf, die für das Ergebnis und für seine Nachwirkung wesentlich waren. Versuchen wir zunächst, das Gelände provisorisch abzustecken. Welche Arten und Typen von Innovationen finden wir in den für uns interessanten Bereichen?[2] Versuchen wir eine vorläufige Klassifikationen, eine Phänomenologie des Neuen. Wir beobachten:
Unerwartete neue Phänomene:

- Monde bei anderen Planeten (Jupiter) (Galilei)
- Neue Sterne/Novae
- Elektromagnetischer Effekt (Hans-Christian Oersted)
- X-Strahlen (Wilhelm Conrad Röntgen)
- Radioaktivität (Henri Becquerel)
- Supraleitung (Heike Kamerlingh Onnes)

2 Beispiele für das, was man in der Wirtschaft unter Innovationen versteht, nämlich attraktive und verkaufsfähige Produktneuerungen, findet man in der „Wirtschaftswoche" 4(2005), S. 75ff und 51(2004), S. 60ff.

- Kernspaltung (Otto Hahn, Fritz Straßmann, Lise Meitner, Otto R. Frisch)
- Kosmische Hintergrundstrahlung (Arno Penzias und Robert Wilson)
- Kosmische Rotverschiebung/Hubble-Gesetz (Edwin Hubble)
- Beschleunigte Ausdehnung des Universums (Saul Perlmutter, Brian Schmidt)

Unerwartete neue Substanzen:

- Penicillin (Alexander Fleming, Howard Florey und Ernst Chain)
- Teer-/Anilinfarben
- Synthetische Materialien/Kunststoffe
- Hochtemperatur-Supraleiter (Johannes Georg Bednorz & Karl Alexander Müller)
- Buckminsterfullerene (Harry Kroto, Jim Heath, Sean O'Brien)

Neue Instrumente, die neue Welten erschließen:

- Galileis Teleskop – Hubble – VLT (Cerro Paranal)
- Radioteleskop, Infrarot-Teleskop, Röntgenteleskop, etc.
- Lichtmikroskop – Elektronenmikroskop – Rastertunnelmikroskop – Rasterkraftmikroskop
- Tiefseetauchboote: „Alvin", Black Smokers und eine neue Sicht des Lebens
- Supermikroskope für die Erforschung der Unendlichkeit: Elementarteilchenbeschleuniger

Schlüsselerfindungen der Technik:

- Unterseeboot (Wilhelm Ludwig Bauer)
- Dampfmaschine (Denis Papin, James Watt, Robert Fulton)
- Verbrennungsmotoren (Rudolf Diesel, Nikolaus Otto)
- Fluggeräte (Leonardo da Vinci, Otto Lilienthal, Gustav Weißkopf, Wilbur und Orwell Wright)
- Dynamo
- Telefon (Philipp Reis, nacherfunden von Graham Bell)
- Schreibmaschine (Peter Mitterhofer)
- Transistor (William B. Shockley, John Bardeen, Walter H. Brattain)
- Integrierte Schaltkreise
- Glasfaseroptik

Systeminnovationen:

- Elektrifizierung der Städte (Beleuchtung, Haushaltsgeräte, elektrische Straßenbahn, etc.)
- Eisenbahn
- Automobil und Verkehrsinfrastruktur
- Stahl- und Stahlbetonbau
- Fließbandproduktion
- Vollautomatisierte Fertigung mit Industrierobotern

Hypothetische Konstrukte, die zu (temporären) "Tatsachen" wurden:

- Das Atom als kleines Planetensystem (Ernest Rutherford, Niels Bohr)
- Die Entdeckung des Moleküls des Lebens: Die Doppel-Helix (James D. Watson und Francis Crick, Rosalind Franklin)
- Das "Unbewußte" (Sigmund Freud)
- Extrasolare Planeten
- Die Entdeckung der Schöpfungszeitpunkts: Urknall und kosmische Expansion (Georges H. Lemaitre, Herbert Friedman, Edwin P. Hubble etc.)
- Schwarze Löcher (Albert Einstein, John A. Wheeler, Stephen W. Hawking)
- Das Neutrino (Wolfgang Pauli)

Neue Gedankenwelten, die die Welt auf neue Weise interpretieren:

- Die Welt als Prozeß (Alfred North Whitehead)
- Selbstorganisationstheorie (Ilya Prigogine)
- Chaostheorie (Benoit Mandelbrot, Mitchell Feigenbaum)
- Zelluläre Automaten (Stephen Wolfram)

Theoretische Neuerungen:

- Universelle Gravitation (Johannes Kepler, Isaac Newton)
- Evolutionstheorie (Charles Darwin, Alfred Russell Wallace)
- Periodensystem der Elemente (Lothar Meyer, Dimitri Iwanowitsch Mendeleev)
- Quantentheorie (Max Planck, Niels Bohr, Werner Heisenberg)
- Spezielle und allgemeine Relativitätstheorie (Hendrik A. Lorentz, Henri Poincaré, Albert Einstein)
- Kybernetik (Norbert Wiener)

Mathematische Innovationen und Entdeckungen

- Inkommensurabilität (Hippasos)
- Klassische Geometrie (Euklid, Apollonius)
- Differential- und Integralrechnung (Isaac Newton, Wilhelm Gottfried Leibniz)
- Nichteuklidische Geometrie (Georg F. B. Riemann, Janos Bolyai, Nikolai I. Lobatschewsky)
- Gruppentheorie
- Gödels Unvollständigkeitssatz
- Fermat-Satz
- Poincaré-Vermutung
- String-Theorie

Methodische Innovationen

- Mathematisierung
- Axiomatisierung
- Ökonomieprinzip, („Ockham's razor")
- Kontrolliertes Experiment

- Falsifikationsprinzip
- Statistische Verfahren
- Renormalisierung
- Matrizen
- Operatoren

Jahrtausenderfindungen, die zu Ordnungsfaktoren der Gesellschaft werden:

- Buchdruck (Johannes Gutenberg)
- Rundfunk und Fernsehen (Paul Nipkow, John L. Baird, Wladimir K. Zworykin)
- Computer und Programmiersprachen (Wilhelm Schickard, Blaise Pascal, Wilhelm Gottfried Leibniz, Charles Babbage, Hermann Hollerith, Konrad Zuse, Alan Turing, John P. Eckert und John W. Mauchly)
- Internet und GPS (Tim Berners Lee)
- Biotechnologie

Epochale Entwicklungen:

- Die Erfindung der Philosophie (nur?) bei den Griechen?
- Die wissenschaftliche Revolution des 17. Jahrhunderts
- Die Informations- und Kontrollrevolution im 20. Jahrhundert.

Innovationen, ihre Voraussetzungen und Bedingungen, ihre Rezeption und ihre Folgen, gehören zum Kern der westlichen Kultur. Der materielle Reichtum der Industrienationen beruht zum großen Teil auf den Innovationen, die in ihre Produkte einfließen – Innovationen, die ihnen zugleich auch Machtmittel zur Verfügung stellen, mit denen sie ihre Wettbewerbsposition weiter verbessern können. In einer schwieriger werdenden Lage war es deshalb nicht verwunderlich, dass die Politik in Deutschland das Feld der Innovation als Objekt ihres Handelns entdeckt und eine „Innovationsoffensive für Deutschland" ausgerufen hat.

Doch die gewünschten Innovationen erhält man nicht auf einen entsprechenden Appell hin. Man erhält sie auch nicht automatisch, wenn man Ingenieuren oder Forschern einen Entwicklungsauftrag erteilt. Oder wenn man eine Kommission oder eine Stabsstelle für Innovationsmanagement einrichtet und ihr die Aufgabe zuweist, sich etwas Neues auszudenken und es mit den Firmenzielen abzustimmen. Auf diese Weise produziert man – wie es in einem Artikel von Marcus Kottmann und Bernd Kriegesmann in der Frankfurter Allgemeinen Zeitung vom 31. Januar 2005 heißt – „Ersatzhandlungen für echte Innovationen", man erzeugt Aktivismus, aber keine echten Innovationen.

Keine der Basisinnovationen, die die Geschichte der Wissenschaften, der Technik und der Kultur bestimmt haben, wurde je auf der Grundlage eines genauen Planes, eines begutachteten Forschungsprojektes oder einer zielgerichteten staatlichen Forschungsinitiative geschaffen: Schießpulver, Buchdruck, Dampfmaschine, elektrische Induktion und Dynamo, Düngemittel, Verbrennungsmaschinen, Automobil, Flugzeug, Funk, Telefon, Radio, Fernseher, Computer, Transistor, Integrierter Schaltkreis, Internet – mit den jeweils erforderlichen Grundlagen wie Thermodynamik, Theorie des Elektromagnetismus, Aerodynamik, Festkörperphysik, Kybernetik.

Innovationen dieses Kalibers sind offenbar nicht planbar und auch mit hohem materiellen Einsatz nicht zu erzwingen. Die Atombombe ist kein Gegenbeispiel. Sie war die technologische Umsetzung bereits vorhandener Grundlagenkenntnisse. Dies war keineswegs trivial, sondern erforderte die Lösung sehr schwieriger technischer Probleme – technische Innovationen[3] – an denen das Programm durchaus hätte scheitern können. Dennoch! Wo die Grundlagen fehlen, nutzen auch die größten staatlichen Programme nichts. Beispiele für intendierte Großinnovationen, die an fehlendem theoretischen Grundlagenwissen scheiterten, sind Japans implodierte „Fünfte Computergeneration" der achtziger Jahre und Amerikas gescheiterter „Krieg gegen den Krebs" in den siebziger Jahren des 20. Jahrhunderts. Innovationen können auch an technischen Problemen scheitern. Im Falle des Fusionsreaktors, des flächendeckenden Einsatzes von Supraleitern, einer praxistauglichen Methode zur Speicherung und Nutzung der im Prinzip in der Umwelt hinreichend vorhandenen Wärme- und Bewegungsenergie zur Deckung des Grundenergiebedarfs, ist das Prinzipienwissen vorhanden, aber die technische Umsetzung erweist sich als äußerst schwierig. Selbst wenn Grundlagenkenntnisse geschaffen und die Probleme der technischen Umsetzung gelöst sind, ist der Erfolg einer Innovation keineswegs garantiert. Auch am ungünstigen Rezeptionsmilieu kann die Innovation noch scheitern. So verweigerte sich die Gesellschaft in den siebziger Jahren des vergangenen Jahrhunderts dem technischen Versprechen einer unerschöpflichen Energie auf der Basis der Nukleartechnologie, vom nukleargetriebenen Auto bis zum Minireaktor im Keller des Einfamilienhauses.

Ungeachtet aller Widrigkeiten und Pannen erfolgen Innovationen andauernd und in großer Zahl. Die Patentstatistik belegt es.[4] Jedes neue Automodell enthält gegenüber dem Vorgängermodell Dutzende von Neuerungen: neuer Kühlergrill, veränderter Türgriff, verbesserte Getriebeautomatik, stabilere Fahrgastzelle, LCD-Beleuchtung, Datenprojektion auf die Windschutzscheibe, Infrarot-Kamera, schnelleres ABS, akustische Einparkhilfe, adaptives Kurvenlicht, Abstandsradar, Einparkhilfe, Partikelfilter, usw. All dies sind Innovationen, weil zumindest die Zusammenstellung der Komponenten neu ist. Aber nur selten gibt es dabei etwas wirklich Überraschendes (wie etwa die elektromagnetische Steuerung der Federung von Amar G. Bose[5], die man aber bisher in keinem Auto finden kann, obwohl sie alle Federungs- und Komfortprobleme auf einen Schlag lösen würde). Ähnliches gilt für andere Produkte. Vieles ist Kosmetik oder Imagepflege, und nicht jede Innovation erhöht den

3 Etwa die technische Umsetzung der Implosionsidee und die Abtrennung von U^{235} in hinreichender Reinheit und Menge.

4 Dabei sollte man sich allerdings nicht von Zahlen täuschen lassen. Vgl. Heusinger, R. v., Trug der kleinen Zahl. – In: DIE ZEIT vom 28.7.1995, Nr. 31, S. 18; Tekath, M., Ramsch-Lawine. – In: DIE ZEIT vom 30.12.2004, Nr. 1.

5 Vgl. Thomas E. Schmidt, Geduldiges Genie. – In: DIE ZEIT vom 26.8.2004, Nr. 36, S. 21.

Gebrauchswert. Es gibt sogar Produkte, für die man damit wirbt, dass sie seit Jahrzehnten nicht verändert worden sind, und es gibt Firmen, die damit werben, nur solche Produkte anzubieten. Der Gebrauchswert solcher Produkte, so will man damit sagen, kann durch Innovationen nur verschlechtert werden.

Offenbar gibt es einen Bereich von Neuerungen, der routinisiert ist, den man mit etwas Phantasie gezielt und planmäßig ausschöpfen kann. Aber leider liefert er nicht das, was Politik und Ökonomie, aber auch Wissenschaft und Technik, mehr als alles andere brauchen: *Innovationen mit Durchschlagskraft* – Neuerungen, die nicht (wie die Automodelle des kommenden Herbstes) nur eine Verbesserung und Perfektionierung des bereits Bekannten darstellen, sondern eine völlig neue Produktlinie oder gar eine neue Industrie ins Leben rufen.

Innovationen mit Durchschlagskraft überschreiten die *Grenze* des vermessenen Territoriums, sie sind Schritte ins Unbekannte. Doch wodurch werden sie ausgelöst, wie gelangt man über diese Grenze, die zugleich den Wahrnehmungshorizont einer Zeit markiert? Und – mindestens genauso wichtig – welche Hindernisse stehen den Entdeckern und Erfindern bei ihrem Versuch, diesen Wahrnehmungshorizont zu überschreiten, im Weg? Diese Frage mag seltsam erscheinen, aber in der Wissenschafts- und Technikgeschichte gibt es ein bekanntes Reaktionsmuster der Umwelt auf sehr innovative Ideen: Ablehnung. Den meisten erscheinen sie unverständlich, unnütz, unmöglich, sinnlos, verrückt oder gefährlich.

Es gibt noch ein anderes bekanntes Reaktionsmuster: einfaches Übersehen. Vieles Neue hat sich aus unscheinbaren Anfängen entwickelt und ist erst nach Jahren, Jahrzehnten oder Jahrhunderten voll zur Wirkung gekommen. Bei der Dampfturbine dauerte es über 2000 Jahre. Die Grundlagen der Photovoltaik sind über ein Jahrhundert alt.[6] Manchmal hatten selbst die besten Experten keine Ahnung vom Potential einer bereits existierenden Erfindung, während auf die Erfinder selbst keiner hörte. Nach eigenem Bekunden hatte selbst Bill Gates, der es eigentlich wissen musste, die explosive Entwicklung des Internet Anfang der neunziger Jahre um ein Haar verschlafen.[7]

Kann uns die Chaostheorie helfen, einige der gestellten Fragen zu beantworten?

Die Chaostheorie war vor einigen Jahren ein boomender Teilbereich der diskreten angewandten Mathematik. Inzwischen ist die Euphorie etwas abgeklungen. Die klassischen Anwendungen sind bekannt. Im Wetter, in der Planetenmechanik, beim Doppelpendel, in der Strömungsmechanik und in vielen anderen Systemen findet man schöne Beispiele für chaotisches Verhalten. Diese Erfolge haben Versuche angeregt, den Anwendungsbereich der Chaosmodelle immer weiter auszudehnen. Schließlich sah man überall, vom Verkehrsstau, der Bevölkerungsdynamik, dem Herzschlag, der Kognition von Gerüchen bis zum Börsengeschehen, wirtschaftlichen Zusammenbrüchen und politischen Krisen das Chaos am Werk.

6 Vgl. Grober, U., Solange die Sonne scheint. – In: DIE ZEIT vom 27.5.2005, Nr. 23, S. 98.

7 Weitere Beispiele in Borchers, D., Vom Trend, den keiner kennt. – In: DIE ZEIT vom 3.3.2005, Nr. 10, S. 41.

Das ist vermutlich auch nicht ganz falsch, wenn man unter Chaos eine Situation versteht, in der kleinste Ursachen darüber entscheiden können, welchen Entwicklungspfad ein System nehmen wird. Ein anderes Indiz für Chaos ist die fraktale Struktur von Prozessen, wobei sich ähnliche Muster auf verschiedenen Ebenen der räumlichen und zeitlichen Auflösung zeigen. Wenn man den Maßstab anpasst, sieht man es beispielsweise einem Börsenchart nicht an, ob es sich um tägliche, wöchentliche, monatliche oder jährliche Variationen handelt. Obwohl die genannten Erweiterungen des Anwendungsbereichs der Chaostheorie intuitiv plausibel sind, kann man dennoch kaum übersehen, dass es dabei viele ungelöste Probleme der Operationalisierung gibt. Da man im sozialwissenschaftlichen Bereich nur schwer messen und noch schwerer experimentieren kann, sind die benutzten mathematischen Modelle oft nur locker mit den intendierten Anwendungen verbunden – zu locker, als dass der Kritiker den chaostheoretischen Deutungen mehr als einen metaphorischen Sinn zu geben vermag. Der Befürworter könnte dagegenhalten, dass es zwar Schwierigkeiten gibt, diese aber im wesentlichen auf Probleme der Operationalisierung zurückzuführen sind. Ich möchte mich für die Zwecke meiner folgenden Ausführungen zunächst einmal dieser zweiten Position anschließen – ohne damit irgendeiner spezifischen Anwendung oder Deutung das Wort reden zu wollen.[8]

Nach diesem Appell, der zur Vorsicht bei der chaostheoretischen Interpretation sozialer, ökonomischer, politischer oder kognitiver Prozesse anhalten will, ohne auf den heuristischen Wert der zugrundeliegenden Ideen und auf die Erkundung ihrer empirischen Fruchtbarkeit zu verzichten, will ich kurz die Aspekte innovativer Prozesse benennen, in denen sich möglicherweise chaotische Strukturen zeigen. Das sind

1. der kultur- oder wissensanthropologische Aspekt,
2. der kognitive und entwicklungspsychologische Aspekt und
3. der rezeptionssoziologische Aspekt.

Beim ersten Aspekt geht es um die kulturellen Quellen des Neuen, beim zweiten um den schöpferischen Prozess im Individuum und beim dritten um die Frage, ob das Neue auf fruchtbaren Boden fällt und sich entwickelt, oder ob es verkümmert.

1. *Wissensanthropologie: das Chaos als unerschöpfliche Ressource des Neuen, als Chance und als Gefahr*

Im ägyptischen Amduat (einer der Texte aus der Kategorie der Unterweltsbücher), das auch den Titel „Die Schrift des Verborgenen Raumes" trägt, wird die allnächtliche Reise des Sonnengottes durch die Unterwelt beschrieben. Diese Geschichte will nicht nur erklären, wo die Sonne in der Nacht bleibt, sondern auch, weshalb sie am Morgen wieder scheinbar erneuert und verjüngt am Osthimmel aufsteigen kann, nachdem sie am Abend müde und verbraucht im Westen untergegangen war. Die

8 Wenn Fortschritte bei der Operationalisierung ausblieben, wird es allerdings eine Sache des Glaubens bleiben, ob die chaostheoretische Interpretation anderen Deutungen überlegen ist.

nächtliche Reise führt den Sonnengott in eine verkehrte Welt, in einen Abgrund, der chaotisch und gefährlich zugleich ist.

Der Abstieg des Sonnengottes in den Bereich des Nun, des Urozeans, ist eine Reise „in die chaotische und fruchtbare Welt vor der Schöpfung, aus der er beim ‚Ersten Mal' hervorkam, so wie sein morgendlicher Aufgang eine genaue Wiederholung dieses ‚Ersten Males' der Schöpfung ist... Als bleibender Rest der Welt vor der Schöpfung ist die Unterwelt das ganz Andere, allen Unbekannte und Geheimnisvolle."[9] Es ist eine verkehrte Welt, „in der Oben und Unten, Rechts und Links, Vorher und Nachher vertauscht sind, in der es keine geraden Wege und keinen normalen Ablauf der Zeit gibt."[10] Selbst die normale Richtung der Schrift ist nicht mehr verbindlich, so dass die Textzeilen der Unterweltsbücher oft entgegen der normalen Abfolge zu lesen sind. „Die klare und verbindliche Ordnung der Schöpfungswelt wird hier fortgesetzt in Frage gestellt. Aber nur in dieser grundlosen, verwirrend andersartigen Tiefe scheint eine Erneuerung der Schöpfung möglich, die ja der Sinn dieser nächtlichen ‚Höllenfahrt des Sonnengottes ist".[11]

Diese Erklärung erscheint nur auf den ersten Blick sonderbar, denn sie ist den Ethnologen wohlbekannt. In praktisch allen Kulturen gibt es besondere Rituale oder besondere Zeiten, in denen die gewöhnlichen Regeln außer Kraft gesetzt oder auf den Kopf gestellt werden, um auf diese Weise aus einem verborgenen und grenzenlosen Reservoir neue Kraft zu gewinnen und das Gemeinwesen zu stärken.[12] Da die Kräfte, die in diesem Reservoir als Potential schlummern, mächtig und gefährlich sind, gibt es in allen differenzierten Kulturen spezifische Kategorien von Personen, die für die rituelle Handhabung dieses Machtpotentials und für die damit verbundenen Grenzüberschreitungen zuständig sind: in primitiven Kulturen kennen wir sie als Schamanen oder Medizinmänner, im Mittelalter nannte man sie Priester, Hexen, Zauberer und Ketzer, heute nennen wir sie Forscher und Wissenschaftler. Manchmal sind die Rollen der Betreffenden institutionalisiert und die mit ihnen verbundenen Funktionen in die bestehende Ordnung integriert. Beispiele sind Medizinmänner, Schamanen, Priester und Wissenschaftler. In anderen Fällen erfolgt die Grenzüberschreitung auf eine nicht legitimierte und nicht institutionalisierte Weise – durch Personen, die man passenderweise als marginal bezeichnet. Hier findet man Zauberer, Hexen, Ketzer, aber auch einige Wissenschaftler, die man dann aber anders nennt, z.B. Außenseiter, Überspannte, Spinner oder Scharlatane, Personen jedenfalls, die den anderen wegen ihrer seltsamen Ideen suspekt erscheinen. In abgemilderter Form trifft diese Einschätzung auch Forscher, die sich nicht an die Grenzen der Disziplinen halten, sondern in fremden Revieren wildern, um auf (anderen) fragwürdig erscheinende Weise Beute zu machen.

9 Hornung, E., Tal der Könige. Augsburg 1995. S. 121.
10 A. a. O., S. 123.
11 A. a. O., S. 123.
12 Einige dieser Rituale haben auch eine Ventilfunktion, aber das interessiert uns hier weniger.

Hinter dieser Etikettierung und Rollenzuschreibung stehen immer spezifische Vorstellungswelten oder mythologische Weltbilder, aber es gibt eine Gemeinsamkeit, die man vielleicht so erfassen könnte: Der zeitlich limitierte Umsturz der gewöhnlichen Regeln ist als Überschreiten einer Grenze zu verstehen – der Grenze nämlich, die den Bereich der Ordnung, der Kultur, der bekannten Gesetze von einem ganz anderen Bereich trennt, den man vielleicht am besten als das Unbekannte, die Wildnis oder das Chaos begreifen kann. Es ist ein Bereich der Wirklichkeit, in dem große Gefahren und tiefe Abgründe lauern, in dem aber auch grenzenlose Möglichkeiten der Gewinnung von Macht und Wissen verborgen liegen. Die verschiedenen Kulturen unterscheiden sich unter anderem darin, ob sie das Chaos jenseits der Grenze der Kultur vor allem als Chance oder in erster Linie als Gefahr verstehen. Im ersten Fall sieht man im Unbekannten vor allem ein Potential zur Verbesserung und Erweiterung der existierenden Kultur, im zweiten Fall eher eine Gegenordnung, die die bestehende Ordnung infiltrieren und umstürzen will.[13] Dies hat Implikationen für die Art und Weise, wie sie jene Kategorien von Personen bewerten und behandeln, denen sie die Fähigkeit zuschreiben, das im Chaos verborgene Machtpotential auszunutzen. Hierzu, insbesondere zur Einstellung verschiedener primitiver oder zumindest vormoderner Kulturen zu Hexen, Zauberern und Ketzern gibt es eine reichhaltige ethnologische oder historiographische Literatur.[14]

Was die modernen Gesellschaften betrifft, so fließen die Quellen schon spärlicher, aber es dürfte klar sein, dass die zugrundeliegede Idee so allgemein ist, dass sie unabhängig vom Entwicklungsstand einer Kultur ist. Die archetypische Figur des Ketzers, der die akzeptierten Ordnungsraster in Frage stellt und aus der Wildnis, dem Chaos, also der Region hinter der Grenze der aktuellen Forschung, Neues – oft Unsinniges, Abwegiges und Verschrobenes, in Sternstunden der Kultur aber auch Geniales und Wegweisendes – zutage fördert, ist in der modernen Wissenschaft ebenso notorisch und bei den Hütern der Mehrheitsmeinung, also der gerade kursierenden Irrtümer, ebenso unbeliebt wie in den meisten Religionen. Im Unterschied zu letzteren ist er aber in der modernen Wissenschaft funktional notwendig. Ketzerei in der Wissenschaft bedeutet die Fähigkeit, dort schon Muster wahrzunehmen, wo die meisten anderen noch im Nebel stochern. Man könnte sogar sagen, dass die Wissenschaft dort, wo sie am besten ist, im wesentlichen institutionalisierte Ketzerei ist.

Wir sehen allerdings auch, dass Wissenschaft und Forschung in ihrer faktisch vorliegenden Gestalt Grenzüberschreitungen im obengenannten Sinn nicht unisono befürwortet. Im Chaos sieht sie vor allem das Irrationale, das die Auflösung ihrer Maßstäbe und Regeln, mit anderen Worten den Verlust der methodischen Rationa-

13 Das war zum Beispiel eine Auffassung, die man im christlichen Mittelalter, aber auch im ehemaligen kommunistischen Block, in den USA der McCarthy und Bush Ära, aber auch in Kreisen sogenannter Umweltaktivisten findet. Man findet sie immer dann, wenn Feindbilder benötigt werden, um eine Ideologie zu rechtfertigen und zu verteidigen.

14 Vgl. zum Beispiel die Arbeiten von Mary Douglas, Edmund Leach, Arnold van Gennep, Raymond Firth, Hans Peter Duerr.

lität, bedeuten könnte. Ein großer Teil der Forschung ist deshalb auf die Bewahrung der Ordnung, d.h. auf die Pflege dessen, was man für gesichertes Wissen hält, ausgerichtet, vielleicht auch noch auf Verbesserung und Erweiterung, aber ganz sicher nicht auf dessen schöpferische Zerstörung (Joseph Schumpeter) und Erneuerung.[15] Im Erscheinungsbild von Wissenschaft und Forschung dominiert also eher der Kuhnsche Normalwissenschaftler als der intellektuelle Rebell.

Es ist allerdings leicht ersichtlich, dass in der Figur des festangestellten oder beamteten Ketzers ein Widerspruch liegt. Wo die Meinung des Ketzers über die Orthodoxie von gestern triumphiert hat und nunmehr institutionalisiert ist, wird sie selbst zur Orthodoxie der Gegenwart, die dem Ketzer von heute das Leben schwermacht. Das ist zwar keine logisch notwendige, aber eine faktisch oft zu beobachtende Folge des Umstandes, dass Wissenschaft für die, die sie betreiben, auch ein Beruf, ein Instrument zur Sicherung von Lebensstandard, sozialem Status und manchmal auch positionaler Macht ist. Vielleicht noch wichtiger ist der kollektive Charakter des Unternehmens, in dem Netzwerke – vor einigen Jahren sagte man noch „Seilschaften"[16] – von Personen und Organisationen mit verflochtener Interessenlage den Ton angeben. In dieser Gemengelage bleibt das Erkenntnismotiv oft auf der Strecke.[17] Wissenschaft als System der institutionalisierten Ketzerei kann deshalb nur bedeuten, dass die Institutionen der Wissenschaft so gestaltet sind, dass sie der abweichenden Meinung – ethnologisch ausgedrückt: den Stimmen aus der Wildnis und aus dem Potential des Chaos – eine faire Chance geben und die Macht der Orthodoxie durch geeignete Mechanismen begrenzen.

Nun stimmt es natürlich nicht, dass sich jede Neuerung gegen den Widerstand der Orthodoxie durchsetzen muss. Viele Neuerungen wachsen ja gerade auf dem Boden des etablierten Wissens, indem man dieses punktuell verbessert oder auf ungewöhnliche Weise rekombiniert. Es gibt Neuerungen ganz unterschiedlichen Formats. Wenn man eine Rangskala entwickeln wollte, so stünden ganz oben die kleinen alltäglichen Neuerungen, von denen man wenig Aufhebens macht, während ganz unten die großen Umwälzungen unseres Weltbildes stehen würden, von denen jede Wissenschaft in den vergangenen zweieinhalb Jahrtausenden nur wenige erfahren hat. Die heftigsten Widerstände produzieren naturgemäß die Neuerungen größeren Formats, weil sie die umfassenderen kognitiven Restrukturierungen (also den höheren kognitiven Aufwand) implizieren.

15 Dahinter steht natürlich auch eine wissenschaftstheoretische Frage, die Frage nämlich, ob der Fortschritt in der Wissenschaft im wesentlichen kumulativ oder disruptiv verläuft. In der Diskussion der letzten Jahrzehnte hatten sich zunächst die Anhänger der zweiten Auffassung durchgesetzt. Es könnte aber gut sein, dass Wissenschaft sowohl kumulative als auch disruptive Aspekte hat.

16 Explikationsvorschlag: Seilschaften sind Netzwerke, zu denen man nicht gehört, bzw. nicht gehören möchte oder von denen man ausgeschlossen ist.

17 Gegenwärtig fördert die Politik diese Netzwerkideologie ohne Rücksicht auf die angedeutete Folge.

Es wäre aber ein Irrtum anzunehmen, dass das Chaos als kulturelle Ressource nur bei den Innovationen der ganz großen Art benötigt wird. Chaotische Prozesse spielen sich auch im Kopf des Erfinders, vielleicht sogar jedes Menschen, beim Lösen ganz gewöhnlicher Probleme ab. Möglicherweise spielt das Chaos bereits in der alltäglichen Wahrnehmung eine größere Rolle als bisher angenommen.[18]

2. *Chaotische Aspekte in kreativen Gedankenprozessen*

Diese Auffassung wird durch viele Berichte von Wissenschaftlern, Forschern und Erfindern gestützt. „Bedeutende wissenschaftliche Forschritte" – so schreiben Lawrence Krauss und Michael S. Turner – „erwachsen meist aus einer Atmosphäre kreativer Verwirrung".[19] Die Verwirrung wird in der Regel durch einen plötzlichen Einfall aufgelöst, der den Forscher zu jeder Tages- und Nachtzeit, während einer beliebigen anderen Tätigkeit, im Tagtraum oder auch im richtigen Traum wie ein Blitz aus heiterem Himmel treffen kann. Sprichwörtlich ist der plötzliche Einfall des Archimedes während eines Bades, wie er den Goldgehalt der Krone des Königs Hieron durch deren Wasserverdrängung bestimmen konnte. Der anekdotischen Überlieferung zufolge soll er danach „Heureka" rufend unbekleidet durch die Strassen von Syrakus gelaufen sein.

Paradigmatisch sind die Entdeckungsgeschichten des Benzolrings, der chemischen Übertragung bei Nervenzellen, des Rasterkraftmikroskops und der speziellen Relativitätstheorie. Friedrich August Kekulé sah während eines Tagtraums eine sich windende Schlange, die sich in den Schwanz biss und erkannte sofort die Bedeutung des Traums. Otto Loewi erwachte eines Nachts mit einem Einfall, den er sofort aufschrieb, aber er konnte sein Gekritzel nachher nicht mehr entziffern. In der nächsten Nacht erwachte er mit dem gleichen Einfall und lief sofort ins Laboratorium um seine Vermutung zu testen.[20] Gerd Binnig lag tagträumend auf dem Sofa und starrte an die Decke, wo er die elektrische Kraftwirkung der Mikroskop-Spitze auf das Objekt bildlich vor sich sah. Einstein debattierte auf dem Heimweg mit seinem Freund Michele Besso, als er plötzlich nach einer Bemerkung Bessos den Schlüsseleinfall hatte, der all seine Probleme betreffend die Grundlagen der Mechanik und der Elektrodynamik auf einen Schlag beseitigte.

Das sind nur vier Beispiele von Hunderten, die man aus Selbstberichten großer Forscher kennt.[21] Nicht selten kommen Forscher während einer Muße- oder Ruheperiode auf die Lösung eines Problems. Johannes Bednorz machte seine Entdeckung des ersten

18 Freeman, W. J., Physiologie und Simulation der Geruchswahrnehmung. – In: Spektrum der Wissenschaft. April 1991, S. 60ff.

19 Krauss, L. / Turner, M. S., Ein kosmisches Rätsel. – In: Spektrum der Wissenschaft. Spezial 1/2005: Einstein und die Folgen, S. 53.

20 Vgl. Pulewka, P., Zur Wahrheitsfrage in der Medizin. – In: Die Wissenschaften und die Wahrheit. Hrsg. v. K. Ulmer. Stuttgart u.a.: Kohlhammer Verlag 1966. S. 63.

21 Vgl. dazu Roberts, R. M., Serendipity. Accidental Discoveries in Science. New York u.a. 1989.

Hochtemperatur-Supraleiters direkt nach einem längeren Urlaub. Er griff sich – scheinbar zufällig – eine Mischung aus dem Regal und bekam prompt ein positives Ergebnis.

Ähnliche Beispiele kennt man aus der Wirtschaft: Bobby de Kaiser, ehemaliger Bundesligatorwart bei Bayern München, gründete nach seinem Abschied eine Firma, die – sehr erfolgreich – Luxusmöbel aus Rattan-Ersatz herstellt. Auf seine Geschäftsidee kam er während einer Zwangspause im Krankenhaus nach einer schweren Gesichtsverletzung. Der familiäre Hintergrund war sicherlich hilfreich: Auch sein Großvater war Möbelfabrikant gewesen. Solche Schlüsselentscheidungen kennt man aus der Erfolgs- oder auch Mißerfolgsgeschichte vieler bekannter (oder ehemals bekannter) Firmengründer und Unternehmer.[22]

Typischerweise geht dem Einfall eine lange Inkubationszeit voraus. Insofern ist Thomas Edisons Bemerkung, dass Kreativität aus 99% Transpiration und 1% Inspiration bestehe, in den meisten Fällen richtig. Ob man zuerst den Einfall und danach die Transpirationsphase hat oder umgekehrt, ist eher unerheblich. Innovation ist fast immer harte, kräftezehrende Arbeit. Aber ohne jenen kleinen Funken Inspiration, der wie aus dem Nichts auftaucht und dem gedanklichen Chaos schlagartig eine Richtung und eine Ordnung aufzwingt, ist aller Schweiß umsonst vergossen. Um dies zu ermöglichen, muss der Erfinder allerdings die Phantasie frei schweifen lassen können, um den verschiedenen gedanklichen Attraktoren Gelegenheit zu geben, konkurrierende Ordnungen zu generieren, von denen sich schließlich, wenn er Glück hat, eine als lebensfähig erweisen wird.

Dabei muss man wieder differenzieren. Für einige Probleme sind die Bedingungen einer Lösung, die zu einer Entdeckung führen, besser definiert als für andere. Zunächst gibt es jene Entdeckungen, die wir zufällig nennen. Fleming konnte nicht planen, das Penicillin zu entdecken, Galilei nicht, die Jupitermonde zu sehen, Röntgen nicht, auf neue Strahlen zu stoßen, Herschel nicht, den Uranus zu entdecken, Kolumbus nicht, Amerika zu finden, Bardeen, Brattain und Shockley nicht, den Transistor zu erfinden, Bednorz und Müller nicht, auf Hochtemperatursupraleiter zu stoßen. In der Mitte der Skala stehen Entdeckungen und Entwicklungen, bei denen die Randbedingungen einer Lösung so gut definiert sind, dass man sie bei Unterstellung des notwendigen wissenschaftlichen Weitblicks *absichtlich* nennen könnte (Fluggeräte, Automobile, elektromagnetische Wellen, Struktur der DNS, Elektronenmikroskop, Rastertunnel- und Rasterkraftmikroskop, Computer, Fusionsreaktor, genetisch veränderte Lebewesen). Doch da der Weg zum Ruhm selbst nicht patentierbar ist, kannte oder kennt man auch in diesen Fällen das Resultat nicht, bevor man es tatsächlich hatte (oder haben wird).

Am Ende der Skala steht jene in beträchtlichem Umfang planbare Vielfalt kleiner Innovationen, die den breiten Sockel der Patentstatistik ausmachen. Vernachlässigbar sind diese bereits aufgrund ihrer großen Zahl nicht. Richtig bleibt auch, dass die Ausdifferenzierung von Anwendungen einer neuen Grundidee, die Konstruktion

22 Schöpfer und Zerstörer. Große Unternehmer und ihre Momente der Entscheidung. Hrsg. v. Uwe Jean Heuser u. John F. Jungclaussen. Reinbek 2004.

und Verbesserung von Prototypen, ihre Übertragung in neue Kontexte, technologische Weiterentwicklungen und inkrementale Modifikationen, die Entwicklung von Systemlösungen, etc., ökonomisch von größerer Bedeutung sind als die kleinen Geistesblitze, die die Rolle des Zünders spielten. Richtig ist aber auch, dass ohne die auslösenden Zünder der „Innovations-Pfad" erst gar nicht gefunden worden wäre.

Der Zufall kann in jeder Kategorie von Innovationen auftauchen, aber er vermag nur dann in Erscheinung zu treten, wenn der Suchende für eine bestimmte Art von Information empfänglich ist. Der Neptun wurde erst im späten 19. Jahrhundert entdeckt, aber angefangen bei Galilei hatten ihn viele Astronomen bereits vorher beobachtet, ohne zu merken, dass es kein Stern, sondern ein Planet war. Ähnliches gilt für den Sauerstoff, die Röntgenstrahlen, die Spaltung des Atomkerns, das Penicillin, usw.

Dass Fleming die Wirkung verschiedener Substanzen auf Bakterienkulturen in Nährlösungen untersuchte, war kein Zufall, sondern Absicht. Es war Bestandteil seines Forschungsplans. Dass eine Spore des seltenen Pilzes Penicillium notatum auf eine Nährlösung flog, die Bakterien des Typs Staphylococcus aureus kultivierte, dass gerade die richtigen Temperaturen für die Vermehrung des Pilzes herrschten und dass die Bakterien sich noch in einer Wachstumsphase befanden, waren jedoch Zufälle. Solche Zufälle gab es vermutlich auch vorher schon, aber bis dahin hatten die Forscher ihre verpilzten, also verdorbenen Petrischalen in den Müll geworfen. Dass Fleming die Veränderung beachtete und ihre Ursache untersuchte, war seiner Aufmerksamkeit und seiner spezifischen Zielsetzung zu verdanken, die eine bestimmte Wahrnehmungsbereitschaft zur Folge hatte.

Die Entdeckung war damit aber noch lange nicht abgeschlossen. Fleming benutzte das Penicillin nämlich nur als Laborreagens zur Unterscheidung grampositiver und gramnegativer Bakterien. Bei einigen vorläufigen Versuchen hatte sich der Pilz nämlich als schwer kultivierbar und der Wirkstoff als instabil und schwer zu extrahieren herausgestellt. Fleming verlor bald das Interesse daran. Erst zehn Jahre später nahmen Florey und Chain einen neuen Anlauf zur Gewinnung der Wirksubstanz, bis dann während des 2. Weltkrieges von amerikanischen Firmen die Herstellung im industriellen Maßstab perfektioniert wurde. Nachdem man jetzt wusste, dass bestimmte Pilze antibakterielle Wirkungen entfalten, konnte man gezielt auf die Suche gehen, um neue Wirkstoffe zu finden. Der Zufall, der bei der Erstentdeckung eine unverzichtbare Rolle spielte, wurde mehr und mehr ausgeschaltet. Man testete einfach alle Pilze durch, die man finden konnte. Mit der Routinisierung verringern sich aber auch Neuigkeitswert und Potential der Folgeinnovationen des gleichen Typs – bis der Zufall einen anderen „vorbereiteten Geist" (Louis Pasteur) wieder auf ein neues Prinzip stoßen lässt.

Es gibt Erfindungen und Entdeckungen, die ganz einfach „in der Luft liegen", wie man sagt, weil eine bestimmte objektive Problemsituation oder ein bestimmter Möglichkeitsraum vorliegen. Die Entdeckung des Fallgesetzes im 17. Jahrhundert, die des Energiesatzes im 19. Jahrhundert, die Entwicklung des Rechners in den vierziger Jahren des 20. Jahrhunderts und die des Fernsehens in den dreißiger Jahren gehören dazu. Man erkennt diesen Typ von Entdeckung bzw. Erfindung daran, dass man für ihn nicht einen einzelnen Forscher verantwortlich machen kann, sondern dass Parallelarbeiten verschiedener Forscher vorliegen. Multiple Entdeckungen nennt man das. Allerdings sind die Parallelen niemals vollkommen, es gibt immer Unterschiede im Detail, die auf den persönlichen, kulturellen und wissenschaftlichen Hintergrund der Beteiligten zurückgehen.

Es gibt aber einen Typ von Entdeckung und Erfindung, bei dem die Leistung einer Einzelperson so sehr im Vordergrund stand und diese Leistung so erstaunlich schien, dass man sich oft gefragt hat, ob es – jenseits des Zufalls – nicht einen besonderen Faktor gibt, der für solche Leistungen prädestiniert.

Hier setzen die Überlegungen des Pädagogen an. Könnte man nicht versuchen, die zukünftigen Genies der Wissenschaft bereits im Kindesalter zu entdecken, ihnen dann eine besondere Förderung zuteil werden zu lassen und ihnen später – wenn sie die Erwartungen erfüllen – alle Ressourcen zur Ausschöpfung ihres Kreativitätspotentials zur Verfügung zu stellen? Mit dem Testinstrumentarium der Psychologie an der Hand wäre dies vielleicht kein hoffnungsloses Unterfangen.

Ich fürchte, dieses Vorhaben würde dennoch scheitern. Nach meinem Wissen zählten nur sehr wenige der großen Entdecker und Erfinder zu den Wunderkindern, von denen man manchmal hört. Eine überragende Intelligenz, Abitur mit 15 Jahren, Promotion mit 18 Jahren, etc. sind nicht notwendig, um zu einem Wegbereiter wissenschaftlicher Entwicklung zu werden. Jenseits eines IQ von etwa 120 ist Kreativität nicht mehr korreliert mit Intelligenz. Genialität hat eine starke kulturelle Komponente, d.h. zu unterschiedlichen Zeiten und in unterschiedlichen Kontexten bewertet man einmal diese, ein anderes Mal jene Personen als genial oder inferior (Beispiele: Aristoteles, Ptolemäus, Demokrit). Intelligenz ist also nur für einen geringen Teil der Varianz verantwortlich. Mindestens genauso wichtig sind

- Gespür für das Wesentliche,
- Fähigkeit zum Erkennen komplexer Muster
- die Fähigkeit, zum richtigen Augenblick am richtigen Ort zu sein,[23]
- die richtigen Leute mit den kritischen Informationen zu kennen,
- die Fähigkeit, wenn nötig Jahre und Jahrzehnte beständig an der Lösung eines Problems zu arbeiten, aber
- es auch aufgeben zu können, wenn es unlösbar ist, und schließlich
- ein gewisses Quantum Glück.

Betrachten wir ein Beispiel: Albert Einstein – heute für jedes Schulkind ein Sinnbild für Genialität und weltbewegende Wissenschaft. Im Einstein-Jahr 2005 begegnete

23 Stephan, P. / Levin, S., Striking the Mother Lode in Science. The Importance of Age, Place, and Time. New York-Oxford 1992.

uns Einstein vielfach nicht mehr als historische Gestalt, sondern als hagiographisch aufgeblähtes Monument. Wäre man diesem Einstein einst begegnet, so stellen sich viele heutzutage vor, dann wäre einem der Genius dieses Mannes förmlich ins Gesicht gesprungen. Glücklich die Menschen, die zu seinen Bekannten zählten. Soweit die Erwartungen. Ähnliches könnte man auch von Leonardo da Vinci sagen, dessen Genius so viele technische Neuerungen späterer Jahrhunderte vorausgedacht hat.

Die Fakten sehen anders aus. In den ersten Jahren seines Lebens deutete nichts darauf hin, dass aus dem Knaben Albert Einstein, geboren 1879 in Ulm, einmal einer der größten Wissenschaftler der Menschheit werden sollte. Im ersten Anlauf das Abitur verfehlt, nicht gerade ein Qualitätsexamen, Promotion nur mit Schwierigkeiten im zweiten Anlauf, anschließend keine akademische Bilderbuchkarriere, sondern von den Universitäten wegen seines Notendurchschnitts trotz unendlich vieler Bewerbungsversuche verschmäht, wäre Einstein – wie er selbst sagt – als Privatlehrer ohne feste Stelle geistig verkümmert, wenn nicht der Vater eines guten Freundes beim Leiter des Patentamtes von Bern ein gutes Wort für ihn eingelegt hätte. Dies ist nur einer der vielen kleinen Zufälle, die den Gang der Wissenschaft beeinflussten. In einer geordneten Welt sollte es solche Zufälle eigentlich nicht geben, denn sie bedeuten, dass alles auch ganz anders verlaufen sein könnte. Die Physik des 20. Jahrhunderts ohne Einstein – eine seltsame und dennoch nicht abwegige Vorstellung!

Ein weiterer glücklicher Umstand in einer entscheidenden Phase der Karriere Einsteins war, dass der Leiter des Patentamtes nichts dagegen hatte oder nichts davon merkte, dass einer seiner Patentexperten III. Klasse einen Teil seiner Arbeitszeit für die theoretische Physik verwendete. Erst nach dem Jahre 1905, nachdem Einstein ohne akademische Anbindung, aber auch ohne die damit verbundenen kollegialen Zwänge, vier Arbeiten veröffentlichen konnte, die heute – jede für sich – als bahnbrechend gelten, war der Weg für eine akademische Karriere wieder offen.

Wesentlich für Einsteins akademischen Erfolg war auch, dass der Herausgeber der Annalen der Physik, dem Einstein seine Arbeiten geschickt hatte, sich die Zeit nahm, diese gründlich zu lesen und dass er ihren Wert erkannte. Dies ist umso bemerkenswerter, als Einstein in der physikalischen Gemeinschaft der damaligen Zeit (1905) noch ein unbeschriebenes Blatt, ein Nobody war. Er war nicht einmal promoviert. Der genannte Herausgeber hieß Max Planck. Auch er war ein Innovator, wenn auch eher wider Willen. Planck hatte in den Jahren davor schon zwei Arbeiten Einsteins in seiner Zeitschrift veröffentlicht, die zwar grundsolide, aber nach Einsteins späterer Auffassung ohne weitere Bedeutung waren. Einstein rezensierte auch regelmäßig für die Annalen. Planck wusste also, dass Einstein ein seriöser Physiker und kein „Spinner" war.

Erst vier Jahre später erhielt Einstein seine erste akademische Stelle – ein Extraordinariat an der Universität Zürich. Aber er erhielt es erst, nachdem ein aussichtsreicherer Kandidat, Walter Ritz, wegen einer Tuberkulose ausschied, und ein weiterer aussichtsreicherer, weil politisch protegierter, Kandidat, Friedrich Adler, seine Meinung über sein Berufsziel geändert hatte. Erst von da an ging es steil aufwärts.

Es bleibt das beunruhigende Resultat: Weder seine Eltern noch seine Lehrer, von der Grundschule bis zur Universität, erkannten seine Begabung – abgesehen von einem Kommilitonen, der ihm später indirekt die Stelle beim Patentamt verschaffte (Marcel Grossmann). Bei einem Geist dieses Formats erscheint diese Unauffälligkeit merkwürdig. Übersahen die Erzieher die Zeichen? Waren sie unachtsam? Hätte man Einstein als Kind und Jugendlichen nicht stärker fördern können? Oder gab es vor dem *annus mirabilis* 1905 nichts Auffälliges zu erkennen? Doch woher kam dann dieser plötzliche Ausbruch, diese schöpferische Explosion?

Aber vielleicht stellen wir die falschen Fragen. Vielleicht war Einsteins schöpferische Leistung mit seiner sehr unkonventionellen Interpretation des Raumes, der Zeit und der Lichtgeschwindigkeit gerade das Produkt der konkreten Umstände, unter denen er sich entwickelte, der vielen Widrigkeiten, die er überwinden musste. Vielleicht hätte sich sein Talent in einer Eliteschule, an einer Spitzenuniversität, unter der Aufsicht eines weltberühmten Physikers, im Kreise hochbegabter Karrieristen überhaupt nicht entfalten können, sondern wäre eingeschüchtert worden und verdorrt. Einstein konnte sich nur schwer Autoritäten unterordnen, er war ein Einzelgänger mit der Fähigkeit, sich zu wundern, sehr beharrlich, ja sogar stur – ein Forscher, der sich in ein Problem förmlich versenken und ihm Jahre widmen konnte, bis es für ihn gelöst war. Die notwendigen Anregungen holte er sich dort, wo er sie finden konnte: in Büchern, Bibliotheken, Zeitschriften, Diskussionen mit interessierten Freunden, deren Namen heute außer den Einstein-Biographen keiner mehr kennt.

Diese Überlegungen stellen die Frage nach den optimalen Bedingungen von Kreativität und damit auch nach den Triebkräften des wissenschaftlichen Fortschritts und nach der optimalen Organisation von Bildung und Wissenschaft. Einstein ist nicht nur eine Herausforderung für den Wissenschaftshistoriker, sondern auch für den Wissenschaftspsychologen und den Wissenschaftsadministrator.

Stoff zum Nachdenken ergibt sich auch aus jenen kleinen Anekdoten aus Kinder- oder Jugendtagen, von denen fast jeder große Forscher berichtet. Zwei Beispiele, die für viele stehen: Albert Einstein erhielt als Kind von seinem Vater einen Kompass geschenkt, der seine Phantasie ungemein anregte. Er nahm sich vor, die verborgene Realität, die die Bewegung der Nadel bestimmte, zu ergründen. Wernher von Braun bekam als Kind von seiner Mutter ein Teleskop geschenkt und war fasziniert; von da an setzte sich in seinem Kopf die Idee fest, irgendwann „zu den Sternen" zu gelangen. Handelt es sich hierbei um Schlüsselerlebnisse, die nach dem Muster „kleine Ursache – große Wirkung" chaotische Prozesse mit den bekannten Ergebnissen zeitigten – oder sind es bloße Zufälle, denen man im Rückblick eine Bedeutung zuschreibt, die sie in Wirklichkeit gar nicht hatten?

3. *Chaotische Aspekte der Rezeption von Neuerungen*

Viele wissenschaftliche und technologische Innovationen, die später groß herauskommen, erweisen sich zunächst als Flops. Manchmal nur aus Gründen des ungünstigen Umfeldes oder der falschen Zeit. Folgende kleine Geschichte beleuchtet dies sehr schön.

Im Jahre 1942 erhielten der aus Paris stammende Avantgarde-Komponist George Antheil und die Schauspielerin Hedwig Kiesler – besser bekannt unter ihrem Künstlernamen Hedy Lamarr – ein US-Patent, dessen wahre Bedeutung erst vor einigen Jahren erkannt wurde. Das Patent diente dazu, das Problem der Funksteuerung von Torpedos zu lösen, indem Sende- und Empfangsfrequenzen nach einem bestimmten System dauernd gewechselt wurden. Mit diesem „frequency hopping" wurde es dem Gegner unmöglich gemacht, die Steuerung durch Störsignale zu unterbrechen. Hedwig Kiesler war eine jüdische Emigrantin aus Deutschland, die kein technisches Fach studiert hatte, jedoch technisch sehr interessiert war und einen Beitrag zur amerikanischen Kriegsanstrengung leisten wollte. Die Militärs begutachteten das Verfahren, fanden es für ihre Zwecke zu kompliziert und ließen es in den Archiven verschwinden. Neben der Kompliziertheit gab es vielleicht noch einen subtileren Hinderungsgrund. Antheil hatte in dem Patent erwähnt, dass die Idee auf das Problem zurückging, wie man sechzehn Selbstspielklaviere mit Hilfe eines Lochstreifens koordinieren konnte. Später meinte er: „Die verehrten blechbehelmten Herren in Washington, die unsere Erfindung begutachteten, lasen [wohl] nur bis zum Wort Selbstspielklavier." Vielleicht meinten sie, der Vorschlag liefe darauf hinaus „ein Piano in ein Torpedo [zu] packen."[24]

Das Patent blieb allerdings nicht in der Versenkung. Während der Kuba-Krise im Jahre 1962 wurde das frequency hopping tatsächlich eingesetzt, allerdings nicht zur Steuerung von Torpedos, sondern zur Verhinderung sowjetischer Lauschangriffe. Heute glauben Kommunikationsfachleute, dass sich mit diesem Verfahren das Problem der knappen Sendefrequenzen endgültig lösen lässt. „Antheil und Lamarr – so ein Experte – entwickelten die technische Grundlage dafür, dass einmal Millionen von Mobilfunkgeräten auf engem Raum gleichzeitig operieren können. [...] Anstatt sich wie üblich auf einen Kanal zu konzentrieren, streut der Sender (bei diesem Verfahren – K. F.) seine Informationen über Hunderte von Frequenzen – nicht zufällig, sondern nach einem Code, den auch der Empfänger kennt. So können sehr viele Geräte auf engem Raum auskommen. Weil jedes einen eigenen Code verwendet, stören sie einander kaum. Vor allem aber verteilt sich die Energie des Signals auf das ganze verwendete Spektrum; es wird sozusagen viel flacher und damit verträglicher gegenüber Fremdsignalen, die auf benachbarten Frequenzen reisen." Mitte März 1997 verlieh die Electronic Frontier Foundation, eine einflussreiche Cyberlobby, dem Paar den *EFF Pioneer*

24 Informationen und Zitate aus: Siegele, L., Die Schöne, die Torpedos und der Funk. – In: DIE ZEIT vom 11.4.1997, Nr. 16, S. 70.

Award, einen Preis für technische Großtaten. Antheil hat es nichts mehr genutzt. Er starb bereits im Jahr 1959. Hedy Lamarr lebte im Jahr 1997 mit 83 Jahren als Rentnerin in Florida.[25]

Diese Geschichte enthält – wie jeder individuelle Vorgang – zwar eine Reihe von Besonderheiten, aber sie ist für viele Erfindungen durchaus typisch. Ich erinnere an die Entwicklung der Dampfturbine und der Dampfmaschine, des Autos, des Penicillins, des Bildtelefons, des Computers, an die gescheiterte analoge Bildplatte von Philips Ende der sechziger/Anfang der siebziger Jahre oder an die seltsame Geschichte des Fax-Gerätes.[26] Andere technische Erfindungen leuchten sofort ein oder erscheinen wegweisend – und kommen doch nicht aus den Startlöchern: der Transrapid, das Internet über das Stromkabel, die neuen Luftschiffe (Cargo-Lifter), das Elektroauto. Und nicht immer siegt am Ende die bessere Technik (VHS gegen Video 2000; Microsoft gegen Apple, etc.).

Die meisten neuen Ideen – die Schätzungen reichen von 85 bis 95% – enden in einer Sackgasse.[27] Nach einer Untersuchung des Fraunhofer Instituts bei einem mittelständischen Unternehmen ist die Zahl noch höher (nur 11 von 2000 neuen Ideen führten zu irgendetwas).[28] Selbst von den fertigen Produkten erweisen sich mehr als zwei Drittel als Flops.[29]

Der Zufall kann in ganz unterschiedlicher Gestalt intervenieren. Im folgenden Beispiel zeigt er sich in der Abfolge der Ereignisse, die bei geringfügig abweichender Konstellation ein ganz anderes Ergebnis mit gravierenden Folgen für die Rezeption gezeitigt hätte. Das Beispiel zeigt auch die Wichtigkeit der selektiven Aufmerksamkeit für Entdeckungen.

Der amerikanische Physiker Louis Frank war 1986 aufgrund von Satellitenmessdaten einer UV-Kamera, die seltsame Störungen zeigten, zu dem Schluss gekommen, dass tonnenschwere „Schneebälle" ständig in großer Zahl – er schätzte etwa 30.000 pro Tag – in die Erdatmosphäre eindringen, verdampfen und damit punktuell die UV-Strahlung absorbierte, die seine Kamera messen sollte. Seine Kollegen hielten diese Idee für verrückt und glaubten an einen Messfehler, einen „Dreckseffekt", wie die Physiker sagen. Da Frank trotz guten Zuredens bei seiner Meinung blieb, wurde er in Fachkreisen zunehmend zur persona non grata. Hatte er vorher viele Instrumente auf Satelliten und Raumsonden unterbringen können, bekam er nun „keinen Projektvorschlag mehr bewilligt, auf Tagungen wurde er von ehemals

25 A. a. O.

26 Andere Beispiele werden analysiert in: Bauer, R., Gescheiterte Innovationen. Fehlschläge und technologischer Wandel. Frankfurt-New York 2006.

27 Schnabel, U., Gut gemeint ist schlecht erfunden. – In: DIE ZEIT vom 27. 5. 2004, Nr. 23, S. 48; Braun, G., Wo klemmt's. – In: McK. Das Magazin von McKinsey. Wissen 15, 4. Jg., Dezember 2005, S. 112 – 117.

28 Die Zahlendifferenzen könnten auf unterschiedlichen Klassifikationen beruhen.

29 „Neue Produkte zu 70 Prozent Flops". – In: Frankfurter Allgemeine Zeitung vom 24.4.2006, Nr. 95, S. 22.

befreundeten Kollegen geschnitten. Die Zeitschrift *Nature* lehnte eine weitere Arbeit von ihm über kleine Kometen ab, weil eine ,repräsentative Umfrage' unter Experten mehrheitlich gegen ihn ausgefallen sei – eine seltsame Methode naturwissenschaftlicher Erkenntnisgewinnung", wie der Chronist Rainer Kayser schreibt. „Zu seinem Glück hatte Frank bereits vor der Auseinandersetzung eine UV-Kamera für den damals noch in Planung befindlichen Satelliten *Polar* bewilligt bekommen. Ein paar unscheinbare Änderungen machten das Instrument, [das] eigentlich der Untersuchung von Polarlichtern gewidmet [war], auch für die Beobachtung der ,atmosphärischen Löcher' tauglich." Schon die ersten Aufnahmen der UV-Kamera im Februar 1996 zeigten die von Frank und seinem Mitarbeiter Sigwarth erwarteten dunklen Flecken in der hohen Atmosphäre. „Doch diesmal waren es, dank der verbesserten Bildauflösung, nicht nur einzelne Pixel, sondern jeweils zwanzig bis dreißig. Bildfehler schieden damit endgültig als Erklärung aus. Serienaufnahmen demonstrierten die langsame Ausbreitung der Dampfwolken und ihre Bewegung." Die Aufnahmen zeigten auch die Leuchtspuren der zerfallenden kosmischen Schneebälle vor ihrem Eintritt in die Lufthülle. Damit hatten die Kritiker nicht gerechnet. „Die Polar-Ergebnisse zeigen eindeutig, dass wasserhaltige Objekte in die Erdatmosphäre eindringen", musste ein führender Atmosphärenforscher, Thomas Donahue von der Universität Michigan, der lange einer der schärfsten Kritiker von Frank war, eingestehen. Der nächste naheliegende Forschungsschritt wäre, „die rätselhaften Kleinkörper näher zu untersuchen. Frank und Donahue haben bereits gemeinsam einen Projektvorschlag für eine spezielle Raumsonde eingereicht, die solche Schneebälle aus der Nähe anschauen und ihre chemische Zusammensetzung analysieren soll." Anschließend stünde die Entnahme einer Materialprobe auf der Tagesordnung.

Weitere Konflikte sind jedoch vorprogrammiert. Die Phantasie von Frank ist auch jetzt wieder weiter als die seiner Kollegen. Er hält es für möglich, „daß diese Objekte organische Materie enthalten und die Entwicklung des Lebens auf unserem Planeten genährt haben." Diese These, dass irdisches Leben durch Keime aus dem All entstanden sei, wurde bereits mehrfach vertreten. Kritiker wendeten dagegen stets ein, „komplexe organische Substanzen würden beim Eintauchen in die Erdatmosphäre verglühen. Die kosmischen Schneebälle eröffnen jetzt allerdings die Perspektive, daß in ihrem Inneren lagerndes Material schonend zur Erde gelangen könnte. Sollte sich dies erhärten – so schreibt der Chronist – dann wären erneut einige verlachte ,Spinner' zu rehabilitieren."[30]

Auch dieses Beispiel steht für viele. Abseits von Rhetorik, abstraktem Wertekanon und grundsätzlicher Wertschätzung von Innovationen können wir immer wieder beobachten, dass sich auch in modernen Gesellschaften das Neue gegen heftigen Widerstand durchsetzen muss. Und oft genug setzt es sich nicht durch. Wie in diesem Beispiel ent-

30 Informationen und Zitate aus: Kayser, R., Schneebälle aus dem Weltall. – In: DIE ZEIT vom 5.9.1997. Unter den „Spinnern" befindet sich zum Beispiel der Astronom und Kosmologe Fred Hoyle, ein Dissident, der auch nicht an den Urknall glaubt.

scheiden nicht selten ein kleiner Zufall und der durch ihn ausgelöste chaotische Prozess, ob oder wann sich eine neue Vorstellung durchsetzt.

Ich möchte an dieser Stelle nicht auf die Gründe eingehen, warum das Neue manchmal so erbittert angefeindet wird. Im Bereich der Wissenschaft sollte es solche Widerstände eigentlich nicht geben; zumindest sollten sie keine große Rolle spielen. Die Wissenschaft zielt darauf ab, die Wirklichkeit immer umfassender, immer tiefer, immer zuverlässiger und immer genauer zu erfassen. Wissenschaft ist per definitionem über ihre Methode auf die unvoreingenommene Prüfung des Neuen eingestellt. Leider gilt das nur theoretisch, denn in der Praxis der Forschung menschelt und netzwerkelt es zuweilen sehr heftig. Das hat etwas damit zu tun, dass der Wissenschaftler – von den rein menschlichen Unvollkommenheiten abgesehen – auch ein politisches, ökonomisches, soziales, kulturelles, religiöses, juristisches und massenmediales Wesen ist. Jedenfalls ein Wesen, das seine persönlichen Interessen, die nicht immer mit den Interessen der Wissenschaft übereinstimmen, verfolgt und verteidigt. Es hängt allerdings von den politischen und rechtlichen Rahmenbedingungen von Wissenschaft und Forschung ab, wie stark die nichtwissenschaftlichen Aspekte des Forschungshandelns durchschlagen. Das von der gegenwärtigen Politik propagierte Forschungskonzept (Ökonomisierung, Medialisierung, Verrechtlichung, Vergesellschaftung der Wissenschaft) führt nicht zur Stärkung der Eigenwerte des Subsystems Wissenschaft, sondern zum Eindringen systemfremder Werte und falscher Anreize, die die Fähigkeit dieses Subsystems zur Erreichung seiner internen Ziele (valide Information) vermindern.

Wie im Akt des Erfindens, dem kreativen Moment, so spielen auch bei der Rezeption von Neuerungen kleine Zufälle manchmal eine ausschlaggebende Rolle für das weitere Geschehen. Zufälle entscheiden darüber, welche von zwei oder mehr möglichen Trajektorien der Rezeptionsprozess einschlägt. Das ist nicht nur in der Wissenschaft so. Auch in der Entstehungsgeschichte vieler jetzt großer Konzerne gab es Situationen, wo die weitere Entwicklung „auf der Kippe“ stand und eine zunächst in ihrer Tragweite gar nicht abschätzbare Entscheidung eines der Beteiligten dafür sorgte, dass sich die Dinge positiv oder negativ weiterentwickelten. Der Aufstieg von Microsoft[31] oder Google und der Untergang von AEG oder Borgward zeigen dies deutlich.[32] Die gleichen Muster findet man aber auch in bestimmten Phasen des politischen und ökonomischen Zusammenbruchs von Staaten oder in militärischen Schlachten.

31 Insbesondere die Geschichte seines Betriebssystems MS-DOS wäre hier zu analysieren. Hätte die Xerox Corporation ihren frühen Technologie- und Wissensvorsprung im Bereich Netzwerke, Pulldown-Menüs und Bildschirmsteuerung genutzt, wäre vermutlich sie anstelle von Microsoft Marktführer bei Betriebssystemen geworden. Aber die Manager von Xerox waren nur an Kopierern interessiert und erkannten die Zeichen der Zeit nicht.

32 Schöpfer und Zerstörer. Große Unternehmer und ihre Momente der Entscheidung. Hrsg. v. Uwe Jean Heuser u. John F. Jungclaussen. Reinbek 2004.

RÜDIGER WINK

Die Rolle der Nachfrage im Innovationsprozess. Eine evolutorisch-institutionenökonomische Perspektive

1. *Einführung*

Innovationen und die Fähigkeit, Innovationen zu generieren, gelten als Schlüsselvoraussetzungen für prosperierende Volkswirtschaften in diesem Jahrhundert.[1] Der zunehmende internationale Wettbewerbsdruck durch vermehrte Investitionen in die Forschungsinfrastruktur in Asien und die veränderte Rolle wissenschaftlicher Forschung bei der Entwicklung und Umsetzung neuer Technologien stellen etablierte Innovationssysteme in Europa und Nordamerika vor neue Herausforderungen. Als Reaktion werden zahlreiche Vergleichsstudien zu den Innovationskapazitäten in unterschiedlichen Industrieländern durchgeführt und Innovationsfähigkeiten als Zielsetzungen in jede politische Agenda auf unterschiedlichsten Ebenen aufgenommen.[2]

Auffallend an diesen Betrachtungen der Bedeutung von Innovationen und Innovationsfähigkeiten ist die Fokussierung auf die Angebotsseite in der Erwartung, dass sich gute Fähigkeiten in guten Ideen und in der Durchsetzung von Innovationen niederschlagen werden. Dem stehen vielfältige Erfahrungen technologischer Entwicklungen gegenüber, die zwar eindeutig als geeigneter zur Bedürfnisbefriedigung als Konkurrenzprodukte angesehen wurden, sich aber trotzdem nicht in Märkten durchsetzen konnten, weil sie keine ausreichende Nachfrage auf sich ziehen konnten.[3] Hierbei ist zu beachten, dass jede Innovation zunächst zwangsläufig die Unsicherheit für Nachfrager erhöht, da entsprechendes Erfahrungswissen über die Folgen einer Nachfrage noch nicht in dem Maße wie bei bereits eingeführten Produkten

1 Vgl. zu entsprechenden wachstumstheoretischen Untersuchungen Acs, Z. J., Innovation and the growth of cities. Cheltenham: Elgar 2002; Aghion, P. / Griffith, R., Competition and Growth. Reconciling theory and evidence. Cambridge: MIT Press, 2005.

2 Vgl. hierzu im deutschen Kontext Legler, H. / Gehrke, B. et al., Zur technologischen Leistungsfähigkeit Deutschlands 2005. Bonn: BMBF 2005; Rammer, C., European Trend Chart on Innovation: Annual Innovation Policy Trends and Appraisal Report Germany. Brüssel: European Commission 2005, Bundesministerium für Bildung und Forschung (Hrsg.): Forschung und Innovation in Deutschland 2005. Fortschreibung der Daten und Fakten des Bundesberichts Forschung 2004. Bonn: BMBF 2005.

3 Vgl. zu entsprechenden Beispielen aus der Luftfahrt und Computer-Industrie Liyanage, S.; Wink, R.; Nordberg, M., Managing path-breaking innovations. CERN, Airbus and stem cell research. New York: Praeger 2006.

existiert. Dementsprechend muss jeder Innovationsanbieter ausreichende Anreize beim Nachfrager auslösen, diese Unsicherheit zu überwinden.

Der folgende Beitrag soll die Rolle der Nachfrage im Innovationsprozess systematisch diskutieren. Hierzu werden zunächst derzeitige Definitions- und Erfassungsansätze in der Innovationsforschung vorgestellt und geprüft, inwieweit Nachfrageelemente berücksichtigt werden. Im Anschluss hieran erfolgt eine Betrachtung der Entstehung und Ausbreitung von Innovationen, die über bestehende Modelle von Innovationssystemen hinaus die Nachfrage systematisch einbezieht. Diese Betrachtung wird aus einer evolutionären Perspektive vorgenommen, d.h. auch die Wahrnehmung und Entscheidung der Nachfrager werden als evolutionärer Prozess mit hohem Selbstorganisationsgrad dargestellt. Zweck dieser theoretischen Einordnung ist die Herleitung innovationspolitischer Schlussfolgerungen, die derzeitige politische Strategien und Instrumente im Hinblick auf ihre Beachtung von Nachfrageaspekten kritisch beleuchten. Aus dieser politischen Diskussion ergeben sich abschließend Fragestellungen für weitere Forschungen, die in einem Ausblick aufgezeigt werden.

2. *Innovationsnachfrage: Ein „blinder" Fleck in Innovationsforschung und -analyse?*

2.1. *Der Innovationsbegriff in ökonomischer Theorie und Praxis*

In den vergangenen zwei Jahrzehnten häuften sich empirische Untersuchungen zur Innovationskapazität und Leistungsfähigkeit einzelner Volkswirtschaften. Die Untersuchungen stützten sich zumeist auf einen Innovationsbegriff, der zur internationalen Standardisierung vereinheitlicht wurde.[4] Demnach sind Produktinnovationen „neue oder merklich verbesserte Produkte bzw. Dienstleistungen, die ein Unternehmen auf den Markt gebracht hat", Prozessinnovationen „neue oder merklich verbesserte Fertigungs- und Verfahrenstechniken bzw. Verfahren zur Erbringung von Dienstleistungen, die ein Unternehmen auf den Markt gebracht hat" und innovative Unternehmen solche, „die Aufwendungen für ein Innovationsprojekt getätigt haben, unabhängig davon, ob diese erfolgreich abgeschlossen wurden". Bei keiner dieser Definitionen ist jedoch der Markterfolg Voraussetzung für eine Innovation. Statt dessen wird einzig auf das Angebot eines neuen Produktes bzw. die Einführung eines neuen Prozesses abgehoben. Aus volkswirtschaftlicher Sicht können aus dieser Betrachtung noch keine Schlussfolgerungen über mögliche Auswirkungen auf den Wohlstand getroffen werden, da es sich auch um Novitäten handeln kann, die keine Nachfragebedürfnisse befriedigen.

Diese Konzentration auf das Innovationsverhalten von Produktanbietern widerspricht den Ausgangspunkten der ökonomischen Innovationsforschung, die von Jo-

4 Vgl. Organisation of Economic Cooperation and Development (ed.), Oslo Manual: Guidelines for collecting and interpreting innovation data, 3rd ed., Paris: OECD 2005.

seph A. Schumpeter formuliert wurden.[5] Für Schumpeter ist ein innovativer Unternehmer ein „schöpferischer Zerstörer“, dem es nicht nur gelingt, aus bestehendem Erfahrungswissen und Kreativität neue Produktideen außerhalb des bestehenden Preissystems zu schaffen, die bestehenden Produkten in der Bedürfnisbefriedigung überlegen sind, sondern der auch in der Lage ist, die Kognition von Mitarbeitern und Nachfragern auf die neuen Möglichkeiten der Bedürfnisbefriedigung zu lenken.[6] Dieser Grundgedanke der Orientierung an den Bedürfnissen der Nachfrage wird von der „Austrian School of Economics“ fortgeführt und von Kirzner schließlich mit dem Begriff der „Findigkeit“ als Charakteristikum eines Unternehmers in Abgrenzung zu „Managern“ verknüpft.[7] Innovative Unternehmer sind demnach in der Lage, Marktchancen abseits der bestehenden Preissysteme zu entdecken oder zu entwickeln und damit neue Nachfragebedürfnisse zu befriedigen. Innovationen sind erst dann als solche zu erkennen, wenn sie sich als Variationen (Novitäten) im Selektionsprozess des Wettbewerbs durchsetzen und die Innovatoren in die Lage versetzen, Erträge zu erwirtschaften.[8] Demnach ist die Akzeptanz durch die Nachfrager ein entscheidendes Merkmal der Innovationen.

Die Schwierigkeit, Nachfrage auf neue Produkte und Verfahren zu lenken, hängt entscheidend vom Grad der Distanz der Eigenschaften und eingesetzten Technologien der neuen Produkte zu bisherigen Produkten ab.[9] Abernathy und Clark beschreiben eine Typologie von Innovationen, die vier Formen der Innovationen umfasst:[10]

- *architectural innovations*, die eine neuartige „Architektur“ eines Sektors in Form neuer Produktions- und Vermarktungsorganisationen sowie neuer Produkteigenschaften bedingen, die den Sektor nachhaltig prägen werden,
- *niche market innovations*, die aufbauend auf existierenden Technologien neue Anwendungsformen und damit neue Marktsegmente eröffnen,

5 Vgl. Schumpeter, J. A., Theorie der wirtschaftlichen Entwicklung. Eine Untersuchung über Unternehmergewinn, Kapital, Kredit, Zins und den Konjunkturzyklus, 9. Auflage. Berlin: Duncker & Humblot 1911. Vgl. zu einer Einordnung in die historischen Betrachtungen des Unternehmers Grebel, T. / Pyka, A. / Hanusch, H., An evolutionary approach to the theory of entrepreneurship. Augsburg: University of Augsburg 2001.

6 Vgl. zu diesem Verständnis eines innovativen Unternehmers auch Witt, U., Changing cognitive frames – changing organisational forms. An entrepreneurial theory of economic development. – In: Industrial and Corporate Change. 9 (2000), S. 733 – 755.

7 Vgl. Kirzner, I. M., The Market Process: An Austrian View. – In: Economic Policy and the Market Process. Austrian and Mainstream Economics. Hrsg. v. K. Groenveld, J. A. H. Maks and J. Muysken. Amsterdam et al.: North Holland 1990. S. 23 – 39.

8 Vgl. auch Parthey, H., Formen von Institutionen der Wissenschaft und ihre Finanzierbarkeit durch Innovationen. – In: Wissenschaft und Innovation: Wissenschaftsforschung Jahrbuch 2001. Hrsg. v. Heinrich Parthey u. Günter Spur. Berlin: Gesellschaft für Wissenschaftsforschung 2002. S. 9 – 39.

9 Vgl. Adner, R.: When are technologies disruptive? A demand based view on the emergence of competition. – In: Strategic Management Journal. 23 (2002), S. 667 – 688.

10 Vgl. Abernathy, W. J. / Clark, K. B., Innovation: mapping the winds of creative destruction. – In: Research Policy. 14 (1985), S. 3 – 22.

- *regular innovations*, die auf kontinuierlichen Verbesserungen bestehender Prozesse und Produkte basieren, die aber in ihrer Summe zu einer einschneidenden Veränderung bestehender Produkte führen, und
- *revolutionary innovations*, die zwar auf bestehenden Organisationsformen der jeweiligen Märkte aufbauen, jedoch bestehende technologische Kompetenzen nachhaltig entwerten.

Es sind vor allem architectural innovations, die eine einschneidende und spürbare Veränderung der Nachfrage erfordern. Wir werden im dritten Kapitel diskutieren, wie solche Veränderungsprozesse der Nachfrage erklärt werden können.

Die Bedeutung der Nachfrage für die Innovationsfähigkeit und das wirtschaftliche Wachstum von Volkswirtschaften wurde in der vergangenen Dekade von einer wachsenden Zahl empirischer wissenschaftlicher Studien bestätigt. Drei Beispiele seien an dieser Stelle genannt:

Erstens zeigen Untersuchungen des Standortverhaltens wissenschafts- und technologieorientierter spin-offs eine wachsende Bedeutung der Absatzmärkte, je ausgereifter die Produkte der jungen Unternehmen sind.[11] Zumeist orientieren sich junge Unternehmen am Beginn ihrer Produktentwicklung an der geographischen (oder auch kognitiven oder organisationalen) Nähe zu Kooperationspartnern aus Forschung und Entwicklung oder „dicken Arbeitsmärkten" mit hoch qualifizierten Fachkräften. Die Umsetzung der Ideen erfolgt jedoch zumeist in der Nähe wichtiger Kunden oder Absatzmärkte.[12]

Zweitens bietet die Entwicklung der ostdeutschen Märkte nach der deutschen Vereinigung ein gutes Beispiel zur Bedeutung der Nachfrage für die Entwicklung von Innovationskapazitäten. Nach der Vereinigung und dem Zusammenbruch der Marktverbindungen nach Mittel- und Osteuropa mussten neue Verknüpfungen zwischen Grundlagenforschung und unternehmensinterner Forschung sowie neues Vermarktungswissen entwickelt werden. Untersuchungen der ostdeutschen Innovationsstrukturen weisen auf steigende Zahlen der Unternehmen, die in FuE investieren, und steigende Anteile der FuE-Investitionen ostdeutscher Industrieunternehmen hin. Abbildung 1 zeigt jedoch, dass diese auch im Vergleich zu Westdeutschland hohen Anteile nicht bei der Innovationseffizienz, also dem Verhältnis zwischen FuE-Investitionen und Erlösen mit innovativen Produkten, bestätigt werden.[13] Im

11 Vgl. Egeln, J. et al., Are research spin-offs a local phenomenon? Empirical findings from Germany. – In: Academia Business Links. European Policy Strategies and Lessons Learnt. Hrsg. v. R. Wink. Houndmills: Palgrave Macmillan 2004. S. 28 – 47.

12 Ähnliche Beobachtungen werden auch für das Standortverhalten etablierter Unternehmen bei Forschungs- und Entwicklungsinvestitionen in neue Technologien und Produkte gemacht, vgl. Cooke, P., Rational drug design, the knowledge value chain, and bioscience megacentres. – In: Cambridge Journal of Economics. 29(2005), S. 325 – 341.

13 Vgl. Legler, H. et al., Innovationsindikatoren zur technologischen Leistungsfähigkeit der östlichen Bundesländer, Studien zum deutschen Innovationssystem, Nr. 20. Bonn: Bundesministerium für Bildung und Forschung 2003.

Abbildung 1: *Innovationsperformance ostdeutscher Sektoren: Abweichungen von Westdeutschland, 2000/2001 (in Prozent).*
Quelle: Legler, H. et al. : Innovationsindikatoren zur technologischen Leistungsfähigkeit der östlichen Bundesländer, Studien zum deutschen Innovationssystem, Nr. 20. Bonn: Bundesministerium für Bildung und Forschung 2003.

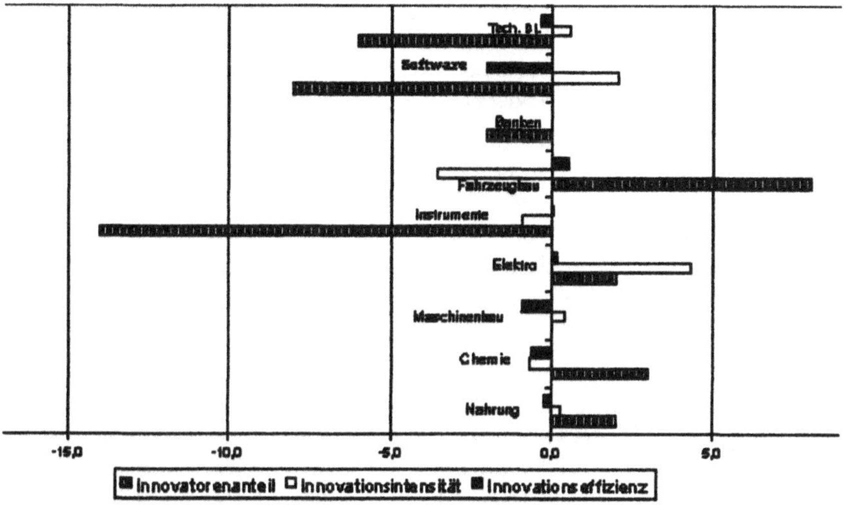

Ergebnis mindert dies die Attraktivität Ostdeutschlands für Investitionen innovativer Unternehmen. In den Märkten, in denen geographische Nähe zum Kunden entscheidend für den Produktabsatz sind – vor allem auf innovativen Dienstleistungsmärkten, die in den vergangenen Jahren stark gewachsen sind –, ist das Erlöspotenzial für Unternehmen in Ostdeutschland zu gering, was die Anreize zur Abwanderung auch für hoch qualifizierte Arbeitskräfte erhöht.

Drittens wurden Nachfragefaktoren in den vergangenen Jahren systematisch als Bestandteile zur Erklärung der Wettbewerbsfähigkeit regionaler und nationaler Volkswirtschaften einbezogen. Zunächst hatte Porter in seiner Analyse der Wettbewerbsfähigkeit von Nationen auf der Basis von Einzelfällen die Bedeutung einzelner Elemente der nationalen Nachfrage hervorgehoben.[14] Diese Ansätze sind in der vergangenen Dekade zu einer Betrachtung verdichtet worden, die einerseits die Größe des nationalen Absatzmarktes für neue Produkte betont, andererseits aber vor allem auch auf die Bedeutung des Absatzmarktes für weltmarktfähige Innovationen hinweisen, d.h. die Nachfrage nach Gütern, die sich im Anschluss schnell weltweit ausbreiten. Als Vor-

14 Porter, M. E., The competitive advantage of nations. New York: Free Press 1990.

aussetzungen für eine solche weltmarktfähige Nachfrage und damit die Entstehung so genannter *„lead markets"* werden folgende Aspekte genannt:[15]

- Nachfragevorteile, d.h. eine Nachfrage, die spätere weltweite Trends vorwegnimmt, da das Land über ein höheres Einkommen, eine entsprechende Infrastruktur oder eine besonders antizipative Nachfrage verfügt,
- Kostenvorteile, weil Faktorkosten frühzeitig gesenkt werden können oder die Größe des Absatzmarktes schnelle Kostensenkungen ermöglicht,
- Exportvorteile, weil bereits eine hohe Exportorientierung und entsprechende Absatzstrukturen existieren oder der nationale Markt Ähnlichkeiten zu anderen internationalen Märkten aufweist,
- Transfervorteile, weil besonders viele multinationale Unternehmen ansässig sind, die Aufmerksamkeit und Reputation des nationalen Marktes hoch ist oder die Kunden sehr mobil sind, und
- Marktstrukturvorteile, weil der Wettbewerb bereits auf nationaler Ebene sehr intensiv ist, Produkthaftungsregeln innovationsfördernd ausgestaltet sind und die Gründungsintensität hoch ist.

Bei einer Identifizierung deutscher *„lead markets"* fällt auf, dass es sich um typische Märkte der „medium high technologies" handelt, also der Segmente, in denen deutsche Unternehmen bereits seit Jahrzehnten führend sind (Fahrzeugbau, Maschinenbau, Mess- und Regelungstechnik, technische Dienstleistungen oder funktionale Bekleidung). Große Defizite treten hingegen in Segmenten der Spitzentechnik oder der Konsumgüter und -dienstleistungen auf.[16] Dies wird in Abbildung 2 auch anhand der Inlandsnachfrage in ausgewählten Ländern illustriert. Die deutsche Volkswirtschaft weist einen deutlich höheren Anteil der Nachfrage nach hochwertiger Technik als andere Industrieländer auf. Dafür liegt der Anteil für den Bereich der Spitzentechnik deutlich hinter den USA, Schweden, Japan, Kanada und Großbritannien zurück. Dies verweist darauf, dass die Schwächen des bundesdeutschen Innovationsstandortes auch mit Nachfragefaktoren zusammenhängen. Wir werden auf diesen Aspekt im weiteren Verlauf bei der Diskussion innovationspolitischer Instrumente zurückkommen.

2.2. *Nachfrage in verändertem Innovationsumfeld? Die Perspektive der Innovationssysteme*

Eine Ursache für die vergleichsweise geringe Beachtung der Nachfrage in der ökonomischen Innovationsforschung könnte durch den hohen Anteil staatlicher Nachfrage bei der Durchsetzung technologischer Innovationen begründet sein. Dieser Einfluss

15 Vgl. Beise, M. et al., Lead Market Deutschland. Zur Position Deutschlands als führender Absatzmarkt für Innovationen. Mannheim: Zentrum für Europäische Wirtschaft 2002.

16 Vgl. auch Schumacher, D., Marktergebnisse bei forschungsintensiven Waren und Dienstleistungen im internationalen Vergleich: Produktion, Beschäftigung, Außenhandel, Studien zum deutschen Innovationssystem, Nr. 15. Berlin: Deutsches Institut für Wirtschaftsforschung 2005.

Abbildung 2: *Struktur der Inlandsnachfrage in ausgewählten Ländern.*
Quelle: Schumacher, D.: Marktergebnisse bei forschungsintensiven Waren und Dienstleistungen im internationalen Vergleich: Produktion, Beschäftigung, Außenhandel, Studien zum deutschen Innovationssystem, Nr. 15. Berlin: Deutsches Institut für Wirtschaftsforschung 2005.

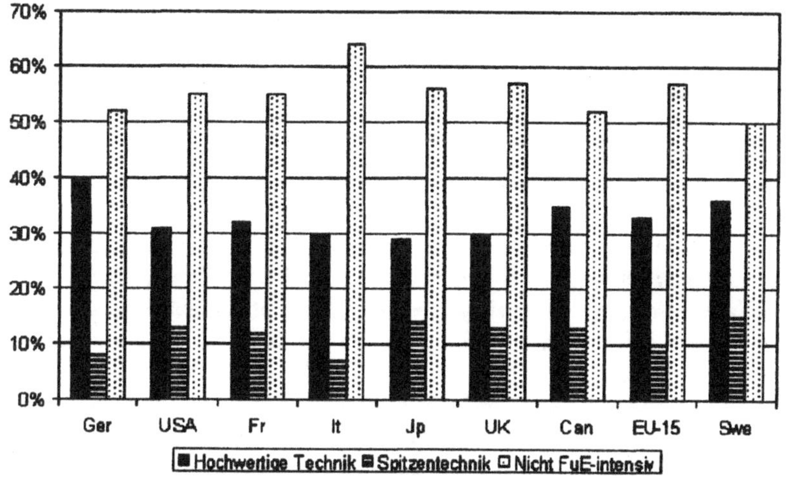

zeigte sich bereits beim Aufbau einer staatlichen Forschungsinfrastruktur in Deutschland im späten 19. und frühen 20. Jahrhundert und wurde vor allem in den USA ausgehend von den Argumentationen durch Vannover Bush in Richtung einer industrialisierten Forschungsproduktion mit staatlicher Nachfrage aus dem öffentlichen Verteidigungs-, Raumfahrt-, Gesundheits- und Energiehaushalt ausgebaut.[17] Die Debatte um einen „neuen Modus der Wissensproduktion" mit verschwindenden Grenzen zwischen Grundlagenforschung und Anwendung, einer direkteren Betroffenheit weiter Teile der Bevölkerung durch neue wissenschaftliche Erkenntnisse und neuen institutionellen Formen der Wissensproduktion an der Grenze zwischen öffentlicher Finanzierung und Markt betraf auch die Rolle staatlicher Nachfrage bei der Durchsetzung technologischer Innovationen.[18] Vermehrt wurden in Deutschland die Institute der Grundlagenforschung aufgefordert, ihre Wissensproduktion am Markt-

17 Vgl. Wengenroth, U., Science, Technology, and Industry in the 19th century, Munich: Munich Center for the History of Science and Technology 2000; Bush, V., Science The Endless Frontier. A Report to the President. Washington, DC: United States Government Printing Office 1945. Auch Schumpeter verwies in seinen späteren Schriften auf den dominanten Einfluss routinisierter Innovationsentwicklungen durch Spezialisten in Großunternehmen, vgl. Schumpeter, J. A., Capitalism, Socialism, and Democracy. New York: Harper 1942.

18 Vgl. Gibbons, M. / Limoges, C. et al., The New Production of Knowledge: The Dynamics of Science and Research in Contemporary Societies. London: Polity Press 1994.

bedarf auszurichten und private Finanzmittel einzuwerben. Idealtypen der wissenschaftlichen Wissensproduktion wurden hybride Institutionsformen mit öffentlicher und privater Finanzierung, wobei öffentliche Finanzierungen in Wettbewerbsverfahren vergeben werden sollten, und ausgelagerte Organisationen mit akademischem Unternehmertum, das die Diffusion von Innovationen in Märkte vorantreibt.[19] Im Ergebnis erfolgt eine Parallele zum industriellen Produktionsprozess, der in eine Wertschöpfungskette zerlegt die Desintegration einzelner Aufgaben mit zunehmender Spezialisierung der Einzelorganisationen innerhalb der Wertschöpfungskette ermöglicht. Die Wertschöpfungskette der Wissensproduktion besteht aus Prozessen der Wissensentstehung, -überprüfung und -ausbeutung, die jeweils in Kooperation unterschiedlicher Organisationen vollzogen werden.[20] Idealtypisch werden diese Kooperationen innerhalb der Wissensproduktion systematisch miteinander verknüpft, so dass ein räumlich oder technologisch abgegrenztes Innovationssystem entsteht.[21] Typische Beispiele für solche Innovationssysteme finden sich in der pharmazeutischen Biotechnologie, bei der die Wissensentstehung durch öffentliche Einrichtungen der Grundlagenforschung und spezialisierte kleine Biotechnologieunternehmen erfolgt, die Wissensprüfung durch Bestimmungen für intellektuelle Eigentumsrechte und Arzneimittelzulassungen bestimmt wird und die Wissensausbeutung schließlich von etablierten multinationalen Pharmazieunternehmen und staatlichen bzw. privaten Gesundheitsfonds dominiert wird. Entlang dieser einzelnen Schritte finden sich spezialisierte Unternehmen, die sich ausschließlich mit Teilaufgaben der Wissensgewinnung (zum Beispiel Unternehmen, die ausschließlich genetische Ziele der neuen Arzneimittel identifizieren), Wissensprüfung (zum Beispiel Unternehmen, die ausschließlich klinische Tests durchführen) oder Wissensausbeutung (zum Beispiel Spezialisten in Finanzierung und Public Relations) beschäftigen.

Angesichts dieser scheinbar neuen Möglichkeiten einer Marktfinanzierung verlagerte sich die innovationspolitische Diskussion von einer Betrachtung der Finanzierung zweckfreier Grundlagenforschung und der Verfügbarkeit akademischen Humankapitals mit hoher Qualität als einer Strategie regionaler wirtschaftlicher Entwicklung zu einer Förderung regionaler Innovationsnetzwerke bzw. Clusters.[22] Diese Orientierung, auf die wir später zurückkommen werden, verkennt jedoch,

19 Vgl. Karl, H. et al., Innovation Policies in Germany. Bochum: Ruhr Forschungsinstitut für Innovations- und Strukturpolitik 2005.

20 Vgl. zur beispielhaften Erläuterung Liyanage, S. / Wink, R. / Nordberg, M., Managing pathbreaking innovations. New York: Praeger 2006.

21 Vgl. Cooke, P. / Heidenreich, M. et al., Regional Innovation Systems. The Role of Governance in a Globalised World. London, Routledge; Malerba, F., Sectoral systems of innovation and production. – In: Research Policy. 31 (2002), S. 247 – 264.

22 Vgl. kritisch zu diesen Ansätzen Alecke, B. et al., Are there really high-tech cluster? The geographic concentration of German manufacturing industries and its determinants. – In: Annals of Regional Science. 40(2006), S. 19 – 42; Benzler, G. / Wink, R., Gezielte Förderung von Innovationspolen. Der Schlüssel zu mehr Wachstum in Deutschland? – In: List Forum für Finanz- und Wirtschaftspolitik. 30 (2004), S. 239 – 256.

dass sich bei revolutionary und architectural innovations Besonderheiten zeigen, die auf Grenzen rein privater Innovationsnachfrage verweisen und nachfolgend an drei Beispielen aus den vergangenen zwei Dekaden illustriert werden. Das bekannteste Beispiel einer architectural innovation, die zu vollkommen neuen Marktstrukturen in vielen Sektoren führte, ist das Internet und die Kommunikation über das World Wide Web. Die hierzu erforderlichen technologischen Grundlagen entstanden jedoch aus der Finanzierung durch das US-amerikanische Verteidigungsministerium und die multinationale Organisation der Grundlagenforschung CERN (Conseil Européen pour la Recherche Nucléaire).[23] Die sich hieraus ergebenden neuen Marktprodukte und Organisationsformen wurden hingegen zunächst in einem kapitalintensiven Prozess des trial-and-error geprüft, der aufgrund der Unterschätzung der Unsicherheit und asymmetrischen Informationsverteilungen kurzfristige Zusammenbrüche der jeweiligen Kapitalmarktsegmente in den einzelnen Industrieländern zur Folge hatte. Innerhalb der industriellen Produktionsverfahren gilt der Einsatz von Verbundwerkstoffen, ggf. unter Mitwirkung informationstechnischer Sensoren im Wege so genannter Adaptronics, als eine revolutionary innovation, die zu neuartigen technologischen Möglichkeiten, beispielsweise im Fahrzeugsektor, führen. Die Einführung solcher Verbundwerkstoffe in die industrielle Massenfertigung verläuft jedoch zunächst in Märkten mit vergleichsweise größerer Marktmacht der Produzenten, um Entwicklungsschritte unter den Bedingungen kleiner Serien, geringeren Kostendrucks und relativ höheren Forschungs- und Entwicklungsbudgets zu vollziehen. Dementsprechend setzten sich die Werkstoffe zunächst im Formel-I-Rennsport durch, wurden dann in der Flugzeugindustrie in weiteren Teilmodulen eingebaut und gelangen erst dann auf die Massenmärkte der Automobilindustrie. Ohne die besonderen Marktbedingungen des Rennsport- und zivilen Großflugzeugmarktes wären diese Innovationen daher nicht zu entwickeln und durchzusetzen gewesen. Das dritte Beispiel zeigt sich im Markt für pharmazeutische Produkte der Biotechnologie, die als revolutionary innovations die etablierte Produktionsweise der pharmazeutischen Produzenten veränderten. Ohne hohe staatliche Investitionen in die Grundlagenforschung wären die privatwirtschaftlichen Entwicklungserfolge nicht möglich gewesen, und die Durchsetzung neuartiger Arzneimitteltherapien wird in hohem Maße durch staatliche Regelsetzung für intellektuelle Eigentumsrechte, Arzneimittelzulassungen und Refinanzierungen des Ge-sundheitsdienstes bestimmt.[24] Diese Beispiele illustrieren die weiterhin hohe Bedeutung staatlicher Interventionen für die Entwicklung und Durchsetzung grundlegender (revolutionary oder architec-

23 Vgl. zur Geschichte der technologischen Entwicklung und Durchsetzung Liyanage, S. Wink, R. / Nordberg, M., Managing path breaking innovations. A. a. O..

24 Vgl. hierzu McMillan, G. S. / Narin, F. / Deeds, D. L., An Analysis of the Critical Role of Public Science in Innovation: The Case of Biotechnology. – In: Research Policy. 29(2000), S. 1 – 8; Cooke, P., a. a. O., S. 325 – 341; Wink, R., Commercialisation of bio-pharmaceutical therapies and risk management: The impact on the sustainability of markets for recombinant drugs. – In: Journal of Biotechnology. 7(2004), S. 186 – 201.

tural) Innovationen. Allerdings hat sich die Rolle des Staates von der traditionellen Funktion des Nachfragers und Kapitalgebers entfernt. Statt dessen werden Regelsetzungen für Märkte und die Entstehung von systematischen Verknüpfungen zwischen Wissensträgern sowie die Absicherung von Marktmacht für innovative Unternehmen innerhalb der Innovationssysteme zunehmend bedeutsam. Wir werden im dritten Kapitel auch die Folgen dieser Rollenänderung diskutieren.

2.3. *Innovationssteuerung durch Nachfrage? Zur Beschäftigungswirksamkeit von Innovationsprozessen*

Die aus wachstumspolitischer Sicht unbestrittene Bedeutung der Innovationsfähigkeit einer Volkswirtschaft erfährt aus sozial- und arbeitsmarktpolitischer Sicht häufig Kritik. Da technologischer Fortschritt zumeist den Einsatz von Arbeitskräften einspart, gelten technologische Innovationen häufig als Ursache struktureller Arbeitslosigkeit. Kompetenzen der Arbeitskräfte in bestehenden industriellen Produktionsverfahren werden durch neue kapitalintensive Produktionsprozesse kurzfristig entwertet, und eine flexible Eingliederung dieser frei werdenden Arbeitskräfte auf Märkten mit Beschäftigungswachstum, soweit vorhanden, scheitert zumeist an der Irreversibilität der erworbenen Kompetenzen und begrenzten Qualifizierbarkeit. Hieraus speisen sich Forderungen, den Variations- und Selektionsprozess zu kanalisieren und lediglich Innovationen zuzulassen, die eine weitere Verringerung der Arbeitsintensität verhindern bzw. weitere gesellschaftspolitische Zielsetzungen, beispielsweise die Einsparung knapper nicht-regenerierbarer Ressourcen, unterstützen.[25]

Aus ökonomischer Sicht ergeben sich aus einem solchen Ansatz drei grundlegende Probleme. Erstens bedingt eine solche Kanalisierung des technologischen Fortschritts eine „Anmaßung des Wissens" für die Steuerungsinstanz, die in der Lage sein müsste, alle relevanten Folgen neuen Wissens, einschließlich aller Anpassungsprozesse, zu ermitteln und zu bewerten.[26] Es ist aber gerade ein Charakteristikum der *„revolutionary and architectural innovations"*, das sie überraschende und unvorhersehbare Entwertungen bestehender Marktangebote vornehmen und eine Vielzahl unvorhersehbarer Anpassungsprozesse auslösen. Die Vielzahl unzutreffender Ankündigungen neuartiger Arzneimittel auf der Basis der gentechnologischen Identifizierung geeigneter Ziele in körpereigenen Zellen oder entstehender kommerzieller Anwendungsformen der Internet-Infrastruktur mit entsprechenden Arbeitsplätzen sind nur einzelne Beispiele der Begrenztheit des entsprechenden menschlichen Wissens.[27] Zweitens sind Steuerungsprozesse in modernen Gesellschaften in ihrer Wirkung allgemein durch die zuneh-

25 Vgl. zur Diskussion und zum Stand der Technikfolgenabschätzung: Technikfolgenabschätzung in Deutschland. Stand und Perspektiven. Hrsg. v. T. Petermann. Frankfurt: Campus 1999; Bleischwitz, R.:, Gemeinschaftsgüter durch Wissen generierende Institutionen. Ein evolutorischer Ansatz für die Wirtschaftspolitik. Marburg: Metropolis 2005.

26 Vgl. Hayek, F. A. v., Die Anmaßung von Wissen. – In: Die Anmaßung von Wissen. Neue Freiburger Studien. Tübingen: J. C. B. Mohr 1996. S. 3 – 15.

mende internationale Verflechtung eingegrenzt. Ein Verzicht auf die Entwicklung oder den Einsatz bestimmter Technologien schafft diese noch nicht aus der Welt. Statt dessen werden Verlagerungen der Forschung und Anwendung in Länder mit weniger restriktiver Steuerung attraktiv.[28] Der Steuerungsprozess wirft daher auch die Frage auf, wie attraktiv und akzeptiert eine solche Steuerung in der Praxis tatsächlich wäre. Drittens vernachlässigt eine Fokussierung auf direkte Beschäftigungseffekte neuer Technologien zwei weitere Bewertungsdimensionen. Einerseits bedingt die Einsparung menschlicher Arbeitskraft durch den erhöhten Einsatz von Kapitalgütern auch eine erhöhte Qualität der Arbeit. Zahlreiche monotone und gesundheitsschädigende Arbeitsvorgänge konnten auf diese Weise eingespart werden, und die Attraktivität der Arbeitsbedingungen in Ländern mit geringerem technologischen Entwicklungsstand wird allgemein als geringer eingeschätzt. Andererseits ermöglicht der Einsatz der Kapitalgüter die Erzielung zusätzlicher Einkommen – durch den Produktivitätszuwachs und die Entwicklung neuer Produkte –, die ihrerseits zu einer erhöhten Nachfrage nach Produkten aus anderen Sektoren mit höherer Arbeitsintensität, beispielsweise haushaltsnahen sozialen Dienstleistungen, verwendet werden können.[29] Zudem bedingt der zunehmende Qualifikationsanspruch der technologisch anspruchsvolleren Prozesse weitere Nachfrage nach arbeitsintensiven Ausbildungsvorgängen, die wiederum zu einem höheren Beschäftigungsbedarf führen können.

Diese Probleme verdeutlichen, dass der Lösungsansatz weniger in einer Begrenzung des Such- und Entdeckungsprozesses nach Innovationen zu sehen ist. Vielmehr wird es darauf ankommen, die Voraussetzungen der Arbeitskräfte zu verbessern, sich an veränderte Produktionsverfahren und Organisationsformen anzupassen. Hierzu zählen neben zusätzlichen – vielseitigen und entwicklungsfähigen – Qualifikationen auch Verbesserungen der Vereinbarkeit von hoher Job- und räumlicher Mobilität mit sozialer Absicherung und Familienbildung. Darüber hinaus zeigt sich auch in diesem Kontext die hohe Bedeutung der Nachfrage. Erst wenn staatliche Rahmenbedingungen zum Aufbau hochwertiger Dienstleistungsmärkte geschaffen werden, kann das Beschäftigungspotenzial auch tatsächlich in Deutschland genutzt werden. Ebenso wird deutlich, dass mit zunehmender Innovationsfähigkeit die Disparitäten zwischen denjenigen, die in Produktionsprozessen integriert sind und sich fortentwickeln, und denje-

27 Vgl. zur Diskussion um die Rationalität der staatlichen Steuerung von Forschungsgroßprojekten Weyer, J., Staatliche Förderung von Großforschungsprojekten. Ein dysfunktionaler Anachronismus im Zeitalter der Globalisierung? – In: Technikfolgenabschätzung. Theorie und Praxis. 14(2005), S. 18 – 25.

28 Vgl. in diesem Zusammenhang zu empirischen Ergebnissen aus der embryonalen Stammzellforschung Wink, R., Transnationalisierung und Standortwettbewerb in der Stammzellforschung. – In: Deutsche Stammzellpolitik im Zeitalter der Transnationalisierung. Hrsg. v. Rüdiger Wink. Baden-Baden: Nomos 2006. S. 177 – 195.

29 Vgl. zum theoretischen Kontext Metcalfe, S. / Foster, J. / Ramlogan, R., Adaptive economic growth. – In: Cambridge Journal of Economics. 30(2006), S. 7 – 32; Lehndorff, S., Hochwertige Dienstleistungen gibt's nicht zum Nulltarif. Wandel der Beschäftigung in Dienstleistungsbereichen – ein europäischer Vergleich. Gelsenkirchen: Institut für Arbeit und Technik 2002.

nigen, die mangels Qualifizierbarkeit und Flexibilität den Anschluss an neue Beschäftigungsnachfrage verlieren, wachsen.[30] Hier wird vermutlich eine gesellschaftliche Grundentscheidung erforderlich sein, welche Form von Absicherung dieser „Innovationsverlierer“ erwünscht ist und wie trotzdem Anreize zur Verbesserung der Qualifizierbarkeit ausgelöst werden können. Ein Abbremsen oder Lenken des Innovationspfades erscheint jedoch aus ökonomischer Sicht weder realistisch noch wünschenswert.

3. *Entstehung der Nachfrage nach Innovationen: Ökonomische Erklärungsansätze*

3.1. *Die evolutorisch-institutionenökonomische Perspektive*

In diesem Kapitel geht es um Ansätze zur Erklärung, warum es zu einer Nachfrage nach Innovationen kommt. Gerade „revolutionary and architectural innovations“ stellen die Nachfrage vor große Herausforderungen, die eher abschreckend wirken. Sie zwingen die Nachfrager, von bestehenden Routinen abzuweichen und sich einer Situation auszusetzen, deren Ausgang unsicher ist. Die Innovationen müssen daher für die Nachfrager überzeugend große Vorzüge gegenüber dem Status quo aufweisen, um solche Widerstände zu überwinden.

Die Erklärungen werden dem Feld der evolutorischen Ökonomik entnommen. Allgemein umfasst die evolutorische Ökonomik alle ökonomischen Erklärungsansätze, die entgegen der konventionellen neoklassischen Modellwelt nicht zu Gleichgewichtssituationen streben und sich mit Prozessen in historischer Zeit anstelle abstrakter kontext-unabhängiger Modelle beschäftigen.[31] Ziel ist es dabei zu erklären, wie sich ökonomische Systeme, beispielsweise einzelne Märkte, durch Selbstorganisation in der Zeit unter Beachtung exogener Schocks durch Natur, Politik oder internationale Vorgänge bilden, stabilisieren, transformieren und gegebenenfalls degenerieren. Entgegen einem simplifizierenden „Evolutionsoptimismus“, der davon ausgeht, dass sich immer die Systeme und Systemeigenschaften in einem darwinistischen Variations-Selektions-Mechanismus durchsetzen, die sich als „besser“ im Sinne einer größeren Akzeptanz durch die Bürger erweisen,[32] setzt sich die evolutorische Ökonomik vornehmlich mit Einflussfaktoren auseinander, die einen solchen Prozess forcieren, behindern, verzerren oder in unerwünschte Richtungen lenken

30 Vgl. Kalina, T. / Weinkopf, C., Beschäftigungsperspektiven von gering Qualifizierten. Gewinne in einigen Dienstleistungsbereichen bei negativem Gesamttrend. Gelsenkirchen: Institut für Arbeit und Technik 2005.

31 Vgl. Nelson, R. R., Recent Economic Theorizing about Economic Change. – In: Journal of Economic Literature. 33(1995), S. 48 – 90; Hodgson, G., Evolution and Institutions. On Evolutionary Economics and the Evolution of Economics. Cheltenham et al.: Elgar 1999; Witt, U., Evolutionary Economics. Jena: Max Planck Institute of Economics 2006.

32 Vgl. zu diesen Argumentationslinien Alchian, A., Uncertainty, Evolution, and Economic Theory. – In: Journal of Political Economy. 58(1950), S. 211 – 221.

können. Für den Kontext dieses Beitrags ist der Verzicht auf drei wesentliche Annahmen konventioneller Modelle besonders relevant:[33]

- der Verzicht auf exogen vorgegebene Präferenzen der Nachfrage,
- der Verzicht auf Unabhängigkeit und Reversibilität von Prozessen,
- der Verzicht auf exogen vorgegebene (vollständige oder beschränkte) Informationen der Akteure.

Statt dessen wird davon ausgegangen, dass lediglich ein Teil der Nachfragepräferenzen bereits über genetische Bestände exogen und nur begrenzt veränderbar vorgegeben ist.[34] Darüber hinaus beeinflussen kognitive Aspekte und Lernverhalten der Akteure sowohl die Präferenzbildung als auch die Wahrnehmung und Auswahl verfügbarer Produkte zur Bedürfnisbefriedigung. Die Wahrnehmung und Lernsituation werden wiederum durch institutionelle Kontexte beeinflusst und kanalisiert.[35] Unter Institutionen werden in der Ökonomie formelle und informelle Regeln verstanden, die eine Regelmäßigkeit von Verhalten in bestimmten Handlungssituationen vorgeben und damit die Erwartungssicherheit der Akteure in Interaktionskonstellationen steigern.[36] Auch diese Institutionen bilden sich im evolutionären Prozess und sind von Erfahrungswissen, Kreativität und Lernverhalten der Akteure abhängig. Sie stehen damit auch in einem Wechselwirkungsverhältnis zum Nachfrageverhalten.[37]

In den folgenden Abschnitten werden wir den Vorgang der Nachfrage nach innovativen Produkten in drei Schritten untersuchen, die als notwendige Voraussetzungen zur abschließenden Nachfrageäußerung anzusehen sind: die Wahrnehmung eines Bedürfnisses, das durch bestehende Produkte nicht oder nur unzureichend befriedigt werden kann, die Wahrnehmung und Bewertung eines innovativen Produktes als Möglichkeit zur Bedürfnisbefriedigung und die Umsetzung dieser Bewertung in eine Nachfragehandlung. Selbstverständlich sind diese Handlungsabschnitte nicht als linearer Prozess zu verstehen, die nur in eine Richtung ablaufen, sondern als Teilsegmente einer fortwährenden Rückkopplungsschleife, bei der aus den Nachfrageabläufen wiederum Reaktionen durch Innovatoren und Imitatoren ausgelöst werden.

33 Vgl. zur Aufhebung dieser Annahmen auch Bowles, S., Endogenous preferences: The cultural consequences of markets and other economic institutions. – In: Journal of Economic Literature. 36(1998), S. 75 – 111; Malerba, F. et al., History friendly models of industrial evolution: The computer industry. – In: Industrial Dynamics and Corporate Change. 8(1999), S. 1 – 36.

34 Hierbei handelt es sich um Grundbedürfnisse, vgl. zu einer Systematik Witt, U., Learning to consume: A theory of wants and the growth of demand. – In: Journal of Evolutionary Economics 11(2001), S. 23 – 36.

35 Vgl. Frey, B. S., Institutions shape preferences: The approach of „psychology & economics". – In: Evolution and design of institutions. Hrsg. v. C. Schubert and G. v. Wangenheim. London: Routledge 2005.

36 Vgl. North, D. C., Institutions, institutional change and economic performance. Cambridge: Cambridge University Press 1990.

37 Vgl. zu solchen Interdependenzen Binder, M. / Niederle, U.-M., Institutions as determinants of preference change – a one way relation? Jena: Max Planck Institute of Economics 2006.

3.2. *Der Prozess der Nachfrage nach Innovationen*

Die Ökonomik geht grundsätzlich von der souveränen Entscheidung eines Akteurs über seine Produktnachfrage aus. Als Ausgangspunkt für die Durchsetzung eines innovativen Produktes ist daher die Existenz eines Bedürfnisses bei Nachfragern anzusehen, das durch das innovative Produkt gedeckt werden kann. Wie verändern sich solche Bedürfnisse, und unter welchen Umständen treten neue Bedürfnisse hinzu? Zu unterscheiden ist zwischen der Aufwertung eines bestehenden Bedürfnisses und der Wahrnehmung eines neuen Bedürfnisses. Während die neoklassischen Modelle von gegebenen, unveränderbaren Präferenzen ausgehen,[38] differenzieren evolutorische Modelle zwischen Grundbedürfnissen, die weitgehend genetisch vorbestimmt sind und in bestimmten Ausprägungen bei allen Menschen vorkommen, sozialen Instinkten, die bestimmte Grundbedürfnisse nach Interaktion und Kooperation in die Bewertung der Bedürfnisbefriedigung einbeziehen, und persönlichen Einstellungen, die allgemeine Vorbewertungen erwünschter oder unerwünschter Stimuli umfassen.[39]

Die Wahrnehmung neuer Bedürfnisse geht zumeist mit veränderten persönlichen Einstellungen einher. Diese persönlichen Einstellungen können sich aufgrund veränderter Lebensumstände, Regeln des Zusammenlebens (institutionelle Veränderungen) oder Anpassungen an das Verhalten anderer verändern. Als Beispiel für die Auswirkungen veränderter Lebensumstände auf die Veränderung von Nachfragestrukturen gilt die Durchsetzung süßer Lebensmittel bei der Nahrungsaufnahme. Erst durch die Industrialisierung mit dem dadurch entstehenden Bedarf an schneller Nährstoffzufuhr bei geringer Zubereitungszeit und die Internationalisierung des Lebensmittelhandels mit günstiger Verfügbarkeit süßer Lebensmittel veränderten sich die Nahrungsgewohnheiten grundlegend.[40] Die veränderten Lebensumstände der Industriearbeiter „erzwangen" eine wiederholte Erprobung dieser Form der Nahrungszufuhr und durch dieses „rein-forcement learning" verbanden die Konsumenten die Verwendung süßer Lebensmittel nicht nur mit einer Deckung des Grundbedürfnisses „Vermeidung des Hungers", sondern veränderten auch ihre Einstellung zu Geschmack und Zubereitungsintensität von Lebensmitteln. Neben dem „Erlernen durch Wiederholung und Verstärkung"[41] wird dem kognitiven Lernen durch Vergleich mit anderen eine hohe Bedeutung bei der Bedürfnisentwicklung zugewiesen. Hier erfolgt das Lernen zumeist über Imitation innerhalb sozialer

38 Dieser positivistische Minimalismus zeigt sich beispielsweise in der mikroökonomischen Grundannahme der „revealed preferences", die nicht zu hinterfragen und verändern sind, vgl. Samuelson, P. A., Consumption theory in terms of revealed preferences. – In: Economica. 15 (1948), S. 243 – 253.

39 Vgl. zusammenfassend hierzu Binder, M. / Niederle, U.-M., a. a. O..

40 Vgl. ausführlich hierzu Ruprecht, W., The historical development of the consumption of sweeteners – A learning approach. – In: Journal of Evolutionary Economics. 15(2005), S. 247 – 272.

41 Vgl. zu den lernpsychologischen Grundlagen Anderson, J. R., Learning and memory: An integrated approach. New York: John Wiley & Sons 1995.

Referenzgruppen.[42] Beispiele für solche Prozesse sind die Ausbreitungen der Nachfrage nach Mobilkommunikation oder Kommunikation über das Internet. Auch hier verstärken positive Erfahrungen aus der erprobten Nachfrage die Übernahme eines neuen Bedürfnisses, das nach einer bestimmten Zeit des erlernten Verhaltens als selbstverständlich nicht mehr hinterfragt wird. Wesentlich für die Größe des entstehenden Marktes sind die relevanten Referenzgruppen. Je nach Vielfalt und Ausdifferenzierung der Nachfragegruppen, kann es zu innovativen Massen- oder Nischenprodukten kommen.[43]

Die traditionelle Rolle staatlicher Einrichtungen war in diesem Kontext die Bereitstellung einer Mindestnachfrage zur Erprobung neuer Produkte und zur Bildung erster Referenzgruppen, die social cognitive learning anderer privater Nachfrager nach sich ziehen.[44] Hierbei zeigt die Wahl der geförderten Technologien und Produktkategorien wiederum ein social cognitive learning in den staatlichen Entscheidungsverfahren, da zumeist eine Orientierung an Technologien erfolgt, die auch in anderen als führend erachteten Industrieländern gefördert werden. Die Einsetzung von Expertengremien oder Delphi-Studien soll in diesem Kontext einer objektivierbaren Auswahl neuer Bedürfnisse dienen. Allerdings sind bei der Durchführung dieser Studien und der politischen Interpretationen Einflüsse des Lernverhaltens zu beachten, die eine Vielfalt möglicher Innovationsrichtungen begrenzen.[45] In den vergangenen Jahren führte die verstärkte Internationalisierung der Märkte zudem zu einer erhöhen Bedeutung der schnellen Erschließung großer Absatzmärkte, um sich im oligopolistischen Wettbewerb durchsetzen zu können. Dementsprechend werden international gültige technische Standards und Zulassungsvoraussetzungen zunehmend relevant, um die notwendige Größe der Absatzmärkte zu erzielen. Inwieweit diese Standards im privaten Wettbewerb oder durch zwischenstaatliche Vereinbarungen einzuführen sind, hängt von den jeweiligen Marktgegebenheiten und Zielsetzungen ab.[46]

Eine Aufwertung bestehender Bedürfnisse kann aus zwei Richtungen erfolgen. Der erste Ansatz ist die gezielte Erinnerung der Nachfrager an bestehende Grundbe-

42 Vgl. zu den Grundlagen Festinger, L., A theory of social comparison processes. – In: Human Relations. (1954), S. 117 – 140; Bandura, A., Social foundation of thought and action. A social cognitive theory. Upper Saddle River: Prentice Hall 1986.

43 Vgl. Mussweiler, T.,Comparison Processes in Social Judgment. Mechanisms and Consequences. – In: Psychological Review. 110(2003), S. 472 – 489; Janssen, M. A. / Jager, W., Fashions, habits and changing preferences. Simulation of psychological factors affecting market dynamics. – In: Journal of Economic Psychology. 22 (2001), S. 745 – 772.

44 Solche Strukturen zeigen sich beispielsweise in der staatlichen Nachfrage nach Produkten der inneren und äußeren Sicherheit, aber auch im politischen Druck auf Nachfrager aus der Luftfahrt.

45 Vgl. zu Versuchen, aus Förderprogrammen und ihren Evaluierungen Lernforen zu machen, Kuhlmann, S., Evaluation of research and innovation policies: a discussion of trends with examples from Germany. – In: International Journal of Technology Management. 26(2003), S. 131 – 149.

dürfnisse und ihre Bedeutung. Beispiele sind innovative Produkte, die zu einer Verbesserung des Gesundheitsschutzes beitragen oder die Sicherheit, beispielsweise im Güter- und Personentransport, erhöhen sollen. Staatliche Vorgaben können hier wiederum zu reinforcement and social cognitive learning beitragen, indem Sicherheitsstandards verschärft werden, und ihre Nicht-Einhaltung mit Sanktionen verbunden wird.[47] Zudem können Informationskampagnen zu einer erhöhten Aufmerksamkeit für diese Grundbedürfnisse beitragen. Gerade bei diesen Produktkategorien zeigt sich in der Praxis allerdings, dass erst öffentlichkeitswirksame Schäden oder persönliche Erfahrungen zu einer tatsächlichen Veränderung der Lernsituation (in politischen Entscheidungsverfahren oder individuellen Handlungen) führen.[48] Der zweite Ansatz, der zu einer Aufwertung bestehender Bedürfnisse führt, baut auf einer Sättigung anderer, höher gewichteter Grundbedürfnisse auf.[49] Vormals nachrangige Bedürfnisse können dann verstärkt und bewusst als Möglichkeit zur Differenzierung eingesetzt werden.[50] Allerdings erstreckt sich dieser Ansatz zumeist nur auf nichemarket innovations or regular innovations, da einzelne Marktsegmente mit neuen Produktcharakteristika unter Beibehaltung bestehender Marktgegebenheiten entstehen.

Der zweite Schritt im Nachfrageprozess ist die Wahrnehmung und Bewertung eines innovativen Produktes als Mittel zur Befriedigung neuer Bedürfnisse. Die entscheidende Herausforderung dieses Schrittes liegt in der Schaffung von Vertrauen in die Funktionalität eines „fremden" Produktes, da persönliche Erfahrungen des Nachfragers fehlen. Zumeist werden zwei Wege zur Überwindung dieser Herausforderung gewählt: die Anlehnung an bereits bestehende Referenzmärkte oder -produkte oder die Objektivierung der Bewertung durch externe, formale Bewertungsvorgänge. Eine Anlehnung an bereits bestehende Referenzmärkte erfolgt beispielsweise bei der Durchsetzung neuer Werkstoffe in der Fahrzeugindustrie. So wird ein Einsatz neuer Verbundwerkstoffe mit geringerem Gewicht bei größerer Flexibilität im Fall von Be-

46 Vgl. zur These eines Marktversagens Farrell, J. / Saloner, G., Installed Base and Compatibility: Innovation, Product Preannouncements and Predation. – In: American Economic Review. 76 (1986), S. 940 – 955. Beispielsweise gilt die schnelle Vereinbarung auf den GSM- und später UMTS-Standard als eine wichtige Ursache für die schnellere Durchsetzung der Mobilkommunikation in Europa im Vergleich zur USA, vgl. Beise, M. et al., Lead Market Deutschland. A. a. O..

47 Ein typisches Beispiel sind die Kontrollen und Sanktionen zur Durchsetzung des Sicherheitsgurtes in privaten Pkw in Deutschland.

48 Vgl. zu Beispielen aus dem Arzneimittelschutz Kröcken, G., Risikotransformation. Voraussetzungen, Strukturen und Folgen der politischen Regulierung von Arzneimittelgefahren, in: Risiko und Regulierung. Soziologische Beiträge zur Technikkontrolle und präventiver Umweltpolitik. Hrsg. v. G. Kröcken u. P. Hiller. Frankfurt: Suhrkamp 1997. S. 116 – 145.

49 Vgl. Christensen, C., The innovator's dilemma. Cambridge: Harvard Business School Press 1997.

50 Vgl. beispielhaft Frenzel-Baudisch, A., Functional demand satiation and industrial dynamics. The emergence of the global value chain for the US footwear industry. Copenhagen: Danish Research Unit for Industrial Dynamics 2006.

lastungen erst in einem Massenmarkt wie der Automobilindustrie erwogen, nachdem Erfahrungen in der Rennsport- und Luftfahrtindustrie die grundsätzliche Funktionalität anzeigen.[51] Auch im Fall neuer kommerzieller Produkte, die über das Internet vertrieben werden, deutet das Auftreten zahlreicher Anbieter aus traditionellen Märkten (beispielsweise beim Vertrieb von Inhalten oder dem Angebot von Internet-Telefonie) auf die Bedeutung vertrauter Strukturen hin, um Vorbehalten der Nachfrager begegnen zu können. Ausgangspunkt sind demnach wiederum Vorgänge eines social cognitive learning durch passende Referenzmärkte, um Gelegenheit zur Erprobung durch die Nachfrager zu erhalten. Die staatliche Nachfrage in Sektoren wie Luft- und Raumfahrt, Energie- und Verteidigungstechnologien nimmt hierbei die Funktion der Schaffung von Referenzmärkten ein, an die sich private Märkte aus anderen Sektoren anschließen können.[52] Die Probleme, die bereits bei der Bedürfnisformulierung angesprochen wurden und zu mangelnder Vielfalt und Offenheit für innovative Produkte beitragen, gelten allerdings auch an dieser Stelle.[53]

Die Objektivierung der Bewertung ist ein Versuch, der Problematik einer asymmetrischen Informationsverteilung zwischen Anbietern und Nachfragern zu entgehen. Da der Nachfrager unsicher ist, welchen neuartigen Produkten er tatsächlich zutrauen kann, seine Bedürfnisse zu befriedigen, können die Anbieter, die aufgrund ihrer Entwicklungsinvestitionen über bessere Informationen verfügen, versuchen, durch extern beglaubigte Zusatzinformationen Vertrauen in die Zuverlässigkeit ihrer Angaben bei den Nachfragern aufzubauen.[54] Entsprechende Instrumente sind der Einsatz privater oder staatlicher Zertifizierungen oder die Übertragung bestehender Vertrauenselemente aus dem Angebot anderer Produkte durch Verwendung gleicher Produktmarken. Ein entscheidendes Problem dieser Strategie besteht darin, dass mit zunehmender Objektivierung der Aufwand des Nachfragers steigt, um sich über die Funktionalität innovativer Produkte zu informieren. Er muss daher in einen bewussten und zumindest zeitaufwendigen Lernprozess einsteigen, zu dem er nur bereit sein wird, wenn die Bedürfnisse, zu deren Deckung die innovativen Produkte beitragen sollen, nur von diesen Produkten deutlich besser gedeckt werden könnten und

51 Vgl. Liyanage, S. / Wink, R. / Nordberg, M., Path breaking innovations. A. a. O..

52 Dies ist eine Anknüpfung an das traditionelle Argument der Entstehung innovativer „spin offs" aus der staatlichen Forschungspolitik. Empirische Beweise für die Effizienz solcher Förderungen sind bislang jedoch auf Einzelfälle beschränkt, vgl. Klodt, H., German Technology Policy: Institutions, Objectives and Economic Efficiency. – In: Zeitschrift für Wirtschaftspolitik. 47(1998), S. 142 – 163; Czarnitzki, D. et al., Öffentliche Förderung der Forschungs- und Innovationsaktivitäten von Unternehmen in Deutschland. Mannheim: Zentrum für Europäische Wirtschaftsforschung 2003.

53 Vgl. zum Vorschlag der Nutzung von Auktionen zur Überwindung des Informationsproblems des Staates Blum, U. / Kalus, F.,: Auctioning public financial support incentives. – In: International Journal for Technology Management. 26(2003), S. 270 – 276.

54 Dies entspricht den Signalling-Strategien in Modellen asymmetrischer Informationsverteilung. Vgl. zu grundlegenden Modellüberlegungen Cho, I.-K.; Kreps, D.: Signalling Games and Stable Equilbria. – In: Quarterly Journal of Economics. 102(1987), S. 179 – 221.

ausreichend bedeutsam sind.[55] Je abstrakter und vielfältiger die Zertifizierungen eingesetzt werden, desto leichter kann es für den Nachfrager werden, das Vertrauen ohne ausführliche Kenntnisnahme der zugrunde liegenden Informationen zu übertragen, desto größer kann aber auch das Risiko für den Nachfrager sein, dass für ihn wesentliche Produkteigenschaften nicht gemäß seiner Bedürfnisse geprüft und bewertet wurden.

Ein weiteres Risiko besteht in dieser Phase bei noch nicht abschließend entwickelten Produkten. Mit zunehmend privater Finanzierung junger technologieorientierter Unternehmen nimmt der Druck eines schnellen Marktzugangs zu. Negative Erfahrungen in der Pionierphase können allerdings dauerhaft zu einer Negativbewertung führen, die es verbesserten Nachfolgeinnovationen erschweren, Nachfrage zu erschließen. Ein typisches Beispiel ist die Entwicklung von Gentherapien im Gesundheitsmarkt, die nach einem verfrühten Einsatz mit Todesfolge in ihrer Entwicklung nahezu zum Erliegen gekommen ist.[56]

Der dritte Schritt im Nachfrageprozess ist die Umsetzung aus der Bewertung innovativer Produkte in die konkrete Handlung. Erst mit dieser Aktion kommt es zu den von den Innovatoren erhofften Erlösen. Hier ist allerdings auch eine besonders hohe Barriere für die Nachfrager gegeben, die ihre Nachfrageaktionen erst in ihre Routinen einbauen müssen. Wiederum sind daher Prozesse eines reinforcement and social cognitive learning von entscheidender Bedeutung. Reinforcement learning kann durch eine Verknüpfung der Nachfrage nach innovativen Produkten mit bereits nachgefragten Produkten oder innerhalb bereits verwendeter Vertriebssysteme erfolgen. Auch hier nimmt der Staat in einzelnen Produktkategorien Einfluss, um von ihm erwünschte Produktinnovationen durchzusetzen, beispielsweise im Markt für regenerative Energieträger durch Verpflichtungen der Elektrizitätsnetzbetreiber zur Einspeisung entsprechender Energie zu einem festgelegten Mindestpreis oder durch gezielte steuerliche Förderung bestimmter Produkte (Drei-Wege-Katalysator oder zukünftig Dieselrußfilter in Pkw). Durch Anreize gelenkt, gewöhnen sich die Nachfrager an die Produkte und hinterfragen schließlich nicht mehr ihre Notwendigkeit. Problematisch an dieser Vorgehensweise sind die Auswahlmechanismen der staatlichen Förderung.[57] Je konkreter die Anreize an bestimmte Produkte oder Technologi-

55 Vgl. in diesem Kontext zu den Grenzen des Einsatzes von Zertifizierungen ökologisch innovativer Produkte Karl, H. / Orwat, C., Economic Aspects of Environmental Labelling. – In: The International Yearbook of Environmental and Resource Economics 1999/2000. A Survey of Current Issues. Hrsg. v. H. Folmer and T. Tietenberg. Cheltenham: Elgar 1999. S. 107 – 170.

56 Ähnliche Befürchtungen werden derzeit in der Stammzellforschung geäußert, da Erwartungen für kurzfristige Innovationen geweckt werden, die zu einem erhöhten Druck zum verfrühten Einsatz an menschlichen Patienten beitragen können, vgl. Liyanage, S. / Wink, R. / Nordberg, M.: Path breaking innovations. A. a. O..

57 Vgl. Wegner, G., Zur Pathologie wirtschaftspolitischer Lenkung. Eine neue Betrachtungsweise, in: Zwischen Evolution und Institution – neue Ansätze in der ökonomischen Theorie. Hrsg. v B. P. Priddat u. G. Wegner. Marburg: Metropolis 1996. S. 367 – 401.

en gekoppelt sind, desto schwächer ist der Wettbewerb um innovative Anpassungen an formulierte Bedürfnisse ausgeprägt und desto stärker wird Kreativität kanalisiert.

Social cognitive learning erfolgt zumeist durch eine Anlehnung an bestimmte Referenznachfrager oder bestimmte Leitthemen, innerhalb dessen die Produktnachfrage integriert werden kann. Als Negativbeispiel einer Vernachlässigung dieser Lernprozesse ist der Einsatz gentechnisch veränderter Organismen in Lebensmitteln anzusehen. Weder wurden ein passendes Leitthema und Bedürfnis formuliert, das die Attraktivität dieser Produkte erklären sollte, noch eine passende Referenznachfragegruppe gefunden.[58] Statt dessen wurde der Versuch eines reinforcement learning gemacht, indem bestehende Vertriebssysteme in der Lebensmittelindustrie genutzt werden sollten. Diese Übertragung wurde aber von den Nachfragern aufgrund der Wahrnehmung als ein spezieller Risikofall nicht akzeptiert. Es bleibt eine offene Frage, ob diese Produktgruppen in einer späteren Entwicklungsphase durch Verknüpfung mit dem so genannten „gene pharming“ in einen anderen Kontext gelenkt werden können. Umgekehrt ist es pharmazeutischen Unternehmen gelungen, durch intensive Kooperation mit Patientengruppen frühzeitige Nachfrage an sich zu binden und zugleich Barrieren im Zulassungsverfahren zu verringern.[59] Auch hier können staatliche Einrichtungen durch Informationen und finanzielle Anreize zu einer Verringerung von Marktzugangsbarrieren beitragen. Beispiele sind staatliche Anreize für Instrumente der privaten Alterssicherungen.

Im folgenden Abschnitt diskutieren wir die Folgerungen aus dieser evolutionären Perspektive auf die Innovationsnachfrage vor dem Hintergrund der deutschen Innovationspolitik.

4. *Schlussfolgerungen für die deutsche Innovationspolitik*

Die Förderung der Innovationsfähigkeit nahm als Ziel der bundesdeutschen Forschungs- und Wissenschaftspolitik deutlich an Bedeutung zu. Entsprechende Veränderungen wurden insbesondere auf drei Ebenen sichtbar:[60]

58 Vgl. Artuso, A., Risk Perceptions, endogenous demand and regulation of agricultural biotechnology. – In: Food Policy. 28(2003), S. 131 – 145; Scholderer, J. / Frewer, L. J., The Biotechnology Communication Paradox: Experimental Evidence and the need for a new strategy. – In: Journal of Consumer Policy. 26(2003), S. 125 – 157.

59 Dies war der Grundstein des Erfolgs des bio-pharmazeutischen Unternehmens Genentech Inc., vgl. Henderson, R. / Orsenigo, L. / Pisano, G., The Pharmaceutical Industry and the Revolution in Molecular Biology: Interactions among Scientific, Institutional and Organisational Change. – In: Sources of Industrial Leadership. Hrsg. v. D. Mowery and R. R. Nelson. Cambridge: Cambridge University Press 1999. S. 43 – 64.

60 Vgl. zu einem Überblick über Ansätze in der bundesdeutschen Innovationspolitik Karl, H. / Wink, R., Innovation Policy and Federalism. The German Case. – In: International Journal of Foresight and Innovation Policy. 2(2006), S. 265 – 284; Eickelpasch, A. / Fritsch, M., Contests for cooperation – A new approach in German innovation policy. – In: Research Policy. 34 (2005), S. 1269 – 1289; Blum, U. et al., Systemevaluation der Wirtschaftsintegrierenden Forschungsförderung. Berlin: Bundesministerium für Wirtschaft 2001.

- eine Anpassung der traditionellen institutionellen Förderung der Wissenschaft über die vier großen Wissenschaftsorganisationen, die an die Stelle fester Budgets höhere Anteile wettbewerblicher Ausschreibungen setzte, und bei Evaluierungen der Organisationen auch die Zahl von Ausgründungen, Lizenz- und Produktverkaufserlösen betonte,
- eine Anpassung der Forschungsförderung für Unternehmen in Richtung einer stärkeren Orientierung an regionalen Kompetenznetzwerken, in denen die Zusammenarbeit zwischen Forschungseinrichtungen, Unternehmen, Hochschulen und Intermediären institutionell gestützt wird,
- eine Anpassung des Rechts immateriellen Eigentums mit einer Stärkung der Hochschulen gegenüber den Hochschullehrern und einer Spezialisierung der Kommerzialisierung durch Patentverwertungsagenturen.

Aus der Sicht der evolutorischen Institutionenökonomik ist bei diesen Anpassungen hervorzuheben, dass der Versuch unternommen wurde, die Entstehung von Institutionen zu unterstützen, die eine Interaktion und Zusammenarbeit zwischen unterschiedlichen Wissensträgern in der Wertschöpfungskette der Wissensproduktion erleichtern soll. Diese institutionellen Grundlagen werden in den Ansätzen regionaler und sektoraler Innovationssysteme als wichtige Voraussetzung zur Entstehung von Lernprozessen innerhalb der Wissensproduktion und zur Überwindung von Grenzen zwischen konventioneller Grundlagenforschung und anwendungsorientierter Entwicklung innovativer Produkte angesehen. Evaluierungen verweisen darauf, dass die Ansätze in Deutschland vor allem in den Sektoren und bei den Technologien erfolgreich sind, bei denen bereits vielfältige Erfahrungen in der technologischen Umsetzung und Vermarktung existieren.[61] Schwächen werden hingegen bei der Verknüpfung mit solchen Märkten beobachtet, bei denen private Nachfrager als Endnachfrager auftreten (Ausnahme ist hier der Automobilmarkt) und bei denen Unternehmen mit ausschließlichen Produkten der Spitzenforschung eine international relevante Mindestgröße erreichen müssen.

Gerade diese Schwächen verweisen auf die Notwendigkeit einer stärkeren Beachtung der Nachfrage innerhalb der Innovationspolitik. Angesichts der Internationalisierung der Märkte für Spitzentechnologien erhält die schnelle Erschließung großer Absatzmärkte eine entscheidende Bedeutung. Für die bundesdeutschen Innovatoren bedingt dies die Notwendigkeit, sich nicht nur auf deutsche Märkte konzentrieren zu können, sondern die Vorteile eines integrierten europäischen Marktes für sich zu nutzen. Die Europäische Union versucht diesem Bedarf durch eine stärkere Betonung der Produktentwicklung in der Forschungsförderung Rechnung zu tragen.[62] Allerdings zeigen zwischenstaatliche Differenzen in der Zulassungspraxis für innovative Produkte, Diskussionen um europaweite Verteilungen finanzieller Förderungen

61 Vgl. Legler, H. / Gehrke, B. et al., a. a. O.; Polt, W. et al., Benchmarking Industry-Science Relations – The Role of Framework Conditions. Mannheim and Vienna: Zentrum für Europäische Wirtschaftsforschung et al. 2001.

und unterschiedliche strategische Schwerpunktsetzungen in den Einzelstaaten die Grenzen eines konzertierten europäischen Vorgehens auf. Sprachliche, kulturelle und soziale Unterschiede grenzen zudem die dauerhafte Mobilität der Forscher in Europa ein.[63] Unternehmen sehen dies als deutlichen Nachteil gegenüber der Praxis in den USA an.[64]

Neben diesen geographischen Beschränkungen der Nachfrageentwicklung weisen die institutionellen Anreize durch die Innovationspolitik Defizite bei der Einbeziehung von Absatzmärkten auf. Wesentliche Aspekte einer solchen Einbeziehung sind im dritten Kapitel aufgeführt worden. Die bestehenden Anreize erfolgen vor allem durch Subventionierungen von Forschungs- und Entwicklungsprozessen und innovativen Produkten und durch Förderungen von Netzwerkbildungen. Diese Netzwerkbildung verfolgt zumeist einen regionalen Fokus, selbst wenn geographische Nähe keine notwendige Voraussetzung für Kooperationen und Markterschließungen darstellt.[65] Im Ergebnis sind die Akteure durch die Anreizgestaltung gezwungen, zumindest formal den Nachweis einer Netzwerkkooperation zu erbringen, auch wenn faktisch keine Erträge für den Innovationsprozess entstehen. Eine Markterschließung wird auf diese Weise behindert. Erfolgversprechender erscheint die Ausrichtung an einer geographieunabhängigen Förderung der Vernetzung zwischen jungen technologieorientierten und etablierten Unternehmen.[66]

Die Subventionierungen innovativer Produkte durch direkte staatliche Nachfrage – beispielsweise in der Luft- und Raumfahrt – oder ihre gezielte finanzielle Förderung – beispielsweise im Bereich regenerativer Energieträger – ermöglichen die zunehmende Marktreife dieser Produkte. Allerdings sagt diese geschützte Erschließung nationaler Märkte (analog zu einer Förderung so genannter „infant industries“) noch nichts über die Vermarktungsfähigkeiten auf weniger geschützten Märkten aus.[67] Als abschreckendes Beispiel einer solchen Entwicklung innovativer Märkte gilt die Erfahrung mit dem Magnetschnellzug „Transrapid“. Nach jahrzehntelanger Entwicklungszeit und Problemen bei der Erschließung internationaler Märkte gelang zwar die Akquisition eines Referenzauftrags aus China. Allerdings ermöglichte dieser Auftrag chinesischen

62 Vgl. zu entsprechenden Bewertungen aus der Sicht europäischer Stammzellforscher Wink, R., Transnationalisierung und Standortwettbewerb in der Stammzellforschung. A. a. O., S. 177 - 195.

63 Vgl. zu entsprechenden Problemen am Beispiel der Arzneimittelmärkte Howells, J., A European Innovation System in Pharmaceuticals? – In: International Journal of Biotechnology. 4(2002), S. 96 – 114.

64 Vgl. zur Bedeutung der US-amerikanischen Absatzmärkte für die Standortentscheidungen biotechnologischer Unternehmen Cooke, P., a. a. O., 29(2005), S. 325 – 341.

65 Vgl. Alecke, B. et al., a. a. O., S. 19 – 42.

66 Vgl. zu Erfahrungen in integrierten Technologien, die neuartige Spitzenforschung und etablierte Industrien verknüpfen, Benzler, G. / Wink, R., Managing changes to integrative technologies – the case of biophotonics. – In: International Journal of Learning and Change. 1(2005), S. 11 – 27.

67 Vgl. Legler, H. / Gehrke, B. et al., a. a. O..

Unternehmen die Verletzung intellektueller Eigentumsrechte und damit den Aufbau einer erfolgreichen Konkurrenz um Folgeaufträge. Gerade bei diesen Versuchen der Schaffung von Referenzmärkten werden die Defizite einer fehlenden europaweiten Integration deutlich.

Neben direkter Nachfrage und Subventionierung wurde im dritten Kapitel auf die hohe Bedeutung staatlicher Standards und Zertifizierungen hingewiesen. Durch solche Standards können bestimmte Bedürfnisse höher gewichtet und Vertrauen in die Qualität innovativer Anbieter aufgebaut werden. Im Bereich des zivilen Flugzeugbaus wird in diesem Kontext auf den dominanten Einfluss der europäischen und US-amerikanischen Zulassungsbehörden hingewiesen.[68] Durch die explizite Formulierung bestimmter Mindestanforderungen an innovative Produkte – verknüpft mit einer kostenintensiven Erstellung notwendiger Unterlagen – werden die europäischen und nordamerikanischen Märkte vor potenziellen Konkurrenten aus Asien und Osteuropa geschützt. Zugleich ermöglicht die Erprobung dieser jeweils neuartigen Qualitäten die Durchsetzung auf anderen internationalen Märkten und damit den Anpassungsdruck auf Anbieter außerhalb der EU und den USA. Ähnliche Entwicklungen werden durch Anforderungen an klinische Tests im Bereich der medizinischen Therapien ausgelöst. Angesichts des fortlaufenden Rückgangs staatlicher Finanzierung von Forschungs- und Entwicklungsprozessen werden diese Ansätze formaler Wissensprüfung zunehmend für Markterschließungen und -ausbreitungen relevant. Auch hier wird das Gewicht der Förderung mit stärkerer europäischer Integration zunehmen.

5. *Fazit*

Die Bedeutung der Nachfrage für die Entstehung und Verbreitung innovativer Produkte ist in den vergangenen zwei Jahrzehnten in der Ökonomik zunehmend beachtet worden. Die traditionelle Rolle staatlicher Einflussnahme durch die Finanzierung direkter Nachfrage wird angesichts der begrenzten öffentlichen Haushalte allmählich in Richtung einer rahmensetzenden Institutionenbildung verändert. Hierzu ist es erforderlich, nicht nur den Prozess der Innovationsentstehung und -vermarktung aus der Sicht des Angebotes zu verstehen, sondern auch Veränderungen der Nachfrage und dahinterstehende Lernprozesse zu analysieren. Innovationen, die neuartige Marktorganisationen und Produktcharakteristika bedingen, bedeuten sowohl für Anbieter als auch Nachfrager eine Herausforderung, da sie Unsicherheit auslösen und bestehende Angebots- und Nachfragevorgänge entwerten. Eine Überwindung dieser Herausforderung kann nur gelingen, wenn der Prozess der Bedürfnisanpassung, Produktbewertung und Nachfrageveränderung durch geeignete institutionelle Anreize begleitet wird. Die deutsche Innovationspolitik hat im vergangenen Jahrzehnt eine deutliche Veränderung in Richtung einer stärkeren Vernetzung der einzel-

68 Vgl. hierzu mit weiteren Verweisen Liyanage, S. / Wink, R. / Nordberg, M.: Managing path-breaking innovations. A. a. O..

nen Teilnehmer am Innovationsprozess erfahren. Eine systematische Einbeziehung der Nachfrager in diese Anreizsysteme fehlt jedoch noch, bietet aber die Chance, Wettbewerbsvorteile gegenüber globalen Konkurrenten auszubauen, wenn es gelingt, die Vorteile einer europäischen Integration zu nutzen. Kurzfristige Beschäftigungseffekte sind aber auch bei einer entsprechenden Nutzung des Potenzials nicht zu erwarten. Vielmehr wird es darauf ankommen, durch den Ausbau arbeitsintensiver Dienstleistungen Brücken für gering qualifizierte Arbeitskräfte zu bauen und durch eine Anpassung des Bildungssystems die Gefahr eines Ausschlusses aus dem Qualifizierungsprozess zu verringern.

Autoren

Prof. Dr. Gerhard Banse, Fraunhofer-Anwendungszentrum für Logistiksystem-planung und Informationssysteme an der Brandenburgischen Technischen Universität Cottbus, Konrad-Wachsmann-Allee 1, D - 03046 Cottbus

Prof. Dr. Klaus Fischer, Fachbereich für Philosophie / Wissenschaftstheorie der Universität Trier, D - 54286 Trier

Prof Dr. Klaus Fuchs-Kittowski, Fachhochschule für Technik und Wirtschaft Berlin, Treskowallee 8, D - 10318 Berlin

Dr. Siegfried Greif, Heiterwangerstraße 52, D - 81373 München

Dr. Karlheinz Lüdtke, Fridtjof-Nansen-Straße 6, D - 99425 Weimar

PD Dr. Heinrich Parthey, Institut für Bibliotheks- und Informationswissenschaft der Humboldt-Universität zu Berlin, Dorotheenstraße 26, D - 10099 Berlin

Prof. Dr. Günter Spur, Institut für Werkzeugmaschinen und Fabrikbetrieb der Technischen Universität Berlin, Pascalstraße 8/9, D - 10587 Berlin

Prof. Dr. Rüdiger Wink, Fachbereich Wirtschaftswissenschaften der Hochschule für Technik, Wirtschaft und Kultur Leipzig, Postfach 301166, D - 04251 Leipzig

Publikationen der Mitglieder im Jahre 2005

Manfred Bonitz[1]: Klaus Fuchs – The enduring contribution to physics from his British period. – In: Scientometrics (Budapest–Amsterdam). 62(2005)3, S. 343 – 351.

Manfred Bonitz: Ten years Matthew effect for countries. – In: Scientometrics (Budapest–Amsterdam). 62(2005)3, S. 375 – 379.

Manfred Bonitz: Warum sind diese Matthew-Zitierungen so wichtig? Ansatz zu einer umfassenden Theorie des Matthäus-Effekts im System der wissenschaftlichen Kommunikation. – In: Kommunikationskompetenz. Proceedings des 23. Oberhofer Kolloquiums über Information und Dokumentation, April 7 – 9 2005. Hrsg. v. B. Marscheffel u. D. Fischer. Gotha: Technische Universität Ilmenau 2005. S. 97 – 108.

Manfred Bonitz: Ten years Matthew effect for countries. – In: Information Services for Basic and Applied Science. VINITI–ICSTI–Conference May 27 2005. Hrsg. VINITI–ICSTI.Moskva: VINITI 2005. S. 14 – 18.

Manfred Bonitz: The Matthew Effect for Countries (MEC): Its Impact on Information Science. – In: ISSI Newsletter. 1(2005)3, S. 8 – 10.

Manfred Bonitz: Meine Annäherung an Vassily Vassilevich Nalimov (in Russisch). – In: Ya – drug svobod .... Bd. II. Hrsg. v. Zh. A. Drogalina. Tomsk-Moskva: Vodolej Publishers 2005. S. 376 – 382.

Klaus Fischer: Deformationen von Wissenschaft im universitären System. – In: Universität und wissenschaftliches Wissen. Interdisziplinäre Zugänge im Prozeß veränderter Funktionszuweisungen. Hrsg. v. Eva Eirmbter-Stolbrink & Claudia König-Fuchs. Nordhausen: Bautz 2005. S. 99 – 137.

Klaus Fischer: Die Ökonomisierung der Forschung – oder: Was kostet die Unwahrheit? – In: Zentralblatt für Gynäkologie. 127(2005), S. 107 – 113.

Klaus Fischer: Buntbemalte Windeier. Gelten „Parkinsons Gesetze“ auch für die Universität? – In: Forschung und Lehre. 5(2005), S. 253.

Klaus Fischer: Code, System und Konflikt. Probleme intersystemischer Kommunikation. – In: Medien und Kultur. Mediale Weltauffassungen. Hrsg. v. Ralf Becker u. Ernst Wolfgang Orth. Würzburg: Königshausen & Neumann 2005. S. 83 – 118.

Klaus Fischer: Bilder des Kosmos aus wissenschaftshistorischer Sicht. – In: Perspektiven fortschrittlicher und kritischer Wissenschaft. Dokumentation 2. Offene Universität, 3. Oktober – 8. Oktober 2005. Hrsg. von Christoph Klug u.a. Gelsenkirchen. S. 54 – 58.

1. Kursiv: Mitglieder der Gesellschaft für Wissenschaftsforschung

Klaus Fischer: Visuelles Denken. Rudolf Arnheim und die moderne Erkenntnistheorie. – In: „Wer ist weise? Der gute Lehr von jedem annimmt". Festschrift für Michael Albrecht zu seinem 65. Geburtstag. Hrsg. von Heinrich P. Delfosse u. Hamid Reza Yousefi. Nordhausen: Bautz 2005. S. 47 – 67.

Klaus Fischer: Klinische medizinische Forschung zwischen Lifestyle, Recht und Kommerz. – In: Cardiac Research. Institut für Herz-Kreislaufforschung an der Universität Witten-Herdecke. Entwicklungsbericht 2000-2005. Hrsg. v. Thomas Scheffold. Dortmund 2005. S. 6 – 7.

Klaus Fuchs-Kittowski, Hans A. Rosenthal & André Rosenthal: Die Entschlüsselung des Humangenoms – ambivalente Auswirkungen auf Gesellschaft und Wissenschaft. – In: Erwägen Wissen Ethik (Deliberation Knowledge Ethics) EWE (Stuttgart). 16(2005)2, S. 149 – 162.

Klaus Fuchs-Kittowski, Hans A. Rosenthal & André Rosenthal: Geistes und Naturwissenschaften im Dialog. – In: Erwägen Wissen Ethik (Deliberation Knowledge Ethics) EWE (Stuttgart). 16(2005)2, S. 219 – 234.

Jochen Gläser: Neue Begriffe, alte Schwächen: Virtuelle Gemeinschaft. – In: Online – Vergesellschaftung. Mediensoziologische Perspektiven auf neue Kommunikationstechnologien. Hrsg. v. Michael Jäckel u. Manfred Mai. Wiesbaden: VS Verlag 2005. S. 51 – 72.

Jochen Gläser & *Grit Laudel:* Advantages and dangers of 'remote' peer evaluation. – In: Research Evaluation. 14(205), S. 186 – 198.

Siegfried Greif: Frauen im Erfindungswesen: Eine patentstatistische Analyse. Berlin: Gesellschaft für Wissenschaftsforschung 2005. 305 Seiten.

Frank Havemann, Michael Heinz & *Roland Wagner-Döbler:* Firm-like behavior of journals. Scaling properties of their output and impact growth dynamics. – In: Journal of the American Society for Information Science and Technology (Weinheim). 56(2005)1, S. 3 – 12.

Eckhart Henning: Wissen, Wissenschaft und Wissenschaftsgeschichte. – In: Aus Wissenschaftsgeschichte und -theorie. Hubert Laitko zum 70. Geburtstag überreicht von Freunden, Kollegen und Schülern. Hrsg. v. *Horst Kant* u. Annette Vogt. Berlin: Verlag für Wissenschafts- und Regionalgeschichte Dr. Michael Engel 2005. S. 51 – 73.

Horst Kant & Annette Vogt (Hrsg.): Aus Wissenschaftsgeschichte und -theorie. Hubert Laitko zum 70. Geburtstag überreicht von Freunden, Kollegen und Schülern. Berlin: Verlag für Wissenschafts- und Regionalgeschichte Dr. Michael Engel 2005. 538 Seiten.

Horst Kant: Forschungen über Radioaktivität am Kaiser–Wilhelm–Institut für Chemie – Die Abteilung(en) Hahn/Meitner und ihre internationalen Kontakte. – In: Aus Wissenschaftsgeschichte und -theorie. Hubert Laitko zum 70. Geburtstag überreicht von Freunden, Kollegen und Schülern. Hrsg. v. *Horst Kant* u. Annette Vogt. Berlin: Verlag für Wissenschafts- und Regionalgeschichte Dr. Michael Engel 2005. S. 289 – 320.

Horst Kant: Albert Einstein und das Kaiser-Wilhelm-Institut für Physik. – In: Albert Einstein – Ingenieur des Universums. Hundert Autoren für Einstein. Hrsg. v. Jürgen Renn. Weinheim: WILEY–VCH Verlag 2005. S. 166 – 169.

Horst Kant: Deutsche Naturwissenschaftler und die Wirkungen des Russell–Einstein–Manifestes. – In: Albert Einstein – Ingenieur des Universums. Hundert Autoren für Einstein. Hrsg. v. Jürgen Renn. Weinheim: WILEY–VCH Verlag 2005. S. 430 – 433.

Eckart Henning, Horst Kant & Annette Vogt: Hubert Laitko zum 70. Geburtstag. – In: NTM. Internationale Zeitschrift für Geschichte und Ethik der Naturwissenschaften, Technik und Medizin N.S. (Basel). 13(2005)1, S. 46 – 47.

Horst Kant: Betrachtungen zur Physik an der Reichsuniversität Straßburg 1942-1944. – In: Les Reichsuniversitäten de Strasbourg et de Poznan et les résistances universitaires 1941-1944. Hrsg. v. Christian Baechler, François Igersheim & Pierre Racine (= Collection Les Mondes Germaniques 12). Strasbourg: Presses Universitaires de Strasbourg 2005. S. 185 – 203.

Horst Kant: Heinrich Rubens. – In: Neue Deutsche Biographie. Hrsg. von der Historischen Kommission der Bayerischen Akademie der Wissenschaften. Bd. 22. Berlin: Duncker & Humblot 2005. S.154 – 155.

Horst Kant: Eduard Rüchardt. – In: Neue Deutsche Biographie. Hrsg. von der Historischen Kommission der Bayerischen Akademie der Wissenschaften. Bd. 22. Berlin: Duncker & Humblot 2005. S. 205 – 206.

Horst Kant: Günter Scheibe. – In: Neue Deutsche Biographie. Hrsg. von der Historischen Kommission der Bayerischen Akademie der Wissenschaften. Bd. 22. Berlin: Duncker & Humblot 2005. S. 621 – 622.

Horst Kant: Paul Scherrer. – In: Neue Deutsche Biographie. Hrsg. von der Historischen Kommission der Bayerischen Akademie der Wissenschaften. Bd. 22. Berlin: Duncker & Humblot 2005. S. 704 – 705.

Horst Kant: Contribution à l'histoire de la physique à Strasbourg 1941-1944. – In: La science sous influence – L'université de Strasbourg enjeu des conflits franco-allemands 1872-1945. Ed. by Elisabeth Crawford et Josiane Olff-Nathan. La Nuée Bleue, Strasbourg 2005. S. 257 – 267.

Horst Kant: Rezension zu David Cassidy: J. Oppenheimer and the American Century (PI Press, New York 2005). – In: Physik Journal. 4(2005)7, S. 56.

Horst Kant: Rezension zu Mauro Dardo: Nobel Laureates and Twentieth-Century Physics (Cambridge Univ. Press 2004). – In: Physik-Journal. 4(2005)10, S. 60 – 61.

Horst Kant: Spekulationen und Fakten. Rezension der Bücher von Heinrich Zankl „Nobelpreise. Brisante Affären, umstrittene Entscheidungen" (Weinheim 2005) und Alfred Neubauer „Bittere Nobelpreise" (Norderstedt 2005). – In: Nachrichten aus der Chemie. 53(2005)12, S. 1268 – 1270.

Marion Kazemi: Eine Gründung in schwerer Zeit – das Kaiser-Wilhelm-Institut für Meeresbiologie in Wilhemshagen (1947-1948). – In: Aus Wissenschaftsgeschichte und -theorie. Hubert Laitko zum 70. Geburtstag überreicht von Freunden, Kollegen und Schülern. Hrsg. v. *Horst Kant* u. Annette Vogt. Berlin: Verlag für Wissenschafts- und Regionalgeschichte Dr. Michael Engel 2005. S. 345 – 377.

Matthias Kölbel: Wissensmanagement in der Wissenschaft. – In: Wissensmanagement in der Wissenschaft: Wissenschaftsforschung Jahrbuch 2004. Hrsg. v. Klaus Fuchs-Kittowski, Walther Umstätter & Roland Wagner–Döbler. Berlin: Gesellschaft für Wissenschaftsforschung 2005. S. 89 – 101.

Klaus Kornwachs: Pragmatic Information and the Generation of Knowledge. – In: Interdisciplinary Approaches to a New Understanding of Cognition and Consciousness. (Vigoni Conference 1997). Ed. by V. Braitenberg u. G. Radermacher. Ulm: Universitätsverlag Ulm 2005. S. 35 – 75.

Klaus Kornwachs: Präsenz und Existenz im Netz: Veränderte Strukturen des Daseins und der personellen Identität. – In: Kultur und/oder/als Technik – zur fragwürdigen Medialität des Internet. Symposium 19./20.09.2003 am Institut für Philosophie der Universität Potsdam. Hrsg. v. H.-J. Petsche. Berlin: Trafo 2005. S. 105 – 124.

Hildrun Kretschmer & I. F. Aguillo: New Indicators for Gender Studies in Web Networks. – In: Information Processing & Management. 41(2005)6, S. 1481 – 1494.

Hildrun Kretschmer, U. Kretschmer & Theo Kretschmer: Reflection of Co-authorship Networks in the Web: Web Hyperlinks versus Web Visibility Rates. – In: Proceedings of the 5th Triple Helix Conference, May 18-21, 2005, Turin, Italy (CD-ROM)

Hildrun Kretschmer, U. Kretschmer & Theo Kretschmer: Visibility of Collaboration between Immunology Institutions on the Web Including Aspects of Gender Studies. – In: Proceedings of the 10th ISSI International Conference on Scientometrics (Budapest/Amsterdam) and Informetrics, July 24-28, 2005, Stockholm, Sweden, Volume 2. Ed. by Peter Ingwersen u. Birger Larsen. Stockholm: Karolinska University Press 2005. S. 750 – 760.

Hildrun Kretschmer, *Frank Havemann* & Michael Heinz: Collaboration and distances between German immunological institutes. – In: Proceedings of the 10th ISSI International Conference on Scientometrics (Budapest/Amsterdam) and Informetrics, July 24-28, 2005, Stockholm, Sweden, Volume 2. Edited by Peter Ingwersen u. Birger Larsen. Stockholm: Published by Karolinska University Press 2005. S. 770 – 774.

Hubert Laitko: Wissenschaftsgeschichte – ein prekäres Metier. Beitrag auf dem Potsdamer Kolloquium am 15. März 2005 anlässlich des 80. Geburtstages von Dorothea Goetz. – In: Dahlemer Archivgespräche Band 11. Hrsg. v. *Eckart Henning* u. *Marion Kazemi*. Berlin: Archiv zur Geschichte der Max–Planck–Gesellschaft 2005. S. 97 – 107.

Hubert Laitko: Produktivkraft Wissenschaft, wissenschaftlich-technische Revolution und wissenschaftliches Erkennen. Diskurse im Vorfeld der Wissenschaftswissenschaft. – In: Denkversuche. DDR-Philosophie in den 60er Jahren. Hrsg. v. Hans-Christoph Rauh u. Peter Ruben. Berlin: Ch. Links Verlag 2005. S. 459 – 540.

Hubert Laitko: Bildung und Globalisierung. Kleine Annäherung an ein großes Thema. – In: Werte, Wissenschaft und Bildung unter dem Aspekt von Globalisierung und Nachhaltigkeit (= Rohrbacher Manuskripte H. 11). Hrsg. v. Rudolf Rochhausen. Leipzig: Rosa-Luxemburg-Stiftung 2005. S. 110 – 139.

Grit Laudel: Is external funding a valid indicator for research performance?. – In: Research Evaluation 14 (2005), S. 27 – 34.

Grit Laudel: Migration Currents among the scientific elite. – In: Minerva. 43(2005), S. 377 – 395.

Jochen Gläser & *Grit Laudel:* Advantages and dangers of 'remote' peer evaluation. – In: Research Evaluation 14(2005), S. 186 – 198.

Heinrich Parthey: Wege des Erkennens und Publizierens in der Wissenschaft. – In: Aus Wissenschaftsgeschichte und -theorie. Hubert Laitko zum 70. Geburtstag überreicht von Freunden, Kollegen und Schülern. Hrsg. v. *Horst Kant* u. Annette Vogt. Berlin: Verlag für Wissenschafts- und Regionalgeschichte Dr. Michael Engel 2005. S. 379 – 395.

Jochen Richter & Axel Schmetzke: Der philosophische Affe und die Eule der Minerva. – In: Aus Wissenschaftsgeschichte und -theorie. Hrsg. v. *Horst Kant* u. Anette Vogt. Berlin: Verlag für Wissenschafts- und Regionalgeschichte Dr. Michael Engel 2005. S. 11 – 31.

Andrea Scharnhorst & Werner Ebeling: Evolutionary Search Agents in Complex Landscapes. A new Model for the Role of Competence and Meta-competence (EVOLINO and other simulation tools). 2005. arxiv.org/abs/physics/0511232

Andrea Scharnhorst & M. Thelwall: Citation and Hyperlink Networks. – In: Current Science. 89(2005)9, S. 1518 – 1523.

Werner Ebeling, Lutz Schimansky-Geier, A. Neiman & *Andrea Scharnhorst*: Stochastic dynamincs of active agents in external fields. – In: Fluctuation and Noise Letters. 5(2005)2, L185 – L192.

John Erpenbeck & *Andrea Scharnhorst*: Modellierung von Kompetenzen im Licht der Selbstorganisation. – In: Selbstorganisation Managen. Hrsg. v. T. Meynhardt u. E. J. Brunner. Münster: Waxmann 2005. S. 83 – 103.

Günter Spur: Zum Selbstverständnis der Gesundheitstechnologien. – In: Proceedings of the acatech Symposium, Wachstum durch innovative Gesundheitstechnologien, Berlin, April 26, 2005. S. 20 – 25.

Günter Spur: Fertigungsverfahren. – In: Dubbel – Taschenbuch für den Maschinenbau. 21. Auflage. Hrsg. v. K.-H. Grote u. J. Feldhusen. Berlin: Springer-Verlag 2005. S. – .

Günter Spur: Die Wurzeln der ZWF. – In: Zeitschrift für wirtschaftlichen Fabrikbetrieb. 100(2005)1/2, S. 6 – 7.

Günter Spur: Arbeit durch technische Vernunft. – In: Zeitschrift für wirtschaftlichen Fabrikbetrieb. 100(2005)3, S. 90 – 91.

Günter Spur: Gesundheit als technologische Herausforderung. – In: Zeitschrift für wirtschaftlichen Fabrikbetrieb. 100(2005)4, S. 160 – 161.

Günter Spur: Technologiepolitik erfordert nachhaltige Reformen. – In: Zeitschrift für wirtschaftlichen Fabrikbetrieb. 100 (2005) 5, S. 234 – 235.

Günter Spur: Wettbewerbsfähig durch vernetzte Produktion. – In: Zeitschrift für wirtschaftlichen Fabrikbetrieb. 100(2005)7/8, S. 382 – 383.

Günter Spur: Der Vernunft im technischen Handeln. – In: Zeitschrift für wirtschaftlichen Fabrikbetrieb. 100(2005)9, S. 474 – 475.

Günter Spur: Mehr Planungssicherheiten bei Innovationen. – In: Zeitschrift für wirtschaftlichen Fabrikbetrieb. 100(2005)10, S. 548 – 549.

Walther Umstätter: Bibliographie, Kataloge, Suchmaschinen. Das Ende der Dokumentation als modernes Bibliothekswesen. – In: Bibliotheksdienst. 39(2005)11, S. 1442 – 1456.

Walther Umstätter: Anmerkungen zu Birger Hjørland and Jeppe Nicolaisen: Bradford's Law of Scattering: Ambiguities in the Concept of "Subject". – In: LIBREAS – 3/05 – Herbst 2005

Walther Umstätter: Die Rolle des Bibliotheksbaus für die moderne Bildungs- und Wissensproduktion in der optimal verteilten Bibliothek. – In: LIBREAS – Library Ideas. Ausgabe 1 (März 2005): "Bibliotheksbau" (elektronische Zeitschrift)

Walther Umstätter: 75 Jahre Bibliothekswissenschaft in Berlin – Rückblick und Ausblick. – In: Bibliothekswissenschaft – quo vadis? Hrsg. v. Petra Hauke. München: K. G. Saur 2005. S. 81 – 94.

Walther Umstätter: Bibliothekswissenschaft im Spannungsfeld von Bibliotheksgeschichte, Nationalökonomie des Gesitses und Informatik. – In: Das deutsche Bibliothekswesen als Aufgabe für Wissenschaft und Politik. Festschrift für Engelbert Plassmann zum 70. Geburtstag, Hrsg. v. G. Hakker u. T. Seela. Wiesbaden: Harrassowitz Verlag 2005. S. 49 – 65.

Walther Umstätter & *Roland Wagner-Döbler:* Einführung in die Katalogkunde: vom Zettelkatalog zur Suchmaschine. Dritte Auflage des Werkes von Karl Löffler. Völlig neu bearbeitet. Stuttgart: Anton Hiersemann 2005. 172 Seiten.

Roland Wagner-Döbler: The system of research and development indicators: Entry points for information agents. – In: Scientometrics (Budapest–Amsterdam). 62(2005)1, S. 145 – 153.

Roland Wagner-Döbler: Das Forschungsprogramm der Bibliothekswissenschaft. Einige Beobachtungen und Anregungen aus der Perspektive eines Wissenschaftstheoretikers und (ehemaligen) Bibliothekars. – In: Bibliothekswissenschaft – quo vadis. Bad Honnef: Bock und Herchen 2005.

Roland Wagner-Döbler: Pareto's Law im Rechtssystem: Ergebnisse bibliometrischer Analysen. – In: Gerechtigkeitswissenschaft. Kolloquium aus Anlass des 70. Geburtstages von Lothar Philipps. Hrsg. v. B. Schünemann (u.a.). Berlin: Berliner Wissenschafts-Verlag 2005. S. 317 – 325.

Roland Wagner-Döbler: Schach – ein Lotka-Volterra-Spiel? – In: Suomalaisen filosofian 'enfant terrible'. Kriittinen ajattelija ja tiedepoliittinen keskustelija. Juhlakirja tohtori Pertti Lindforsin 75-vuotispäivänä. Monitieteinen antologia. Hrsg. v. Erkki Hartikainen (u.a.). Helsinki: Otamedia 2005. S. 227 – 234.

Roland Wagner-Döbler: Rezension: Rafael Ball, Dirk Tunger: Bibliometrische Analysen – Daten, Fakten und Methoden. Grundwissen Bibliometrie für Wissenschaftler, Wissenschaftsmanager, Forschungseinrichtungen u. Hochschulen. Jülich: Forschungszentrum Jülich, Zentralbibliothek 2005. – In: ABI Technik. 25(2005), S. 311 – 312.

Frank Havemann, Michael Heinz & *Roland Wagner-Döbler:* Firm-like behavior of journals? Scaling properties of their output and impact growth dynamics. – In: Journal of the American Society for Information Science and Technology (Weinheim). 56(2005)1, S. 3 – 12.

Walther Umstätter & *Roland Wagner-Döbler:* Einführung in die Katalogkunde: vom Zettelkatalog zur Suchmaschine. Dritte Auflage des Werkes von Karl Löffler. Völlig neu bearbeitet. Stuttgart: Anton Hiersemann 2005. 172 Seiten.

Rüdiger Wink: Managing changes to integrative technologies – the case of biophotonics. – In: International Journal of Learning and Change. 1(2005), S. 11 – 27.

Rüdiger Wink: Transnationalisierung der Wissenströme in der Stammzellforschung. Zwischenbericht im Rahmen der BMBF-Forschungsinitiative "Wissen für Entscheidungsprozesse (WIE)". Bochum: Ruhr-Forschungsinstitut für Innovations- und Strukturpolitik 2005. 50 Seiten.

Rüdiger Wink: Planfeststellung aus ökonomischer Sicht. – In: Neuere Entwicklungen der Infrastrukturpolitik. Hrsg. v. K.-H. Hartwig u. A. Knorr. Göttingen 2005. S. 107 – 124.

Rüdiger Wink: Eco-tourism and collective learning: An institutional perspective. – In: International Journal for Environment and Sustainable Development. 4(2005)1, S. 2 – 16.

D. Becker-Soest & *Rüdiger Wink*: Unternehmensnetzwerke als Bestandteile betrieblichen und staatlichen Innovationsmanagements. – In: Innovationssichten. Hrsg. v. Gebr. Becker. Wuppertal 2005. S. 67 – 80.

G. Benzler & *Rüdiger Wink*: Managing changes to integrative technologies – the case of biophotonics. – In: International Journal of Learning and Change. 1(2005), S. 11 – 27.

Namensregister

Sachregister

Jahrbücher Wissenschaftsforschung

Wissenschaftsforschung: Jahrbuch 1994/95.
Hrsg. v. Hubert Laitko, Heinrich Parthey u. Jutta Petersdorf. Mit Beiträgen von Siegfried Greif, Günter Hartung, Frank Havemann, Horst Kant, Hubert Laitko, Karlheinz Lüdtke, Renate Müller, Heinrich Parthey u. Manfred Wölfling. Marburg: BdWi - Verlag 1996. 306 Seiten (ISBN 3-924684-49-6) - 20,00 €

Wissenschaftsforschung: Jahrbuch 1996/97.
Hrsg. v. Siegfried Greif, Hubert Laitko u. Heinrich Parthey. Mit Beiträgen von Siegfried Greif, Christoph Grenzmann, Claudia Hermann, Gunter Kayser, Karlheinz Lüdtke, Werner Meske, Heinrich Parthey, Roland Wagner-Döbler, Manfred Wölfling u. Regine Zott. Marburg: BdWi-Verlag 1998. 254 Seiten (ISBN 3-924684-85-5) vergriffen

Wissenschaft und Digitale Bibliothek: Wissenschaftsforschung Jahrbuch 1998.
Hrsg. v. Klaus Fuchs-Kittowski, Hubert Laitko, Heinrich Parthey u. Walther Umstätter. Mit Beiträgen von Manfred Bonitz, Klaus Fuchs-Kittowski, Siegfried Greif, Frank Havemann, Horst Kant, Hubert Laitko, Karlheinz Lüdtke, Heinrich Parthey, Wolfgang Stock, Walther Umstätter, Roland Wagner-Döbler, Petra Werner u. Regine Zott. Berlin: GeWif 2000. 368 Seiten. (ISBN 3-934682-30-8) - 19,43 €

Wissenschaft und Innovation: Wissenschaftsforschung Jahrbuch 1999.
Hrsg. v. Siegfried Greif u. Manfred Wölfling. Mit Beiträgen von Siegfried Greif, Christoph Grenzmann, Hans-Eduard Hauser, Frank Havemann, Gunter Kayser, Andrea Scharnhorst, Roland Wagner-Döbler, Manfred Wölfling u. Janos Wolf. Berlin: GeWif 2003. 227 Seiten. (ISBN 3-934682-33-2) - 13,00 €

Organisationsinformatik und Digitale Bibliothek in der Wissenschaft: Wissenschaftsforschung Jahrbuch 2000.
Hrsg. v. Klaus Fuchs-Kittowski, Heinrich Parthey, Walther Umstätter u. Roland Wagner-Döbler. Mit Beiträgen von Manfred Bonitz, Christian Dame, Klaus Fuchs-Kittowski, Frank Havemann, Heinrich Parthey, Andrea Scharnhorst, Walther Umstätter u. Roland Wagner-Döbler. Berlin: GeWif 2001. 239 Seiten. (ISBN 3-934682-34-0) - 14,00 €

Wissenschaft und Innovation: Wissenschaftsforschung Jahrbuch 2001.
Hrsg. v. Heinrich Parthey u. Günter Spur. Mit Beiträgen von Wolfgang Biedermann, Manfred Bonitz, Werner Ebeling, Klaus Fuchs-Kittowski, Siegfried Greif, Christoph Grenzmann, Horst Kant, Matthias Kölbel, Rüdiger Marquardt, Heinrich Parthey, Andrea Scharnhorst, Tankred Schewe, Günter Spur u. Walther Umstätter. Berlin: GeWif 2002. 231 Seiten (ISBN 3-934682-35-9) - 15,80 €

Wissenschaftliche Zeitschrift und Digitale Bibliothek: Wissenschaftsforschung Jahrbuch 2002.
Hrsg. v. Heinrich Parthey und Walther Umstätter. Mit Beiträgen von Manfred Bonitz, Horst Kant, Alice Keller, Matthias Kölbel, Heinrich Parthey, Diann Rusch-Feja, Andrea Scharnhorst, Uta Siebeky, Walther Umstätter u. Regine Zott. Berlin: GeWiF 2003. 224 Seiten (ISBN 3-934682-36-7) - 15,80 €

Evaluation wissenschaftlicher Institutionen: Wissenschaftsforschung Jahrbuch 2003.
Hrsg. v. Klaus Fischer und Heinrich Parthey. Mit Beiträgen von Wolfgang Biedermann, Manfred Bonitz, Klaus Fischer, Siegfried Greif, Frank Havemann, Marina Hennig, Heinrich Parthey, Dagmar Simon u. Roland Wagner-Döbler. Berlin: GeWiF 2004. 244 Seiten (ISBN 3-934682-37-5) - 15,80 €

Wissensmanagement in der Wissenschaft: Wissenschaftsforschung Jahrbuch 2004.
Hrsg. v. Klaus Fuchs-Kittowski, Walther Umstätter und Roland Wagner-Döbler. Mit Beiträgen von Vladimir Bodrow, Klaus Fuchs-Kittowski, Jay Hauben, Matthias Kölbel, Peter Mambrey, Erhard Nullmeier, Walther Umstätter, Rose Vogel u. Sven Wippermann. Berlin: GeWiF 2005. 200 Seiten (ISBN 3-934682-39-1) - 15,80 €

Gesellschaftliche Integrität der Forschung: Wissenschaftsforschung Jahrbuch 2005.
Hrsg. v. Klaus Fischer und Heinrich Parthey. Mit Beiträgen von Jens Clausen, Klaus Fischer, Klaus Fuchs-Kittowski, Klaus Kornwachs, Reinhard Mocek, Heinrich Parthey, André Rosenthal, Hans A. Rosenthal, Günter Spur u. Rüdiger Wink. Berlin: GeWiF 2006. 244 Seiten (ISBN 3-934682-40-5) - 15,80 €

Inhaltsverzeichnisse der Jahrbücher Wissenschaftsforschung im Internet:
www.wissenschaftsforschung.de
www.sciencestudies.eu

FSC
www.fsc.org
MIX
Papier | Fördert gute Waldnutzung
FSC® C083411

Kolibri 360 GmbH
Ferdinand-Jühlke-Straße 7
99095 Erfurt, Deutschland
produktsicherheit@kolibri360.de

Druck:
CPI Druckdienstleistungen GmbH
im Auftrag der
Kolibri 360 GmbH
Ferdinand-Jühlke-Str. 7
99095 Erfurt